食品配方精选

# 中式糕点配方与工艺

李祥睿　陈洪华　编著

中国纺织出版社

## 内 容 提 要

本书前五章介绍了中式糕点的起源、分类、制作原料、制作工具与设备、制作工艺。后二十一章对各式中式糕点的原料配方、制作工具与设备、制作过程和风味特点四个方面进行了详细的阐述。所介绍的中式糕点种类齐全、方法简便实用,可为广大糕点爱好者、食品相关企业从业人员及科研工作者提供参考。

**图书在版编目(CIP)数据**

中式糕点配方与工艺/李祥睿,陈洪华编著. —北京:中国纺织出版社,2013.6(2024.10重印)
(食品配方精选)
ISBN 978-7-5064-9414-4

Ⅰ.①中… Ⅱ.①李… ②陈… Ⅲ.①糕点—配方—中国②糕点加工—中国 Ⅳ.①TS213.2

中国版本图书馆CIP数据核字(2012)第270553号

---

责任编辑:闫 婷　　责任印制:王艳丽
责任设计:品欣排版

---

中国纺织出版社出版发行
地址:北京朝阳区百子湾东里A407号楼　邮政编码:100124
邮购电话:010-64168110　传真:010-64168231
http://www.c-textilep.com
E-mail:faxing@c-textilep.com
三河市宏盛印务有限公司印刷　各地新华书店经销
2023年6月第1版　2024年10月第9次印刷
开本:880×1230　1/32　印张:14.5
字数:392千字　定价:39.80元

---

凡购本书,如有缺页、倒页、脱页,由本社图书营销中心调换

# 前言

我国糕点制作历史悠久，技艺精湛。《周礼》中就有“羞笾之食，糗饵粉糍”的记载。尽管只是简单的加工，但已初具糕点的雏形了。随着时代的发展和技术的进步，糕点品种越来越多，有蜜制的、油炸的、烤制的、煎制的、烙制的、蒸制的等。这些糕点与老百姓的生活息息相关。有些糕点成了过年过节必吃的品种，例如：过年吃“年糕”；元宵节吃“汤圆”；重阳节吃“重阳糕”；中秋节吃“月饼”等。而且糕点的发展有着浓厚地方特色和民族风味，也是老百姓生活中“凡冠婚丧祭而不可无”的佳品。

《中式糕点配方与工艺》是食品配方精选系列丛书之一，全书分为二十六章，第一章中概述了中式糕点的概念、起源、分类和发展趋势；第二章介绍了中式糕点的原料知识；第三章介绍了中式糕点的制作工具与设备；第四章介绍了中式糕点的制作原理；第五章介绍了中式糕点的制作工艺；第六章至第二十六章介绍了中式糕点的配方与制作。其中，第六章至第二十六章是本书的重点，它全面系统地介绍了各式中式糕点的配方与制作，有京式糕点、苏式糕点、广式糕点、扬式糕点、宁绍式糕点、闽式糕点、川式糕点、沪式糕点、秦式糕点、晋式糕点、滇式糕点等各种风味糕点品种。对每种中式糕点的原料配方、制作工具与设备、制作过程及风味特点都作了详细介绍。本书力求浅显易懂，以实用为原则，理论与实践相结合，注重理论的实用性和技能的可操作性，便于读者掌握，是广大糕点爱好者的必备读物。同时，本书也可作为食品相关企业从业人员及广大食品科技工作者的参考资料。

本书由扬州大学李祥睿、陈洪华编著，李佳琪、李治航、陈婕、周静、陆中军、闵二虎、赵佳佳、贺芝芝、孙荣荣、周国银、薛伟、皮衍秋、盛红凤、高正祥等参编。另外，本书在编写过程中，得到了扬州大学旅游烹饪学院（食品科学与工程学院）领导以及中国纺织出版社的大力支持，并提出了许多宝贵意见。在此，谨向他们表示衷心的感谢！限于编者水平有限，有不足和疏漏之处，敬请广大读者批评指正，编者不胜感激。

李祥睿　陈洪华

# 目录

# 第一章 中式糕点概述

中式糕点是中国面点的重要组成部分。中式糕点历史悠久，品种丰富，制作技艺精湛，风味流派众多，且与风俗和食疗结合紧密，具有深厚的文化内涵。

## 第一节 中式糕点的概念

糕点是以粮、油、糖、蛋等为主料，添加(或不添加)适量辅料，经调制、成型、熟制等工序制成的食品。

中式糕点是用中国传统工艺加工制作，具有中国传统饮食风味和特色的糕点。它是我国古老的传统食品，历史悠久。在色香味形竞奇斗芳的食苑中，中式糕点带有浓郁的民族特色和古朴的乡土气息。经过历代人们的努力改进，从简单逐步发展完善，至今已经成为选料讲究，口味独特，造型精美，营养丰富的食品。

## 第二节 中式糕点的起源

中式糕点的制作和食用历史悠久，早在奴隶社会初期，我国劳动人民就学会了种植谷类杂粮等，把它们当作了主要食品，并在此基础上形成了糕点。糕点生产的发展大体上可分为以下四个时期。

### 一、商周时期

商周时期是糕点萌芽雏形时期。由于生产力的发展，物质条件的逐渐具备，当时出现了早期的糕点品种。例如:《周礼》有“羞笾之食，糗饵粉糍”的记载。

“糗饵”是将米麦炒熟，捣粉制成的食品。

"粉糍"是用稻米黍米之粉做成的食品，上粘豆屑。

在这一时期，糕点的品种尚不太多，主要有糗、饵、粉、糍等；制作方法虽不复杂，但是也有蒸、烙、炒、煎、炸等；口味上有咸的糕点和甜的糕点出现。

## 二、东汉三国到唐宋时期

东汉三国到唐宋时期，是糕点演变发展时期。此时，用石磨磨面粉，用罗筛面粉，用蒸笼加工点心已经普及，出现了红案和白案的厨房分工，为糕点的发展奠定了物质基础。

例如：北魏时期的贾思勰写下了不朽名著《齐民要术》，这是一部农业技术专著，里面首次记载了面点的发酵方法，出现了馒头、蒸饼、烧饼等发酵糕点品种。

晋人束皙在《饼赋》中首先列举了众多的面食品种。接着，他写了在一年四季不同的季节里，最宜食用的面食品。束皙说，这四季面食"皆用之有时"，"苟错其次，则不能斯善"。在当时，唯一能四季皆食的面食品是"牢丸"。束皙叙写了其口感和形色：品尝者急切地一笼接着一笼地吃，直到"三笼之后，转更有次"；未能品尝者则垂涎三尺，"行人失涎于下风，童仆空嚼而斜眄。擎器者氏唇，立侍者乾咽。"这样诱人，实在不同凡响。

到了唐宋时期，糕点的制作越来越精细，甚至出现了制作花色糕点的模具——"木范"，即擀面杖，并得到广泛使用。糕点的品种更加丰富，并出现了专门的糕点店。宋代陶谷的《清异录》记载，开封有个糕坊老板，开封人都叫他"花糕员外"。这位"花糕员外"的糕坊中的花糕有"满天星金米"、"糁拌夹枣豆"、"金糕糜员外有花"、"花截肚内有花"、"大小虹晕子"等等。反映南宋社会生活的《武林旧事》中记载当时糕点店的糕点有糖糕、蜜糕、栗糕、粟糕、麦糕、豆糕、花糕、滋糕、小甑糕、蒸糖糕、生糖糕、蜂糖糕、线糕、咸炊糕、干糕、乳糕、社糕、重阳糕等。

端午节吃粽子的习俗在此时也有所发展，粽子的品种在增加，还出现了"粉团"。据《大业拾遗录》记载："其子小于柿子，甘酸至美，蜜渍为粽,益佳。"《酉阳杂俎》中记载:"庚家粽子,白莹如玉";唐玄宗诗云:"四时花竞巧,九子粽争新"。均说明了粽子的品种不断增多,而且宫廷和民间都吃粽子。

宋代时期随着木刻雕版技术的进步和民间对糕、粿的形状、花样变化的要求逐步提高,制作糕点和粿的器具也随着社会的发展与要求日渐多样。糕印、粿印应社会的要求而出现,糕印、粿印也由此进入一个繁荣发展的时期。糕印、粿印从外形看,有龟形、兔形、佛形、钟形、鼓形、八卦形、扇形、鱼形、叶形、花形、瓜形、果形、圆形、椭圆形、多角形等。其中,花形有菊花、梅花、石榴花等;果形有石榴、寿桃等,可谓千姿百态。从纹理看,有花纹、水纹、云纹、条纹、鱼纹、昆虫纹、如意纹、装饰纹等,令人目不暇接。

总之,在这一时期,糕点的品种出现了春饼、粽子、重阳糕等各种糕点,且与食俗结合日渐紧密,糕点的流派已经出现,有北方、南方等等。

## 三、元明清时期

元明清时期,是糕点业定型稳定时期。元代少数民族糕点发展较快,蒙古族、回族、女真族、维吾尔族等民族的糕点中出现了很多名品。部分糕点品种进一步增多,例如:《饮膳正要》中收录有仓馒头、鹿奶肪馒头、茄子馒头、剪花馒头等。《居家必用事类全集》中,记有多种馒头,并附用处:"平坐小馒头(生馅)、捻尖馒头(生馅)、卧馒头(生馅,春前供)、捺花馒头(熟馅)、寿带龟(熟馅,寿筵供)、龟莲馒头(熟馅,寿筵供)、荷花馒头(熟馅,夏供)、葵花馒头(喜筵,夏供)、毯漏馒头。"

明代糕点制作条件发生了一些新变化,原料更加多样(除面粉、米粉外,山芋粉、玉米粉也较多使用),炊具有所进步,面点发酵法更趋成熟,油酥面皮制作更精。月饼一词在宋代已经出现,但是作为中秋节吃的"月饼",明代方才定下来,并出现不少名品;春节吃年糕也形成风俗。

清代面点制作条件发生了一些变化:一是原料更加丰富,面粉中名品——“飞面”出现，米粉、山药粉、百合粉、荸荠粉等的加工技术也有发展；二是面点成形工具更加齐全，有擀面杖、河漏床、铁漏、铜夹、印模等；三是糕点更加多样，例如：《随园食单》记载：“杭州金团，凿木为桃、杏、元宝之状，和粉搦成，入木印中便成，其馅不拘荤素。”再如：清代有名的扬州的小馒头。据《调鼎集》记载：“作馒头如胡桃大，笼蒸熟用之，每箸可夹一双，亦扬州物也。扬州发酵最佳，手捺之不盈半寸，放松乃高如杯碗。”《随园食单》论“千层馒头”：“杨参戎家制馒头，其白如雪，揭之如有千层，金陵人不能也。其法扬州得半，常州、无锡亦得其半。”再如：蒲松龄曾写有《煎饼赋》，赞美用米面、豆面制作的煎饼“圆如望月，大如铜钲，薄似剡溪之纸，色似黄鹤之翎”。煎饼还可以用莜麦、玉米面制作。另如：《调鼎集》记载嘉兴粽子的种类和做法如下。

竹叶粽：取竹叶裹白糯米粽煮之，尖有如生切菱角。

艾香粽：糯米淘净，夹枣、栗、绿豆，以艾叶浸米裹，入锅煮。

薄荷香粽：薄荷水浸米先蒸软，拌洋糖，用箬裹作小粽，再煮。

豆沙粽：豆沙、糖、脂油丁包小粽煮。

莲子粽：去皮心，拌洋糖，包小粽。

松仁粽：去皮包小粽。

火腿粽：入火腿块包粽，火腿要金华者，精肥适均。又，肉丁包粽亦可。

蛋黄粽：中间一个蛋黄，蛋黄必须采用上好鸡蛋，入口甜咸而不反感。

总之，在这一时期，糕点的制作从原料、工具、技术等方面都有长足的进步，糕点品种进一步增多，并趋于稳定成熟。

## 四、民国至今

民国至今，是糕点各帮式形成，并与西式糕点交流渗透，形成现代化生产的时期。经过长期的发展，糕点在适应各方水土、气候物产、饮食风俗等具体的情况下形成了各自的流派；同时随着与国外的交流进一步加大，中式糕点流传至国外，西式糕点流传至国内，相互取长补短;并且随着科技的发达,先进设备的出现,使中式糕点的生产趋向机械化、标准化、营养化,加快了中式糕点的发展。

## 第三节 中式糕点的分类

中式糕点的范围很广,广义而言,包括传统糕点、小吃、休闲食品、凉点心等;狭义的中式糕点专指中国传统的糕点食品。下面介绍几种分类方法。

### 一、按照传统生产地域分类

我国幅员辽阔,物产丰富,民族众多,风俗习惯不同,口味各异,再加上原料、辅料和制作方法不同,逐渐形成了不同风格的地方风味。有京式、广式、苏式、闽式、扬式、潮式、川式、宁绍式、高桥式、鲁式、东北式等各种帮式。其中又以京式、广式、苏式最为著名,花色品种不下2000种。

#### (一)京式糕点

京式糕点以北京地区为代表,历史悠久,品类繁多,滋味各异,具有重油、轻糖,酥松绵软,口味纯甜、纯咸等特点。代表品种有京八件和红、白月饼等。其中京八件有大八件、小八件和细八件之分。八件是采用山楂、玫瑰、青梅、白糖、豆沙、枣泥、椒盐、葡萄干等八种馅心,外裹以含食油的面,放在各种图案的印模里精心烤制面成。形状有腰子型、圆鼓型、佛手型、蝙蝠型、桃型、石榴型等多种多样且小巧玲珑。入嘴酥松适口,香味纯正。特别是细八件,制作精细、层多均匀,馅儿柔软起沙,果料香味醇厚。外形也有三仙、银锭、桂花,以及福、禄、寿、喜桃等八种花样,是京式糕点中的优质产品。

#### (二)广式糕点

广式糕点以广州地区为代表,以民间产品为基础,吸取京式和西点的特点,工艺上不断改进,逐渐形成独特风格。其特点是:造型美观,皮薄馅多,香甜油润,口味多样。辅料多采用当地特产椰丝、橄榄仁、腊肠、糖渍肥膘和糖冬瓜等。代表品种有广式月饼、鸡仔饼、盲公饼等。

### （三）苏式糕点

苏式糕点以苏州地区为代表，发展于上海，遍及长江流域，以苏南地区民间食品的制法为基础，吸取扬式糕点精华而形成，产品工艺精湛，制作细巧。其特点是饼、糕并重。饼类多采用酥皮包馅。馅料多用果仁、猪板油丁，用桂花、玫瑰花调香，口味重甜。代表品种有苏式月饼、猪油年糕等。

### （四）闽式糕点

闽式糕点起源于福建闽江流域和东南沿海地区。由于该地区果品和海产品丰富，因此糕点中常以果品和海产品为辅料，形成了重油、重鲜、甜咸兼收、皮薄馅厚的特色。代表品种有福建礼饼、猪油糕等。

### （五）扬式糕点

扬式糕点起源于扬州地区，后遍及苏北，皖北和南京、镇江一带。发展较早的品种大多转为苏式的主要品种。其特点是：口味、品种多样化，做工精细，形象逼真，质量考究，配料多用芝麻。烘烤时重视掌握火候，使产品的色泽和内质恰到好处。著名品种有潍扬八件、黑麻椒盐月饼等。

### （六）潮式糕点

潮式糕点由广东汕头、潮安等九个县城的民间食品汇合而成，总称潮州茶食。潮式糕点的特点是：形体似苏式，下料似广式，重糖重油，油而不腻，葱香味浓，软糯适口，甘、芳、肥、厚。辅料多采用土特产，如汕头芋艿头、四会甜橙等。馅料以赤豆、绿豆、糖冬瓜为主。其著名特产有老婆饼、春饼、潮式月饼等。

### （七）川式糕点

川式糕点融合四川民间百技，自成一家。川式糕点配料以大米、蔗糖、饴糖、花生、芝麻、核桃、瓜果蜜饯等为主。其风味特点为甜肥软糯、香酥松脆、余味悠长。产品以选料严谨，工艺精巧，花色繁多，重糖重油，甜而适口，肥而不腻著称。油酥点、麻饼、糕食为其主要品类，著名品种有合川桃片、江津米花糖、成都风尾酥等。

**（八）宁绍式糕点**

宁绍式糕点以宁波、绍兴地区为代表，历史悠久。宁绍式糕点选料讲究、营养丰富、加工精细、造型别致，并形成以酥为主，酥、软、脆分明的特点。馅料多用苔菜、植物油，海藻风味突出。代表品种有苔菜饼、绍兴香糕等。

**（九）沪式糕点**

沪式糕点又名高桥式糕点，米制品居多，馅料以赤豆、玫瑰花为主。

沪式糕点外形纯朴，色泽鲜明，糖和油用量少，风味淡。块小形美、色味俱佳。著名品种有松饼、薄脆、松糕、一捏酥等。

**（十）滇式糕点**

滇式糕点以昆明地区为代表，显著特点是重油、重糖，但是油重而不腻，味甜而爽口，代表品种有鸡枞白糖酥饼、云腿月饼、重油荞串饼、面筋萨其马等。

**（十一）秦式糕点**

秦式糕点又称陕西糕点，以西安地区为代表，常以面粉、糯米、红枣、糖板油丁等为原料，具有饼起皮酥、清香可口、糕甜味美、枣香浓郁等特点。代表品种有水晶饼、陕西甑糕等。

**（十二）晋式糕点**

晋式糕点起源于山西，糕点品种繁多，尤以“晋八件”为最。“晋八件”精选福字饼、禄字饼、寿字饼、喜字饼、提子酥、椒盐饼、菊花饼、龙骨酥八种极具代表性的晋式糕点，不仅精致美观、香酥味美，更以其祈福纳祥、功名利禄、寿比南山、喜事临门、荣华富贵、雍容华贵、吉星高照、祥瑞安康八种美好的祝福而意味深远。

**（十三）东北糕点**

东北糕点是指东北三省的糕点，传统多以面粉、植物油、砂糖等为主，馅料则以使用果仁、果脯、砂糖、豆沙、椒盐等居多，以及工艺上多使用混酥、清酥类的制作方法，因此，所做成品特点多以酥脆、疏松、醇香、味重为主，水分含量相对也较低，欠缺软绵的口感，给人以酥、脆、硬的印象尤为深刻，在常温下相对都有较长的保质期。

传统的品种主要有清酥类的双酥、川酥、胖酥、大卷酥等，馅料多使用红豆沙、绿豆、桂花、椒盐、火腿、腊肉等；而混酥类的产品则以提浆皮制作的馅饼和月饼为主，其特点基本上都是皮与馅的比例各占一半，皮子的比例相对较大。

**（十四）豫式糕点**

豫式糕点即河南糕点，明、清以来已形成了独特风格，在传统的工艺基础上，融汇了其他省市等地糕点的长处，获得了更进一步的发展。传统糕点除制作精细、用料考究外，还具有宫廷御膳风格，色泽、风味独特。其代表性的品种有鸡爪麻花、安阳燎花、博望锅盔、大隗荷叶饼等。

**（十五）鲁式糕点**

鲁式糕点源远流长，色、香、味、形俱佳。它受南北方糕点及西式糕点的影响，从而使糕点的内容和品种更加丰富齐全。著名的产品有青岛钙奶饼干、周村大酥烧饼、济南糖酥煎饼、烟台婴儿乐、淄博芙蓉果、牟平提浆月饼、莱阳长寿糕、滨州芝麻酥、海阳蛋糕、荣成开口笑等。其中孔府糕点更是誉满天下，分应时糕点、常年糕点、到门糕点、节用糕点等。

应时糕点按时令变化随时制作，如夏令的绿豆糕、栗子糕、凉糕；冬令的水晶包、豆沙包、火腿烧饼；春秋的萝卜饼等。常年糕点有大酥合、菊花酥、麻团、黄糕等。到门糕点是客人到门、宴席之前的糕点，制作精巧，形象生动，有梢梅、一口盅、棉花糖等。节日糕点有元宵、月饼、巧果等。

**（十六）安徽糕点**

安徽糕点以皖南、沿江和沿淮三种地方风味构成，主要品种有大救驾、徽州饼。安徽糕点历史悠久，制作精细，例如，怀宁贡糕。传说此糕在大明永乐年间曾作为贡品奉献给朱棣皇帝品尝，因此得名贡糕。其特点为薄如纸，捻如牌，白如雪，燃如烛。

**（十七）河北糕点**

河北糕点历史悠久，品种较多，尤以遵化东陵糕点为胜，其外皮色泽以红、白为主，但所用馅料及装饰不同，例如：松饼色白，上嵌3个核桃仁，内为白糖馅，间有松子仁；玫瑰饼表皮色红，印有6朵玫瑰花瓣，馅以白糖、玫瑰花为主；太师饼表皮色白，沾有芝麻，内为豆沙馅；龙凤饼表皮色红，印有龙凤图案，馅以白糖、香蕉、玫瑰丝为主；山楂桃呈桃形，表皮上红下绿，馅以山楂为主。有蟠龙酥、莲花酥、佛手、菊花、柿花、二龙吐须等多种式样，造型别致，色泽美观，口感酥脆，绵软酥松，味道有香甜、咸、酸诸味。

### （十八）湖北糕点

湖北糕点历史悠久，早在战国时期《楚辞·招魂》中一份楚宫筵席单中就有麻花、馓子、蜜糖糕、油炸饼等记载。在历史发展过程中又有鄂州的东坡饼、黄州烧卖、荆州的散烩八宝饭、早堂面、九黄饼、黄石港饼、孝感麻糖、青山麻烘糕等糕点品种陆续产生。

### （十九）湖南糕点

湖南糕点的历史悠久，有文字记载的就有几百年，而且品种繁多。例如，湖南特产——长沙年糕。源于糯米糍粑，又称“糯粢”。明、清时期，长沙城镇南货食品作坊在制作糍粑的传统工艺基础上加以改进，将糯米磨成细粉，加入白糖，用水揉成米团，再捏成长条或方块、圆块，压入各种辅料，制成年糕应市。民国时期，春节期间制作年糕的作坊有近40家，有八宝、莲蓉、猪油、桂花、玫瑰、枣泥等10多个花色品种。后又增加了火腿、香肠、果脯、海味等新品种。糕色泽玉白，柔软光滑，细腻油润，糯软清香，甜糍醇爽，油炸、火烤、汤煮均可，老少咸宜。

又如湖南特产——长沙奶糕。1910年（清宣统二年）江永寿堂的创始人江恒寿采用优质米粉、白砂糖制成肥儿糕，清香味甜，易于消化。糕呈正方形，色泽洁白，质地细腻，气味芳香，营养丰富，便于携带、运输和贮存。食时用沸水冲调，易于消化吸收。

另外，长沙牛奶法饼为湖南中式糕点中唯一发酵的产品，至今已有百余年的历史。初称“发饼”，现为一种风味独特的新型大众化食品。

### （二十）台湾糕点

台湾糕点品种繁多，制作精细。台湾盛产大米，用米制成的糕点品种最多,尤其是用糯米制成的糕点,特别受欢迎。例如“千层糕”,先要一层层淋上糯米浆,再蒸熟,口味独特;艾草糕是将艾草粉和糯米粉混合在一起,打散搅拌后蒸熟,清淡鲜香;米浆加芋头、虾仁做成的芋头糕,加白萝卜丝做成的萝卜糕,甜香不腻,是台湾具有传统风味的乡土糕点。

台湾还有一种糕点主食龟苓糕,因加入了中药成分,既好吃又有很好的滋补功效。它最早起源于广西的梧州,后来流传至台湾省台中市。它是选用龟板、茯苓等20多种中药精制而成的,有解毒、降火、滋阴固本的功效。

**(二十一)其他中式糕点**

其他中式糕点主要指以上没有详细介绍到的其他中式糕点。

## 二、按热加工和冷加工分类

目前以中式糕点最后熟成、成形工艺为依据,将中式糕点分为5种制品,即烤制品、炸制品、蒸制品、熟粉制品和其他制品。每种制品又以工艺特点为主要依据划分为若干类,如烤制品中又分为油酥类、松酥类、酥皮包馅类、浆皮包馅类、松酥包馅类、烤蛋糕类。蒸制品中又分为蒸蛋糕类、年糕类、蜂糕类、粉糕类等。

**(一)热加工糕点**

**1. 烘烤糕点**

以烘烤为最后熟制工序的一类糕点。

(1)酥类

使用较多的油脂和糖,调制成酥性面团经成型、烘烤而制成的组织不分层次,口感酥松的制品。如京式的核桃酥、苏式的杏红酥等。

(2)松酥类

使用较多的油脂,较多的糖(包括砂糖、绵白糖或饴糖),辅以蛋品或乳品等,并加入化学疏松剂,调制成松酥面团,经成型、烘烤而制成的疏松的制品。如京式的冰花酥,苏式的香蕉酥、广式的德庆酥等。

(3)松脆类

使用较少的油脂,较多的糖浆或糖调制成糖浆面团,经成型、烘烤而制成的口感松脆的制品。如广式的薄脆、苏式的金钱饼等。

(4)酥层类

用水油面团包入油酥面团或固体油,经反复压片、折叠、成型、烘烤而制成的具有多层次、口感酥松的制品。如广式的千层酥等。

(5)酥皮类

用水油面团包入油酥面团制成酥皮,经包馅、成型、烘烤而制成的饼皮分层次的制品。如京八件、苏八件、广式的莲蓉酥等。

(6)松酥皮类

用松酥面团制皮,经包馅、成型、烘烤而制成的口感松酥的制品。如京式的状元饼、苏式的猪油松子酥、广式的莲蓉甘露酥等。

(7)糖浆皮类

用糖浆面团制皮,经包馅、成型、烘烤而制成的口感柔软或韧酥的制品。如京式的提浆月饼、苏式的松子枣泥麻饼、广式月饼等。

(8)硬酥皮类

使用较少的糖和饴糖,较多的油脂和其他辅料制皮,经包馅、成型、烘烤而制成的外皮硬酥的制品。如京式的自来红、自来白月饼等。

(9)水油皮类

用水油面团制皮,经包馅、成型、烘烤而制成的皮薄馅饱的制品。如福建礼饼、春饼等。

(10)发酵类

采用发酵面团,经成型或包馅成型、烘烤而制成的口感柔软或松脆的制品。如京式的切片缸炉、苏式的酒酿饼、广式的西樵大饼等。

(11)烤蛋糕类

以禽蛋为主要原料,经打蛋、调糊、注模、烘烤而成的组织松软的制品。如苏式的桂花大方蛋糕、广式的莲花蛋糕等。

(12)烘糕类

以糕粉为主要原料,经拌粉、装模、炖糕、成型、烘烤而制成的口感松脆的糕类制品。如苏式的五香麻糕、广式的淮山鲜奶饼、绍兴香糕等。

**2. 油炸糕点**

以油炸为最后熟制工序的一类糕点。

(1)酥皮类

用水油面团包入油酥面团制成酥皮,经包馅、成型、油炸而制成的饼皮分层次的制品。如京式的酥盒子、苏式的花边饺、广式的莲蓉酥角等。

(2)水油皮类

用水油面团制皮,经包馅、成型、油炸而制成的皮薄馅饱的制品。

(3)松酥类

使用较少的油脂、较多的糖和饴糖,辅以蛋品或乳品等,并加入化学疏松剂,调制成松酥面团,经成型、油炸而制成的口感松酥的制品。如京式的开口笑、苏式的炸食、广式的炸多叻等。

(4)酥层类

用水油面团包入油酥面团,经反复压片,折叠、成型、油炸而制成的层次清晰、口感酥松的制品。如京式的马蹄酥等。

(5)水调类

以面粉和水为主要原料制成水调面团,经成型、油炸而成的口感松脆的制品。如京式的炸大排岔等。

(6)发酵类

采用发酵面团,经成型或包馅成型、油炸而制成的外脆内软的制品。如广式的大良虫崩虫少等。

(7)糯糍类

以糯米粉为主要原料,经包馅成型、油炸而制成的口感松脆或酥软的制品。

**3. 水蒸糕点**

以蒸制或水煮为最后熟制工序的一类糕点。

(1)蒸蛋糕类

以禽蛋为主要原料,经打蛋、调糊、注模、蒸制而成的组织松软的制品。如京式的百果蛋糕、苏式的夹心蛋糕、广式的莲蓉蒸蛋糕等。

(2)印模糕类

以熟制的原辅料,经拌合、印模成型、蒸制而成的口感松软的糕类制品。

(3)韧糕类

以糯米粉为主要原料制成生坯,经蒸制、成型而制成的韧性糕类制品。如京式的百果年糕、苏式的猪油年糕、广式的马蹄糕等。

(4)发糕类

以面粉或米粉为主要原料调制成面团,经发酵、蒸制、成型而成的带有蜂窝状组织的松软糕类制品。如京式的白蜂糕、苏式的米枫糕、广式伦教糕等。

(5)松糕类

以粳米粉为主要原料调制成面团,经成型、蒸制而成的口感松软的糕类制品。如苏式的松子黄千糕、高桥式的百果松糕等。

**4. 熟粉糕点**

将米粉或面粉预先熟制,然后与其他原辅料混合而制成的一类糕点。

(1)热调软糕类

用糕粉、糖和沸水调成有较强韧性的软质糕团,经成型而制成的柔软糕类制品。

(2)印模糕类

用熟制的米粉为主要原料,经拌合、印模成型等工序而制成的口感柔软或松脆的糕类制品。如苏式的八珍糕,广式的莲蓉水晶糕等。

(3)切片糕类

以米粉为主要原料,经拌粉、装模、蒸制或炖糕,切片成型而制成的口感绵软的糕类制品。

**5. 其他糕点**

除烘烤糕点、油炸糕点、水蒸糕点、熟粉糕点外的熟加工糕点。

**(二)冷加工糕点**

**1. 冷调韧糕类**

用糕粉、糖浆和冷开水调成有较强韧性的软质糕团,经成型而制成的冷调糕类制品。如闽式的食珍橘红糕等。

**2. 冷调松糕类**

用糕粉、潮糖或糖浆拌合成松散性的糕团，经成型而制成的松软糕类制品。如苏式的松子冰雪酥、清闵酥等。

**3. 蛋糕类**

以禽蛋为主要原料，经打蛋、调糊、注模、烤制、冷加工处理的制品。如奶油蛋糕、卷筒蛋糕等。

**4. 油炸上糖浆类**

先制成生坯，经油炸后再拌（浇、浸）入糖浆的口感松酥或酥脆的制品。如京式的蜜三刀，苏式的枇杷梗，广式的雪条等。

**5. 萨其马类**

以面粉禽蛋为主要原料，经和面、擀面、切条、油炸后，再拌入糖浆后，冷加工成型而成的制品。如：萨其马等。

**6. 其他**

除冷调韧糕类、冷调松糕类、蛋糕类、油炸上糖浆类、萨其马类外的冷加工糕点。

## 第四节　中式糕点的特色

在日常生活中，糕点是一种常见的食品，但它却有着极其重要的作用：第一，糕点既可作早餐、午餐、晚餐，也可以作为主食；第二，糕点既能满足人们充饥的欲望，同时又能增加营养，满足人体的生理平衡；第三，糕点在宴席中能起到调节变换口味的作用，同时又能使宴席增添花色和趣味感；第四，糕点携带方便，利于短途和长途旅行之需，便于节日贺喜馈赠等作为礼物之用。中式糕点的特色主要体现在以下几个方面。

**1. 取材广泛，营养丰富**

中式糕点制作材料的选择非常广泛，除米麦之外，差不多所有的植物类食物都可作为制作糕点的原料选择，动物类原料多用来作为馅料的选择。而中式糕点又有煎、炸、烤、蒸等多种加温方法，只要材料和烹饪方法搭配得当，就可以制作出营养丰富的糕点来。

**2. 选料精细，花样繁多**

由于我国幅员辽阔、特产丰富，这就为中式面点制作提供了丰富的原料，再加上人口众多，各地气候条件不一，人们的生活习惯差异也很大，因而决定了中式面点的选料能够按照原料产地、原料品种、原料部位、原料加工以及卫生要求进行选择，为中式糕点的精细加工奠定了物质基础。同时，因为用料不同、馅心不同、成形手段不同，中式糕点的品种也日益增多。

**3. 讲究馅心，注重口味**

馅心对制品的色、香、味、形、质有很大的影响。中式糕点讲究馅心，其具体体现在以下几个方面：一是馅心用料广泛；二是精选用料，精心制作；三是精于调味，注重口味。而且，根据成型和成熟的要求，常将原料加工成丁、粒、茸等形状，以利于包捏成型和成熟，考虑成品在色、香、味、形、质各方面的配合。

**4. 技法多样，造型美观**

糕点成型是面点制作中一项技术要求高、艺术性强的重要工序，归纳起来，大致有 18 种成型技法，即：包、捏、卷、按、擀、叠、切、摊、剪、搓、抻、削、拨、钳花、滚沾、镶嵌、模具、挤注。通过各种技法，又可形成各种各样的形态。通过形态的变化，不仅丰富了糕点的花色品种，而且还使得糕点千姿百态，造型美观逼真。如，苏州的船点就是通过多种成型技法，再加上色彩的配置，捏塑成南瓜、桃子、枇杷、西瓜、菱角、兔、猪、青蛙、天鹅、孔雀等象形物，色彩鲜艳、形态逼真、栩栩如生。

**5. 地区风格，寄情于食**

由于中国地大物博，各地区气候、材料、饮食习惯等的不同，使各地区的糕点形成了自己的风格和制作工艺。它们与各地区人民的生活有着密切的关系，从一定程度上反映了各地人民的生活方式和饮食习惯。

中式糕点自产生以来，便逐渐成为人们庆贺节日的食品。人们在糕点里寄托了纪念、思念、希望等感情。比如，元宵节的“汤圆”代表了团圆的希望；端午节的“粽子”代表了人们对屈原的纪念；生日的

“寿包”代表了贺寿之意等。这些糕点既增添了节日气氛，又抒发了人们的感情。

**6. 应时应季，雅俗共赏**

中式糕点是一种雅俗共赏的食品。自它产生以来，从贾人到文人，从平民百姓到皇亲国戚，都喜欢它。《后汉书》记载：“灵帝好胡饼，京师皆食胡饼。”千百年以来，我国有着许多与糕点有关的历史故事和民间传说，从不同的侧面反映了当时社会的局势和人民的爱憎喜怒与追求。如，“月饼”寓意团圆；“面条”寓意长寿；“重阳糕”寓意步步高升等。

**7. 携带方便，安全卫生**

中式糕点大多携带方便，是过年过节，走亲访友的理想选择。同时，现代的糕点制作非常注重安全卫生，生产加工必须符合《中华人民共和国食品安全法》和中华人民共和国国家标准《糕点通则》的要求，在生产、包装、运输、仓储、销售等各个环节，都要做到符合卫生规范。

## 第五节　中式糕点业的发展趋势

中华民族有着悠久的历史和古老的文化，糕点制作则是丰富多彩的食品艺苑中的一朵瑰丽的鲜花。千百年来经过历代劳动人民的培植和浇灌，中式糕点以其高超绝纶的精湛制作工艺、丰富多彩的花色品种、色香味形俱美的特色而闻名于世，赢得了中外宾客的称道。我们如何充分利用中式糕点的优势，大力发展中式糕点市场，是值得每一个食品市场研究者应该考虑的问题。

目前，随着社会的发展，人们生活水平不断提高，人们对饮食的要求也越来越高。人们不但要求“吃得饱”，而且还要“吃得好”、“吃得科学”，对糕点的质量、营养、视觉效果和营销理念等方面的要求也日益提高。因此中式糕点的生产要在继承优良传统技术的基础上勇于改革和创新，以科学的制作原理为依据，综合百家之长，不断向前发展壮大。中式糕点业的发展趋势主要表现在以下几个方面。

**1. 注重原料的合理搭配，实现营养化、系列化**

中式糕点向来以口味变化而著称，形美味鲜是中式糕点的一大特点，注重营养更是现代饮食发展的潮流。中式糕点也必须在原有的好的基础上顺应饮食潮流的变化，注重营养成分的合理搭配，在开发原有糕点的同时，不断开发各种适应现代人口味需求的糕点。因此，中式糕点将着重研制以各种不同需要的人为对象的各种糕点，如幼儿糕点、运动员糕点、某些职业需要的特殊糕点以及医疗上需要的糕点食品，如糖尿病、肝病、心血管病等患者所需要的糕点等。诸如此类的糕点因其所含营养成分不同又可以分为：低糖糕点、低热能糕点、低蛋白糕点、高热能糕点、黑色糕点等。这些强化营养并有一定辅助疗效的糕点及适应各种不同年龄的人的需要的糕点，对于中式糕点市场的发展将起到重要的作用。

**2. 中式糕点企业必须实行机械化、标准化、科学化，才能适应市场需求**

中式糕点的机械化、规范化生产使产品在生产过程中既带来规模效益，又能按照标准化操作实现标准化管理，产品快捷卫生，从而适应现代人生活的需要。

为了增强企业的生命力，在市场竞争中要以质量取胜，以品种花色领先，以不断改变产品结构求发展，必须要使生产管理科学化。而作为糕点业的重要组成部分的小型私人糕点店，生产经营要在保证质量的基础上追求灵活性，也就是要根据顾客的反馈及时变通，适时推出新产品。

**3. 传统特色的糕点的需求将有增无减，以满足人们寄情应节的需要**

首先，由于中国传统的文化和饮食习俗，特别是节假日对特色糕点的需求肯定是有所增加的，但具体的口味和花色品种可能会有所变化。如中秋节的月饼，每年都是有着较大的市场需求，中秋月饼的生产时间集中、产量大、销售时间短，且利润可观。随着经济环境的变化，消费者生活观念的改变，人们口味的变化，竞争的日益激烈，致使生产厂家也不断进行改革，降低月饼中的油脂成分，创制出新式月饼品种。馅料从传统的莲蓉、五仁、豆沙、豆蓉发展到水果类、果蔬类、海味类、五谷杂粮类甚至今年新出炉的海藻类等，均各具风味；而饼皮由传统的糖浆皮发展到冰皮、奶油皮等；饼形又有圆形、心形、生肖形等。其次，我国各地旅游业发展蒸蒸日上，而中式糕点的名优佳品除了让游客在饭店品尝之外，还可以做成让旅客带走的糕点。这方面的糕点还有待进一步的开发生产。

**4. 运用新兴媒体等各种宣传媒介，改善中式糕点的市场营销手段，加强中式糕点在市场的影响力和竞争力**

中式糕点在苦修内功的同时应注意宣传促销。由于产品竞争的日益激烈，“好酒不怕巷子深”的年代已过去。当今是科技迅速发展的时代，中式糕点业应当顺应时代潮流，充分利用新兴媒体等各种宣传方法宣传自己的产品，增加对市场的影响力。例如，可以在因特网上建立一个全方面介绍中式糕点品种、营养、订购等方面内容的网页，使得消费者能对中式糕点有更深的认识，从而引起消费者的购买欲望。特别在中国加入世贸组织后，西式糕点涌入中国市场。因此中式糕点要保住自己的优势地位，不仅要在保证自有特色的基础上不断推陈出新，还要改善和加强市场营销手段，以增强自己的竞争力，并适应人们多层次的需要。中式糕点行业要运用品牌营销手段，树立良好形象，形成优质服务、装潢精美的销售网点，把中式糕点推向世界。

**5. 中式糕点生产与经营将成为中式快餐的一种模式，向单位后勤与家庭延伸**

中式糕点食品具有本地化的优势，符合我国人民的饮食习惯，具有中国的传统特色和饮食文化。随着中式快餐业的不断发展，经营领域将不断拓宽。快餐逐渐已成为主食工程、早点工程、餐桌工程、厨房工程的重要内容。而中式糕点正是由于其符合饮食习俗的本地化优势，将成为中式快餐食品的选择之一，也将成为中式快餐经营的一种模式。目前已形成的受市场欢迎和认可的企业如上海新亚大包、深圳面点王等，都是以经营中式面点为主的快餐企业。这几年，中式速冻糕点的生产经营使中式糕点食品走向单位后勤与家庭，也使中式糕点走出国门，进入国际市场。由于速冻糕点的卫生、方便和质优的特点，深受广大消费者的欢迎，发展势头十分强劲。

随着个性化加强，品牌与文化内涵更为重要，糕点市场更趋丰富多彩。消费需求档次将不断提高，追求品质、品牌与营养、健康、绿色消费成为时尚。企业经营特色与市场细分化的特点日趋明显，创新经营更加普遍，各种营销手段将广泛采用，外卖送餐与网络餐厅等直接面向家庭的服务不断看好。中式糕点的生产企业始终要以市场为导向，进入国际市场的产品既要适销对路，更要以质量和信誉取胜。在国内市场，要注意品牌和销售服务体系的建立，运用配送、连销等现代化营销流通的理念和方式，不断提高产品知名度和市场占有率。

# 第二章　中式糕点的原料

## 第一节　中式糕点的主要原料

### 一、面粉

面粉是由小麦经加工而成的粉状物质。按照不同的分类标准，面粉的种类有如下划分方法。

**(一)按照用途不同分类**

**1. 专用面粉**

专用面粉，俗称专用粉，是区别于普通小麦面粉的一类面粉的统称。所谓“专用”，是指该种面粉对某种特定食品具有专一性。专用面粉必须满足以下两个条件：一是必须满足食品的品质要求，即能满足食品的色、香、味、口感及外观特征；二是满足食品的加工工艺，即能满足食品的加工制作要求及工艺过程。根据我国原商业部的专用粉质量标准，可分为面包粉、面条粉、馒头粉、饺子粉、酥性饼干粉、发酵饼干粉、蛋糕粉、酥性糕点粉和自发粉等。

**2. 通用面粉**

通用面粉是根据加工精度的不同分为特制一等、特制二等、标准粉和普通粉。

**3. 营养强化面粉**

营养强化面粉是指为改善公众营养水平，针对不同地区、不同人群而添加不同营养素的面粉，例如：增钙面粉、富铁面粉、“7 + 1”营养强化面粉等。

### （二）按照加工精度不同分类

#### 1. 特制一等面粉

特制一等面粉又叫富强粉、精面粉。基本上全是小麦胚乳加工而成。粉粒细，没有麸星，颜色洁白，面筋含量高且品质好（即弹性、延伸性和发酵性能好），食用口感好，消化吸收率高，但面粉中矿物质、维生素含量低。特制一等面粉适于制作高档糕点。

#### 2. 特制二等面粉

特制二等面粉又称上白粉、七五粉（即每 100kg 小麦加工 75kg 左右小麦粉）。这种小麦粉的粉色白，含有很少量的麸星，粉粒较细，面筋含量高且品质也较好，消化吸收率比特制一等面粉略低，但维生素和矿物质的保存率却比特制一等面粉略高，适宜于制作中档糕点。

#### 3. 标准面粉

标准面粉也称八五粉。粉中含有少量的麸星，粉色较白，含有较多的维生素、矿物质，但面筋含量较低且品质也略差，口味和消化吸收率也都不如以上两种小麦粉。

#### 4. 普通面粉

普通面粉是加工精度最低的小麦粉。加工时只提取少量麸皮，所以含有大量的粗纤维素、灰分和植酸，适合做普通糕点。

### （三）按蛋白质含量多少来分类

#### 1. 高筋面粉

高筋面粉又称强筋面粉，颜色较深，本身较有活性且光滑，手抓不易成团状。其蛋白质和面筋含量高。蛋白质含量为 12% ～15%，湿面筋值在 35% 以上。高筋面粉适宜做面包、起酥点心、泡芙等糕点。

#### 2. 低筋面粉

低筋面粉又称弱筋面粉，颜色较白，用手抓易成团。其蛋白质和面筋含量低。蛋白质含量为 7% ～9%，湿面筋值在 25% 以下。低筋面粉适宜制作蛋糕、甜酥点心、饼干等糕点。

#### 3. 中筋面粉

中筋面粉是介于高筋面粉与低筋面粉之间的一类面粉。色乳白，介于高、低粉之间，体质半松散，蛋白质含量为9%～11%，湿面筋值为25%～35%。中筋面粉用于制作重型水果蛋糕、肉馅饼等糕点。

### （四）根据面粉性能和添加剂的不同来分类

#### 1. 一般面粉

蛋白质含量在15%～15.5%、奶白色、呈沙砾状、不黏手、易流动，适合混合黑麦、全麦以制面包，或做成高筋硬性意大利、犹太硬咸包。蛋白质含量在12.8%～13.5%，白色、呈半松性的，适合做模制包、花式咸包和硬咸包。蛋白质含量在12.5%～12.8%，白色的，适合做咸软包、甜包、炸包。蛋白质含量在8.0%～10%，洁白粗糙黏手的，可做早餐包和甜包。

#### 2. 营养面粉

在面粉中加入各类营养物料如维生素、矿物质、无机盐或营养丰富的麦芽粉等。

#### 3. 自发面粉

所谓自发面粉，是预先在面粉中掺入了一定比例的盐和泡打粉，然后再包装出售。这样是为了方便家庭使用，省去了加盐和泡打粉的步骤。

#### 4. 全麦面粉

全麦面粉是将整粒麦子碾磨而成，而且不筛除麸皮。含丰富的维生素 $B_1$、维生素 $B_2$、维生素 $B_6$ 及烟酸，营养价值很高。因为麸皮的含量多，面粉的筋性不够，所以全麦面粉做出来的面包体积会较小、组织也会较粗。通常使用全麦面粉制作糕点时可加入一些高筋面粉来改善成品的口感。

#### 5. 面包粉

所谓面包粉就是为提高面粉的面包制作性能向面粉中添加麦芽、维生素以及谷蛋白等，增加蛋白质的含量，以便能更容易地制作面包。

## 二、米粉

米粉是由稻米经加工而成的一种粉状物质，是制作粉团、糕点的主要原料。

### （一）按米质分类

米粉可分为糯米粉、粳米粉、籼米粉三种。

#### 1. 糯米粉

糯米粉是由糯米磨制而成的。糯米又叫江米，是我国江南一带盛产的稻米变种。它的性质是硬度低、黏性大，涨发性能差，以宽厚、阔扁、圆形为佳品。糯米是制作米类、米粉类制品的主要原料。

#### 2. 粳米粉

粳米粉是由粳米磨制而成的。粳米就是通常所指的大米，它的涨发性大于糯米。粳米盛产于我国江南、淮北及华南各地，多用于制作主食——米饭和粥，也可制作点心，一般以短圆形、蜡白色、半透明者为佳品。市场上常见的杂交粳米也属于此类。

#### 3. 籼米粉

籼米粉是由籼米磨制而成的。籼米具有硬度高，黏性小、涨发性能强的特点。籼米的外观呈细长形（也有的杂交籼米为长圆形），色泽灰白，大多为半透明状。江南一带常用它来代替粳米，与糯米混合食用。

### （二）按加工方法分类

米粉又可分为干磨粉、湿磨粉和水磨粉。

#### 1. 干磨粉

干磨粉是将各类米不加水，直接磨成的细粉。一般均由粮食部门和工厂生产供应，其优点是含水量少、保管方便、不易变质，缺点是粉质较粗，制成品后滑爽性差。

#### 2. 湿磨粉

湿磨粉先要经过淘米涨发、静置、淋水的过程，直到米粒松胀后才能磨制，磨后再经罗筛等工艺操作。淘米涨发的目的是清洗掉米中的灰尘杂质，让米充分吸足水分，便于磨细。淘米时，一般是将米放入罗内，用水淘净后再用湿布盖上，静置一段时间后，再逐次淋水，让其能充分吸水。淋水的次数及水量的多少要根据米质而定。

湿磨粉的制作方法有石磨和机械磨两种。磨制的粉会出现粗细不均匀的现象，故还须经过罗筛。筛出的粗粒须再磨、再筛，经筛制过的米粉，其质感比较细腻，富有光泽，适用于制作精制的糕点。其缺点是含水量多，难于保藏。

**3. 水磨粉**

水磨粉的操作可分为淘米、浸米、带水磨粉及压粉沥水等几个步骤。

水磨粉磨制质量的好坏往往取决于米的浸泡程度，不同的产品和季节对浸水时间的要求都不相同（见下表）。

| 品　种 | 用米比例 | 浸水时间 | | |
|---|---|---|---|---|
| | | 夏季 | 春、秋季 | 冬季 |
| 一般汤团 | 糯米80%；粳米20% | 3～4h | 7～8h | 10h |
| 宁波汤圆 | 糯米90%；粳米10% | 3h | 8～10h | 24h |
| 水磨年糕 | 标准粳米100% | — | 12h | — |

水磨粉的特点是粉质细腻、成品柔软、口感滑润。但是，由于它含水量大，所以不宜久藏。

无论是哪种类型的米粉，与面粉相比，它们最突出的特性是：粉质重、坚实而少韧性；不能发酵；操作时需要煮芡和烫粉。

## 三、糖类

### （一）白砂糖

白砂糖简称砂糖，是从甘蔗或甜菜中提取糖汁，经过滤、沉淀、蒸发、结晶、脱色和干燥等工艺而制成。为白色粒状晶体，纯度高，蔗糖含量在99%以上，按其晶粒大小又分粗砂、中砂和细砂。

### （二）绵白糖

绵白糖也称白糖。它是用细粒的白砂糖加上适量的转化糖浆加工而成。具有质地细软、色泽洁白、甜而有光泽的特点。其蔗糖的含量在97%以上。

### (三)糖粉

糖粉是蔗糖的再制品,为纯白色的粉状物,味道与蔗糖相同。

### (四)赤砂糖

赤砂糖也称红糖,是未经脱色精制的砂糖,纯度低于白砂糖。呈黄褐色或红褐色,颗粒表面沾有少量的糖蜜,可以用于普通糕点的制作。

### (五)蜂蜜

蜂蜜又称蜜糖、白蜜、石饴、白沙蜜。根据其采集季节不同有冬蜜、夏蜜、春蜜之分,以冬蜜最好。若根据其所采花的品种不同,又可分为枣花蜜、荆条花蜜、槐花蜜、梨花蜜、葵花蜜、荞麦花蜜、紫云英花蜜、荔枝花蜜等,其中以枣花蜜、紫云英花蜜、荔枝花蜜质量较好。其主要成分为转化糖,含有大量的果糖和葡萄糖,味甜且富有花朵的芬芳。

### (六)糖浆

糖浆主要有转化糖浆、淀粉糖浆和果葡糖浆。转化糖浆是用砂糖加水和酸熬制而成;淀粉糖浆又称葡萄糖浆,通常使用玉米淀粉加酸或加酶水解,经脱色、浓缩而成的黏稠液体;而果葡糖浆是一种新发展起来的淀粉糖浆,其甜度与蔗糖相等或超过蔗糖,因为果葡糖浆的糖分为果糖与葡萄糖,所以称为果葡糖浆。

### (七)饴糖

饴糖又称麦芽糖浆,从谷物为原料,利用淀粉酶或大麦芽把淀粉水解为糊精、麦芽糖及少量葡萄糖制得。色泽淡黄而透明,能代替蔗糖使用。

## 四、油脂

油脂是油和脂的总称。在常温下呈液态的称为油,呈固态的称为脂。但是很多油脂随着温度变化而改变其状态,因此,不易严格划分为油或脂而统称为油脂。油脂是面包生产的主要原料之一。油脂不仅为制品增添了风味,改善了结构、外形和色泽,而且提高了营养价值。

油脂的种类主要有：天然油脂、人造油脂。其中天然油脂包括植物油和动物油；人造油脂包括人造奶油和起酥油等。植物油主要有：豆油、棉子油、花生油、芝麻油、橄榄油、棕榈油、菜子油、玉米油、米糠油、椰子油、可可油、葵花子油等；动物油主要有：黄油、猪油和牛羊油等。

### （一）色拉油

色拉油呈淡黄色，澄清、透明、无气味、口感好，在0℃条件下冷藏5.5h仍能保持澄清、透明（花生油除外）。色拉油一般选用优质油料先加工成毛油，再经脱胶、脱酸、脱色、脱臭、脱蜡、脱酯等工序成为成品。保质期一般为6个月。目前市场上供应的色拉油有大豆色拉油、菜籽色拉油、葵花籽色拉油和米糠色拉油等。

### （二）奶油

奶油是从经高温杀菌的鲜乳中，经过加工分离出来的脂肪和其他成分的混合物。在乳品工业中也称稀奶油。奶油是制作黄油的中间产品，含脂率较低，分别有以下几种。

#### 1. 淡奶油

淡奶油亦称单奶油，乳脂含量为12%～30%，可用作糕点的配料，有起稠增白的作用。

#### 2. 掼奶油

掼奶油也称裱花奶油，很容易搅拌成泡沫状的鲜奶油，乳脂含量为30%～40%，主要用于糕点的裱花装饰。

#### 3. 厚奶油

厚奶油亦称双奶油，乳脂含量为48%～50%。这种奶油用途不广，因为成本太高，通常情况下为了增进糕点风味时才使用。

### （三）黄油

食品工业中黄油亦称“奶油”，我国北方地区称“黄油”、南方地区称“白脱”，香港称“牛油”等，是由鲜奶油经再次杀菌、成熟、压炼而成的高乳脂制品。常温下呈浅乳黄色固体，乳脂含量一般不低于80%，水分含量不高于16%，还含有丰富的维生素A、维生素D和矿物质，营养价值较高。

黄油是从奶油中进一步分离出来的脂肪，分为鲜黄油和清黄油两种。鲜黄油含脂率在85%左右，口味香醇，可直接食用。清黄油含脂率在97%左右，比较耐高温，可用于烹调热菜。还可以根据在提炼过程中是否加调味品分为咸黄油、甜黄油、淡黄油和酸黄油等。如长期贮存应放在-10℃的冰箱中，短期保存可放在5℃左右的冰箱中冷藏。因黄油易氧化，所以在存放时应注意避免光线直接照射，且应密封保存。

**（四）植物黄油**

植物黄油为人造黄油或人造奶油，又称麦淇淋（Margarine），是由棕榈油或是可食用的脂肪添加水、盐、防腐剂、稳定剂和色素加工而成。

植物黄油外观呈均匀一致的淡黄色或白色，有光泽；表面洁净，切面整齐，组织细腻均匀；具有奶油香味，无不良气味。

**（五）起酥油**

起酥油是指动、植物油脂的食用氢化油、高级精制油或上述油脂的混合物，经过混合、冷却塑化而加工出来的具有可塑性、乳化性等加工性能的固态或流动性的油脂产品。外观呈白色或淡黄色，质地均匀，无杂质，口感、气味良好。起酥油不能直接食用，而是食品加工的原料油脂，它可以增大糕点的体积，松软不易老化，口感好。

## 第二节 中式糕点的辅助原料

### 一、水

水是人体所必需的，在自然界中广泛存在，水的硬度、pH值、温度和卫生条件对糕点面团的形成和特点起着关键性的作用。

**（一）水的硬度**

水的硬度是指溶解在水中的盐类物质的含量，即钙盐与镁盐含量的多少。1L水中含有钙镁离子的总和相当于10mg时，称之为1“度”。通常根据硬度的大小，把水分成硬水与软水：8度以下为软水，

8～16 度为中水，16 度以上为硬水，30 度以上为极硬水。

生产一般糕点的水通常为中水。水质硬度高，虽然有利于面团面筋的形成，但是会影响面团的发酵速度，而且使糕点成品口感粗糙；水质过软虽然有利于面粉中的蛋白质和淀粉的吸水胀润，可促进淀粉的糊化，但是又极不利于面筋的形成，尤其是极软水能使面筋质趋于柔软发粘，从而降低面筋的筋性，最终影响糕点的成品质量。

### （二）水的 pH 值

水的 pH 值是表示水中氢离子浓度的负对数值，所以 pH 值有时也称为氢离子浓度指数。由于氢离子浓度的数值往往很小，在应用上不方便，所以就用 pH 值这一概念来作为水溶液酸、碱性的判断指标，而且氢离子浓度的负对数值恰能表示出酸性、碱性的变化幅度数量级大小，这样应用起来就十分方便，并由此得到：

中性水溶液：$pH = 7$

酸性水溶液：$pH < 7$（pH 值越小，表示酸性越强）

碱性水溶液：$pH > 7$（pH 值越大，表示碱性越强）

自来水一般呈微碱性，pH 值在 7.2～8.5 之间，pH 值超过 10 时不能饮用。

在糕点面团发酵过程中，淀粉酶分解淀粉和酵母菌繁殖适合于偏酸的环境（pH 值为 5.5 左右）。如果水的酸性过大或碱性过大，都会影响淀粉酶的分解和酵母菌的繁殖，不利于发酵。遇此情况，需加入适量的碱性或酸性物质以中和酸性过高或碱性过大的水。

### （三）水的温度

水的温度对于面包面团的发酵大有影响。酵母菌在面团中的最佳繁殖温度为 28℃，水温过高或过低都会影响酵母菌的活性。

### （四）水的卫生标准

生产糕点所用的水，应是透明、无色、无臭、无异味、无有害金属、无有害微生物、无沉淀、硬度适中，完全符合国家生活饮用水卫生标准的规定。

## 二、酵母

### (一)液体酵母

由发酵罐中抽取的未经过浓缩的酵母液。这种酵母使用方便，但保存期较短，也不便于运输。

### (二)鲜酵母

鲜酵母也称压榨酵母或浓缩酵母，是将酵母液除去一部分水后压榨而成，其固形物含量达到30%。由于含水量较高，此类酵母应保持在0～6℃的低温环境中，并应尽量避免暴露于空气中，以免流失水分而干裂。一旦从冰箱中取出置于室温一段时间后，未用完部分不宜再用。新鲜酵母因含有足够的水分，发酵速度较快，将其与面粉一起搅拌，即可在短时间内产生发酵作用。由于操作非常迅速方便，很多面包生产企业多采用它。

### (三)干性酵母

干性酵母又称活性酵母，是将新鲜酵母压榨成短细条状或细小颗粒状，并用低温干燥法脱去大部分水分，使其固形物含量达92%～94%而得。酵母菌在此干燥的环境中处于休眠状态，不易变质，保存期长，运输方便。此类酵母的使用量约为新鲜酵母的一半，而且使用时必须先以4～5倍酵母量的30～40℃的温水，浸泡15～30min，使其活化，恢复新鲜状态的发酵活力。干性酵母的发酵能力比新鲜酵母强，但是发酵速度较慢，而且使用前必须经过温水活化以恢复其活力，使用起来不太方便。

### (四)速效干酵母

速效干酵母又称即发干酵母。由于干性酵母的颗粒较大，使用前必须先活化，使用不便，所以将其进一步改良成细小的颗粒。此类酵母在使用前无须活化，可以直接加入面粉中搅拌。因速效酵母颗粒细小，类似粉状，在酵母低温干燥时处理迅速，故酵母活力损失较小，且溶解快速，能迅速恢复其发酵活力。速效干酵母发酵速度快，活性高，使用量比干性酵母可以略低。此类酵母对氧气很敏感，一旦空气中含氧量大于0.5%，便会丧失其发酵能力。因此，此类酵母均以锡箔积层材料真空包装。如发现未开封的包装袋已不再呈真空状态,此酵母最好不要使用。若开封后未能一次用完,则须将剩余部分密封后再放于冰箱中储存,并最好在 3 ~5 天内用完。

## 三、蛋品

蛋品的种类很多,生产糕点的品种主要有鲜蛋、冰蛋、蛋粉等。

### (一)鲜蛋

鲜蛋主要有鸡蛋、鸭蛋、鹅蛋等,其中鸡蛋是最常用的原料。鲜蛋搅拌性能高,起泡性好,所以生产中多选择鲜蛋。

对于鲜蛋的质量要求是鲜蛋的气室要小,不散黄,其缺点是蛋壳处理麻烦。

### (二)冰蛋

冰蛋是将蛋去壳,采用速冻制取的全蛋液(全蛋液约含水分 72%)。其速冻温度为 -20 ~ -18℃。由于速冻温度低,结冻快,蛋液的胶体很少受到破坏,所以保留了其加工性能。使用时应升温解冻,其效果虽不及鲜蛋,但使用方便。

### (三)蛋粉

蛋粉主要包括全蛋粉、蛋白粉和蛋黄粉等。由于加工过程中蛋白质变性,因而不能提高制品的疏松度。在使用前需要加水调匀溶化成蛋液或与面粉一起过筛混匀再制作。因为蛋粉溶解度的原因,虽然营养价值差别不大,但是发泡性和乳化能力较差,使用时必须注意。

## 四、乳品

### (一)液态乳

液态乳是健康牛(羊)所产的新鲜乳汁,经有效的加热杀菌方式处理后,分装出售的饮用乳品。按成品组成成分分类,主要有以下几种。

全脂乳:含乳脂肪在 3.1% 以上。

强化乳:添加多种维生素、铁盐的乳品,如有添加维生素 A、维生

素 $B_1$、维生素 $B_2$、维生素 $B_6$ 等以供特殊需要。

低脂乳:含乳脂肪在 1.0% ~2.0% 的乳品。

脱脂乳:含乳脂肪在 0.5% 以下的乳品。

花色乳:加入咖啡、可可、果汁等成分的乳品。

**(二)发酵乳**

以生牛(羊)乳或乳粉为原料,经杀菌、发酵后制成的 pH 值降低的产品。

**(三)奶粉**

奶粉一般是鲜奶经过干燥工艺制成的粉末状乳制品。主要分为两大类:普通奶粉和配方奶粉。普通奶粉常见的有全脂淡奶粉、全脂加糖奶粉和脱脂奶粉等。全脂奶粉是指以鲜奶为原料,经浓缩、喷雾干燥制成的粉末状食品。脱脂奶粉是指以鲜奶为原料,经分离脂肪、浓缩、喷雾干燥制成的粉末状食品。奶粉在面包中的加入量为面粉总量的 1% ~8% ,有些高级面包用量可增至 1% ~15% 。

**(四)炼乳**

炼乳是“浓缩奶”的一种。炼乳是将鲜乳经真空浓缩或其他方法除去大部分水分,浓缩至原体积 25% ~40% 的乳制品。炼乳加工时由于所用的原料和添加的辅料不同,可以分为加糖炼乳(甜炼乳)、淡炼乳、脱脂炼乳、半脱脂炼乳、花色炼乳、强化炼乳和调制炼乳等。

**(五)淡奶**

淡奶也叫奶水、蒸发奶、蒸发奶水等,是将鲜奶蒸馏除去一些水分后的产品,有时也用奶粉和水以一定比例混合后代替。

## 五、蜜饯

### (一)按照地方风味分类

#### 1. 京式蜜饯

京式蜜饯也称北京果脯,起源于北京,其中以苹果果脯、金丝蜜枣、金糕条最为著名。京式蜜饯口味偏甜,外观果体透明,表面干燥,配料单纯,但用量大,具有入口柔软,口味浓甜的特点。

#### 2. 广式蜜饯

广式蜜饯起源于广州、潮州一带,其中糖心莲、糖橘饼、奶油话梅享有盛名。其表面干燥,口味酸甜,以甘香浓郁著称,特别适合南方口味。

#### 3. 苏式蜜饯

苏式蜜饯起源于苏州,包括产于苏州、上海、无锡等地的蜜饯。其中以蜜饯无花果、金橘饼、白糖杨梅最有名。苏式蜜饯的配料齐,品种多,口味丰富,集甜、酸、咸于一体,令人回味。

#### 4. 闽式蜜饯

闽式蜜饯起源于福建的泉州、漳州一带。其中以大福果、加应子、十香果最为著名。闽式蜜饯的特点是:配料品种多,用量大,味甜多香,富有余味。

### (二)按照制作工艺不同分类

#### 1. 糖渍蜜饯类

原料经糖渍蜜制后,成品浸渍在一定浓度的糖液中,略有透明感,如:蜜金橘、糖桂花、化皮榄等。

#### 2. 返砂蜜饯类

原料经糖渍糖煮后,成品表面干燥,附有白色糖霜,如:糖冬瓜条、金丝蜜枣、金橘饼等。

#### 3. 果脯类

原料糖渍糖制后,再经过干燥,成品表面不黏不燥,有透明感,无糖霜析出,如:杏脯、菠萝(片、块、芯)、姜糖片、木瓜(条、粒)等。

#### 4. 凉果类

在原料糖渍或糖煮过程中,添加甜味剂、香料等。成品表面呈干态,具有浓郁香味,如:丁香李雪花应子、八珍梅、梅味金橘等。

#### 5. 甘草制品

原料采用果坯,配以糖、甘草和其他食品添加剂浸渍处理后,进行干燥,成品有甜、酸、咸等风味,如:话梅、甘草榄、九制陈皮、话李等。

#### 6. 果糕

原料加工成酱状,经浓缩干燥,成品呈片、条、块等形状,如:山楂糕、开胃金橘、果丹皮等。

## 六、干果与水果

### (一)干果

用于糕点制作的干果主要有柿饼、红枣、无花果、罗汉果、龙眼、杏干、葡萄干、山楂干等。

### (二)水果

用于糕点制作的水果主要有黄桃、鳄梨、洋李、蓝莓、草莓、樱桃、猕猴桃、杨桃、柠檬、菠萝等。

## 七、子仁和果仁

### (一)子仁

用于糕点制作的子仁主要有南瓜子、葵花子、芝麻、花生仁、西瓜子等。

#### 1. 南瓜子

南瓜子是南瓜的种子,日常生活中多是炒熟后做零食和糕点的辅料。富含脂肪,其中不饱和脂肪酸含量丰富,尤其是亚油酸和泛酸含量颇高。另外还含有南瓜子氨酸、蛋白质、维生素 $B_1$、维生素 C 等。

#### 2. 葵花子

葵花子富含脂肪,蛋白质含量较高,并含有较多赖氨酸。种子中尚含有大量维生素 E、B 族维生素和矿物质,特别是锌的含量非常丰富。是一种重要的保健食物,对心脏有益。我国传统医学认为,葵花子味甘、性平,具有消除湿热、平肝祛风、消滞、益气、滋阴、润肠、驱虫等作用。

#### 3. 芝麻

芝麻是脂麻科一年生草本,果实为蒴果,长形,有棱;种子扁椭圆形,种子皮呈色(白、黄、棕红或黄)视不同品种而别。一般最常见的为黑芝麻及白芝麻。中医称芝麻有益肝补肾、养血润燥、长肌止痛的功效,作为滋养强壮药,对于肠液乏之便秘,可以润肠通经,柔和血管。

#### 4. 花生仁

花生又称长生果。含脂肪 40% 以上,其脂肪当中亚油酸和油酸共占 70% 以上。蛋白质含量 20% 左右。含有大量维生素 E、B 族维生素和钾、钙、铁、锌等矿物质，是我国传统保健坚果。中医认为，花生味甘，性平，可润肺、补脾、和胃、补中益气，是我国传统滋补食品。

**5. 西瓜子**

西瓜子蛋白质含量高于普通坚果，并富含多种矿物质，特别是铁、锌等含量高。根据我国食物成分表数据显示，每百克炒西瓜子含能量 573 千卡，蛋白质 32.7g，脂肪 44.8g。中医认为，西瓜子味甘，性平，生食或煮熟可清肺润肠、和中止渴。

**（二）果仁**

若按照营养特点来划分，果仁可分为两大类：高油果仁和淀粉果仁。前者包括核桃、榛子、杏仁、松子、白果、开心果、腰果、夏威夷果、阿月浑子、香榧等，后者包括栗子、莲子等。

**1. 核桃仁**

核桃仁含脂肪 60% 以上，蛋白质含量 15% 左右，含有大量维生素 E、B 族维生素和丰富的钾、钙、锌、铁等矿物质，是一种重要的保健坚果。核桃油中含亚油酸 73%，具有降低血胆固醇的作用。中医认为，核桃味甘，性平，可补肾固精、润燥化痰、温肺润肠、强筋健脑，对于治疗冠心病和支气管疾病也有较好的作用。其中含丰富的磷脂和必需脂肪酸，具有健脑益智的作用。

**2. 榛子仁**

榛子仁中含有大量维生素 E、B 族维生素和多种矿物质，其中钾、钙、铁和锌等矿物质含量高于核桃、花生等坚果。我国原产的平榛（小榛子）含脂肪 51% ~66%，蛋白质含量 17% ~26%。欧州榛果形大，出仁率高，果仁含脂肪 54% ~67%，但蛋白质含量稍低，为 12% ~20%，榛子的脂肪中以不饱和脂肪酸为主，质量也非常好。中医认为，榛子味甘，性平，具有补益脾胃、滋养气血、明目、强身的作用。

**3. 杏仁**

杏仁中脂肪和蛋白质含量高，含有大量维生素 E 和多种矿物质，其中维生素 $B_2$ 含量极为丰富，铁和锌含量也很高。每百克国产小杏仁含蛋白质 24.7g，脂肪 44.8%，碳水化合物 2.9g，膳食纤维 19.2g，还有极为丰富的维生素 $B_2$、大量的锌和不少的维生素 C。中医认为，小杏仁味苦,性温,可祛痰、止咳、平喘、散风、润肠、消积,也有一定的美容作用。

**4. 松子仁**

松子含脂肪极高,每百克含脂肪60g以上。松子的油脂质量很好,还含有丰富的维生素E、蛋白质和多种矿物质,其中钾、铁、锌、锰等元素都很丰富。因为脂肪含量高,所以松子的热量也特别高。中医认为,松子味甘,性温,具有补益气血、润燥滑肠、滋阴生津的功效。

**5. 白果仁**

白果是银杏树的果实。银杏树另名佛手树、公孙树等,属子遗植物仅存的几种古老植物之一。

白果栽培品种分三类:一是圆果,果圆形或呈心脏形,苦味浓;二是佛手类,又称长果,果长圆形或椭圆形,品质最佳;三是马铃类,果核形似佛手,质量鉴别一般以粒大、壳色洁净光亮、用手摇晃无声及投水下沉者为佳。

白果含丰富养分,磷的含量高于许多鲜干果,中医认为它有收敛化痰、止咳、定喘、补肺、通经利尿等功能。

**6. 榄仁**

橄榄有白榄和乌榄两种,榄仁是乌榄的核仁,也称榄肉,形状狭长扁平,长约2cm,宽约1cm,中间宽而两端尖,含油量达45%左右。通常将果实浸入清水中至软,剥去果肉,然后把核晒干,再砸核取仁,便成榄仁,每100kg乌榄可得6~7kg榄仁。

榄仁以颗粒肥大均匀,仁衣清净,仁色白,脂肪足,破粒少的品质好,倘若肉泛黄则已变质。贮存时忌潮湿、闷热,要放在通风、干爽的地方,但过分干燥也会使仁肉干瘪僵硬。

**7. 栗子**

栗子与富含油脂的果仁不同,它含脂肪低,淀粉含量高,含有较多的B族维生素和多种矿物质。和含油果仁相比,它所含的矿物质比较低。中医认为,栗子味甘,性温,可益气、补肾、强筋、健脾胃,是制作我国传统糕点的佳品。

**8. 莲子**

莲子属于淀粉类坚果,它脂肪含量仅为2%,含大量淀粉,含有大量维生素 E 和更丰富的矿物质，特别是钾含量极高，达 0.85%。此外，莲子中还含有少量维生素 C。中医认为，莲子味甘涩，性平，可养心、补脾、益肾、止泻、涩肠，是制作我国传统糕点的辅料。

## 八、果酱

果酱是把水果或果仁、糖及酸度调节剂混合后，在 100℃ 以上的温度下熬制而成的凝胶物质，也叫果子酱。它包括子仁酱、果仁酱和水果酱。其中子仁酱主要有花生酱、芝麻酱等；果仁酱主要有核桃酱、栗子酱、杏仁酱等；水果酱主要有苹果酱、蓝莓酱、草莓酱、猕猴桃酱、橙皮酱等。

## 九、花料

中式糕点制作过程中，经常采用一些可以食用的花卉来制作辅料，增加糕点的色香味，形成糕点的特殊风味。例如：玫瑰花、桂花（木樨花）、茉莉花、藏红花等。

### （一）玫瑰花

玫瑰，在植物分类学上是一种蔷薇科蔷薇属灌木。玫瑰花可食，无糖，富含维生素 C，常用于制作香草茶、果酱、果冻、果汁和面包等。在中式糕点里常常将玫瑰花加工成糖玫瑰花和干玫瑰花使用。

制作糖玫瑰时，将采摘的玫瑰花挑选整理，先用少量糖轻轻揉擦几下，放入缸中，一层花一层糖，装满缸密封起来，待其自然发酵而成。干玫瑰花是将玫瑰花晒干制成干花，用作糕点加香或装饰。

### （二）桂花

桂花有金桂、银桂、丹桂及四季桂等品种，四季桂香气不及前三种浓郁。每年秋季，桂花盛开，选取花色鲜艳、香味浓郁的鲜桂花，用盐腌制成咸桂花。将鲜桂花漂清后，放入盛有浓糖汁的坛中，即为甜桂花。它们主要用于蛋糕、豆沙及部分糕点的增香。

## 十、豆类

豆类的品种较多，中式糕点里常用品种有绿豆、黄豆、红豆等品种。

### (一)绿豆

绿豆是蝶形花科绿豆属一年生草本植物,形状两端平而微圆,主要成分为水分15%,蛋白质22%,脂肪1%,淀粉60%,矿物质4%。中医认为绿豆有清凉解毒作用,对人体则有清补润脏功能,常用于制作糕点,如绿豆糕。

### (二)黄豆

黄豆,被誉为“豆中之王”,含蛋白质40%左右。蛋白质中所含必需氨基酸较全,尤其富含赖氨酸。黄豆脂肪含量为18%~20%。主要为亚麻油酸、亚麻油稀酸、卵磷脂等。这类多不饱和脂肪酸使黄豆具有降低胆固醇的作用,对神经系统的发育有重要意义。在糕点制作里常常磨成黄豆粉使用,如豌豆黄等品种。

### (三)红豆

红豆,俗称“赤小豆”、“赤豆”、“红小豆”、“小豆”,豆科,一年生草本植物。花黄或淡灰色,荚果无毛,种子椭圆或长椭圆形,一般为赤色。原产于亚洲,中国栽培较广。种子富含淀粉、蛋白质和B族维生素等,可作粮食和副食品,并可供药用,是进补之品。

### (四)蚕豆

蚕豆为蚕豆属植物。蚕豆一名出自《食物本草》,书中李时珍认为“豆荚状如老蚕,故名”。蚕豆为一年生或两年生直立草本,其种子含蛋白质22%~35%,淀粉43%,且含维生素A、B族维生素和维生素C。蚕豆除食用外亦为制酱、制作糕点的原料。

### (五)豌豆

豌豆为豌豆属植物,为一年生攀缘草本。种子含蛋白质22%~34%,还含有糖分、矿物质盐类以及维生素A、B族维生素和维生素C,在糕点制作中常常将豌豆磨成粉使用。

## 十一、肉和肉制品

肉和肉制品在糕点中多用作馅心,多数为咸味,如鲜肉月饼、咖喱猪肉饺的馅心等;也可制成甜味的,如火腿、香肠月饼馅等。现将其在糕点中常见的品种介绍如下。

**(一)白膘**

白膘是百果、冬蓉、老婆饼不可缺少的原料,以色白无异味为佳。鲜白膘必须及时加工,切成0.3cm见方的小粒,用白砂糖腌制。通常白膘和白砂糖以1:1的比例拌和均匀,置缸或桶中备用。如制作老婆饼,白膘须煮熟后切丁糖腌。

**(二)板油**

生板油去衣切丁用糖腌制,比例是1:1.5,常用于苏式糕点的馅心及猪油年糕、松糕等品种。

**(三)鲜肉**

新鲜猪肉肉色鲜亮,无异味。制作月饼、咖喱猪肉饺的鲜肉最好七成精肉三成肥肉,用绞肉机绞成泥状,略加料酒以增加香味。

**(四)火腿**

火腿在糕点制作中也是常见的辅料,以金华火腿为佳。质量好的火腿,皮色呈浅棕色,肉面酱黄色,有特殊腌制品的香味。火腿用作饼馅心必须洗净后去皮、骨蒸熟,取精肉切丝用糖腌制备用。

**(五)香肠**

香肠用来制作香肠月饼。优质香肠表面有光泽,无衣纹褶皱,不发白,有特殊香味,无酸味和异味,咸淡适中,味美可口,肥瘦均匀,干爽结实。

## 第三节　中式糕点的添加剂

### 一、疏松剂

**(一)泡打粉**

泡打粉的成分是"小苏打+酸性盐+中性填充物(淀粉)",其中酸性盐分强酸和弱酸两种:强酸——快速发粉(遇水就发);弱酸——慢速发粉(要遇热才发)。而混合发粉——双效泡打粉,最适合糕点制作使用。

### （二）小苏打

小苏打，化学名为碳酸氢钠，遇热产生 $CO_2$ 气体，呈碱性。

### （三）臭粉

臭粉的化学名为碳酸氢氨，遇热产生 $CO_2$ 气体。

## 二、食用色素

食用色素分为天然色素和人工合成色素两种。

天然色素主要从植物组织中提取，也包括来自动物体内微生物的一些色素，主要品种有叶绿素、番茄红素、胡萝卜素、叶黄素、红曲、焦糖、可可粉、咖啡粉、姜黄、虫胶色素、辣椒红素、甜菜红等。

人工合成色素是指用人工化学合成方法所制造的有机色素，主要品种有苋菜红、胭脂红、柠檬黄、日落黄和靛蓝等。

在添加色素的食品中，使用天然色素的只占不足20%，其余均为合成色素。天然色素能促进人的食欲，增加消化液的分泌，因而有利于消化和吸收。但天然色素在加工保存过程中容易褪色或变色，在食品加工中人工添加天然色素成本又太高，而且染出的颜色不够明快，其化学性质不稳定，容易褪色，相比之下，合成色素色彩鲜艳、着色力好，而且价格便宜，所以人工合成色素在食品中被广泛应用。但应严格遵守《食品添加剂使用卫生标准》中的使用规定。

## 三、食用香精

食用香精是指由各种食用香料和许可使用的附加物（包括载体、溶剂、添加剂）调和而成的，可使食品增香的一大类食品添加剂。随着食品工业的发展，食用香精的应用范围已扩展到饮料、糖果、乳肉制品、焙烤食品、膨化食品等各类食品的生产中。

食用香精按剂型可分为液体香精和固体香精。液体香精又分为水溶性香精、油溶性香精和乳化香精；固体香精分为吸附型香精和包埋型香精。

## 四、营养强化剂

所谓营养强化剂,是以增强和补充食品的营养为目的而使用的添加剂。其主要有氨基酸类、维生素类及矿物质和微量元素类等。

糕点的营养强化,除应根据不同的糕点选取适当的营养强化剂之外,还应根据糕点种类的不同,采取不同的强化方法。通常有三种方法:一是在糕点原料中添加;二是在糕点加工过程中添加;三是在糕点成品中添加。

## 五、防腐剂

食品防腐剂是一种能防止由微生物引起的腐败变质,延长食品保藏期的食品添加剂。因兼有防止微生物繁殖引起食物中毒的作用,又称抗微生物剂。

我国规定允许使用的防腐剂有苯甲酸、苯甲酸钠、山梨酸、山梨酸钾、丙酸钙等25种。其中丙酸及其盐类对抑制使面包生成丝状黏质的细菌特别有效,且安全性高,近年来被广泛用于面包、糕点等制品中。

## 六、稳定剂

### (一)塔塔粉

塔塔粉的化学名为酒石酸钾,它是制作戚风蛋糕必不可少的原材料之一。

戚风蛋糕是利用蛋清来起发的。蛋清偏碱性,pH值达7.6,而蛋清在偏酸的环境下也就是pH值在4.6~4.8时才能形成膨松安定的泡沫,起发后才能添加大量的其他配料。戚风蛋糕将蛋清和蛋黄分开搅拌,蛋清搅拌起发后拌入蛋黄部分的面糊。没有添加塔塔粉的蛋清虽然能起发,但是加入蛋黄面糊则会下陷,不能成形。所以可以利用塔塔粉的这一特性来达到最佳效果。制作过程中它的添加量是全蛋的0.6%~1.5%,与蛋清部分的砂糖一起拌匀加入。

### （二）蛋糕油

蛋糕油又称蛋糕乳化剂或蛋糕起泡剂，主要成分为单酸甘油酯和棕榈油。目前主要产品有 SP 蛋糕油等。它在海绵蛋糕的制作中起着缩短制作时间，形成成品外观，使组织更加均匀细腻，入口更润滑的作用。蛋糕油的添加量一般是鸡蛋使用量的 3% ~5% 。

# 第三章　中式糕点的制作工具与设备

## 第一节　中式糕点的制作工具

### 一、计量工具

**1. 量杯**

以塑料或玻璃制成，有柄，内壁有刻度，一般用以量取液体原料。

**2. 量匙**

测量少量的液体或固体原料的量器。有1汤匙、1/2汤匙、1/4汤匙一套，也有1mL、2mL、5mL、25mL一套。

**3. 弹簧秤**

用于称量面粉等各种原料。

**4. 电子秤**

比较精确的计量工具，能精确到小数点后一位以上。

**5. 温度计**

温度计主要用以测量油温、糖浆温度及面包面团等的中心温度。常用温度计种类有：探针温度计，油脂、糖测量温度计，普通温度计等。

### 二、搅拌工具

**1. 打蛋器**

以不锈钢丝缠绕而成，用于打发或搅拌食物原料。如：蛋清、蛋黄、奶油等。

**2. 榴板**

通常以木质材料制成，前端宽扁，或凿成勺形，柄较长，有大小之分，可用来搅拌面粉或其他配料。

**3. 拌料盆**

有大、中、小三号，可配套使用。可用来搅拌面粉或其他配料。

**4. 橡皮刮板**

以橡胶制成，有长柄，用于刮取或拌合拌料盆中或案板上的面团等原料。

## 三、成型工具

**1. 擀面棒**

有擀面杖和走槌之分。擀面杖是用坚实细腻的木材制成，有长有短，粗细不一，其用途是擀制面皮；走槌也是一种擀面杖，形状粗大、圆柱中空，其中有一根木棒，擀制面皮时，双手抓住木棒，上面锤体跟着转动，发挥作用。

**2. 模具**

有各种形状，大小成套，以不锈钢和铜制为佳。

**3. 滚刀**

有平滚刀和花滚刀之分，前者是平的，后者有花纹齿，都是铜制，其结构为一端是花镊子，一端是滚刀。主要用于切割面皮和做花边之用。

**4. 剪刀**

铁制，刀尖刃快，用于修剪裱花袋口，或者夹取花托。

**5. 刮片**

按其用途可分欧式刮片、普通刮片，有铁质，也有塑料质，欧式刮片形状各异，一般可分为细齿刮片类、粗齿类；普通刮片为平口类，三角形类，主要用于蛋糕表面刮图装饰，方便快捷。

## 四、烘焙工具

**1. 烤盘**

与烤箱配套使用，一般为长方形，用于烧烤面包、蛋糕、饼干等糕点。

**2. 烤模（见“成型工具”的“模具”）**

## 五、其他工具

**1. 筛子**

用于筛面粉等。

**2. 食品夹**

为金属制的有弹性的“U”字形夹钳，用于夹糕点。

**3. 案板**

有木案板、不锈钢案板等，长方形，是制作糕点的工作台。

**4. 刷子**

用于烤盘和模具内的刷油以及制品表面的蛋液涂抹。

**5. 调色碗勺**

碗为瓷或玻璃制品，成套选用；勺为不锈钢制品。常用于装饰面料的调色。

**6. 缎带**

用来刮出蛋糕的特殊面，如寿桃面、圆形面；或者用于捆扎蛋糕盒。缎带要宽，边口要光滑。

# 第二节　中式糕点的制作设备

## 一、加工设备

**1. 粉碎机**

由电机、原料容器和不锈钢叶片刀组成，适宜打碎蔬菜水果取汁。

**2. 搅拌机**

由电机、不锈钢桶和不同搅拌龙头组成，有多种功能，可用来打蛋清膏、奶油膏，还可以调制各种面包的面团等。使用时，要注意根据制品的不同要求选择搅拌速度。

**3. 和面机**

有立式和卧式两大类型。卧式和面机结构简单，运行可靠，使用方便；立式和面机对面团的拉、抻、揉的作用大，面团中面筋质的形成充分，有利于面包内部形成良好的组织结构。

**4. 全自动分团机**

设计精密，坚固耐用，操作简便快捷，分割速度均匀，提高工作效率，节省人力、物力。全自动分团机用于面团、面包等面制糕点的分块。

**5. 压面机**

由托架、传送带和压面装置组成。用于将面团压成面片或擀压酥层，厚度由调节器控制。

**6. 饧发箱**

饧发箱是发酵类面团发酵、饧发的设备。目前在国内常见的有两种，一种结构较为简单，采用铁皮或不锈钢板制成的饧发箱。这种饧发箱靠箱底内水槽中的电热棒将水加热后蒸发出的蒸汽，使面团发酵。另一种结构较为复杂、以电作能源，可自动调节温度、湿度。这种饧发箱使用方便、安全，饧发效果较好。

**7. 切片机**

以手动或自动方式将糕点切片，操作过程中可将切割厚薄控制在设定的范围内，使成片厚薄一致。

## 二、炉灶设备

**1. 中式炉灶**

中式炉灶种类很多，从能量来源方面分有柴草炉、煤炭炉灶、液化气炉灶、电热能炉灶、电磁炉灶、远红外炉灶、太阳能炉灶和微波能炉灶等。灶面平坦，上面分布适合中式锅具使用的主火眼和支火眼，用于烹饪加工食物。

**2. 深油炸灶**

由深油槽、过滤器及温度控制装置等部分组成。主要用于炸制糕点。这种灶的特点是工作效率高、滤油方便。

## 三、烘烤设备

**1. 电烤箱**

电烤箱为角钢、钢板结构,炉壁分三层,外层钢皮,中间是硅酸铝绝缘材料,内壁是不锈钢或涂以银粉漆的铁皮。利用电热管发出的热量来烘烤食品。电热管的根数决定于烤盘的面积。其优点为耗电少、清洁卫生、使用方便。

**2. 多功能蒸烤箱**

智能型多功能蒸烤箱不仅具有蒸箱和烤箱的两种主要功能,并可根据实际烹调需要,调整温度、时间、湿度等,省时省力,效果颇佳。

## 四、制冷设备

**1. 冷藏设备**

主要有小型冷藏库,冷藏箱和电冰箱。这些设备的共同特点是都具有隔热保温的外壳和制冷系统。按冷却方式分为直冷式和风扇式两种,冷藏温度范围在 -40 ~ 10℃之间。并具有自动衡温控制,自动除霜等功能。

**2. 展示冰柜**

镀铬大圆角豪华造型,上有大圆弧玻璃,四面可视箱内物品,后侧推拉门,存取方便。顶部配备照明灯管,箱底配备可移动角轮,自由、灵活。可以选配立体支架,储物量大。用来展示部分面包制品。

## 五、装饰专业设备

**1. 空调**

空调是一种用于给房间(或封闭空间、区域)提供处理空气的机组。它的功能是对该房间(或封闭空间、区域)内空气的温度、湿度、洁净度和空气流速等参数进行调节，以满足糕点生产和装饰工艺过程的要求。

**2. 裱花喷枪**

裱花喷枪包括喷嘴、喷管、操作按钮、喷射阀门和高压气源装置，操作按钮控制喷射阀门。高压气源装置是一个装有雾化剂的耐压密封容器，喷嘴、喷管和耐压密封容器设计为一体化使用。主要用于在生日蛋糕上进行艺术裱花，其优点有：使用前不需要倒出容器减少了污染的机会，完全符合国家对食品卫生的管理要求，体积小，便于携带，不需利用其他外界能源，工作时噪音小。裱花喷枪分为低压喷枪和调压喷枪，前者适合于初学者使用。

# 第四章　中式糕点的制作原理

## 第一节　微生物发酵原理

微生物发酵法就是利用微生物——酵母的发酵作用，分解面粉中的淀粉和糖分，产生二氧化碳气体和乙醇；二氧化碳气体被面筋所包裹，形成均匀细小的气孔，使面团膨胀起来的方法。在发酵过程中，面粉、酵母、水、盐等主辅料相互作用，使微生物发酵。

### 一、面粉的作用

面粉是由蛋白质、碳水化合物、灰分等成分组成的，在发酵类糕点发酵过程中，起主要作用的是蛋白质和碳水化合物。面粉中的蛋白质主要由麦胶蛋白、麦谷蛋白、麦清蛋白和麦球蛋白等组成，其中麦谷蛋白、麦胶蛋白能吸水膨胀形成面筋质。这种面筋质能随面团发酵过程中二氧化碳气体的膨胀而膨胀，并能阻止二氧化碳气体的溢出，提高面团的保气能力，它是发酵类糕点制品形成膨胀、松软特点的重要条件。面粉中的碳水化合物大部分是以淀粉的形式存在的。淀粉中所含的淀粉酶在适宜的条件下，能将淀粉转化为麦芽糖，进而继续转化为葡萄糖，供给酵母发酵所需要的能量。面团中淀粉的转化作用，对酵母的生长具有重要作用。

### 二、酵母的作用

酵母是一种生物膨松剂，当面团加入酵母后，酵母即可吸收面团中的养分生长繁殖，并产生二氧化碳气体，使面团形成膨大、松软、蜂窝状的组织结构。酵母对发酵类糕点的发酵起着决定的作用，但要注意使用量。如果用量过多，面团中产气量增多，面团内的气孔壁迅速变薄，短时间内面团持气性很好，但时间延长后，面团很快成熟过度，持气性变劣。因此，酵母的用量要根据面筋品质和制品需要而定。一般情况，鲜酵母的用量为面粉用量的3%～4%，干酵母的用量为面粉用量的1.5%～2%。酵母在自然界广泛存在，使用历史悠久，无毒害，培养方便，廉价易得，使用特性好。

### 三、水的作用

水是发酵类糕点生产的重要原料，其主要作用有：水可以使面粉中的蛋白质充分吸水，形成面筋网络；水可以使面粉中的淀粉受热吸水而糊化；水可以促进淀粉酶对淀粉进行分解，帮助酵母生长繁殖。

### 四、盐的作用

盐可以增加面团中面筋质的密度，增强弹性，提高面筋的筋力。如果面团中缺少盐，饧发后面团会有下塌现象。盐可以调节发酵速度，没有盐的面团虽然发酵的速度快，但发酵极不稳定，容易发酵过度，发酵的时间难于掌握。盐量多则会影响酵母的活力，使发酵速度减慢。盐的用量一般是面粉用量的1%～2.2%。

综上所述，面粉、酵母、水、盐四大要素是密切相关，缺一不可的，它们的相互作用才是面团发酵原理之所在。其他的辅料（如：糖、油、奶、蛋、改良剂等）也是相辅相成的。它们不仅仅是改善风味特点，丰富营养价值，对发酵也有着一定的辅助作用。糖是供给酵母能量的来源，糖的含量在5%以内时能促进发酵，超过6%会使发酵受到抑制，发酵的速度变得缓慢；油能对发酵的面团起到润滑作用，使制品的体积膨大而疏松；蛋、奶能改善发酵面团的组织结构，增加面筋强度，提高面筋的持气性和发酵的耐力，使面团更有胀力，同时供给酵母养分，提高酵母的活力。

## 第二节　化学膨松原理

化学膨松剂主要有碱性膨松剂（臭粉、小苏打）和复合膨松剂

（泡打粉），利用化学膨松剂在烘烤加工时受热分解，释放出大量气体的特性，使产品体积膨胀，形成多孔性结构，从而具有酥松或膨松性。

## 一、小苏打（碳酸氢钠）的膨松原理

小苏打是最基本的一种化学膨松剂，为白色粉末，味微咸，无臭味，加热分解成碳酸钠、二氧化碳气体和水。碳酸钠残留于食品中呈微碱性，容易引起质量问题。若使用过量会使产品呈碱性，口感不适，对于糕点可以使色泽变深，组织和形状受到破坏。因此在使用时注意其用量。使用时为了防止出现黄色斑点，最好先溶于冷水中随即添加使用。由于碳酸氢钠在高温和高湿的条件下容易缓慢分解，影响使用效果。要注意储存条件。

## 二、臭粉（碳酸氢氨，俗称臭碱）的膨松原理

臭粉呈白色粉状结晶，有氨臭味。在加热时可以分解，产生氨气、二氧化碳气体和水。因为碳酸氢氨分解所产生的氨气、二氧化碳都是气体，产生气体量为碳酸氢钠的 2 ~3 倍，如果使用不当，容易造成成品质地过松，内部或表面出现大的空洞。此外碳酸氢氨分解温度低，往往在烘烤初期即产生气体，不能持续有效地起到膨胀作用。一般多与其他膨松剂配合使用。碳酸氢氨稍有吸湿性，保存过程要注意防潮，以免影响使用效果。

## 三、泡打粉（发酵粉，俗称烘焙粉、发粉等）的膨松原理

泡打粉呈白色粉末状，无异味，在冷水中分解。一般是以碳酸氢钠等碱性物质加入酸式盐，再加上淀粉为填充物，复配而成的复合膨松剂。遇水混合加热后碱性物质和酸式盐发生反应，产生二氧化碳气体，达到膨胀作用。由于泡打粉是根据酸碱中和反应原理而配制的，其水溶液基本呈中性，没有碱性膨松剂的缺点，其生成残留物为弱碱性盐类，对糕点等产品没有不良的影响。目前市场上的双效泡打粉，是利用反应快慢不同的化学膨松剂混合而成，反应快速的膨松

剂在蛋糕糊搅拌时产生气体保存在蛋糕糊里，在烘烤过程中慢反应的膨松剂不断产生气体，通过快慢比例的合理搭配，使之具有良好的膨胀效果和组织均匀、质地细腻、颜色正常、无异味的特点。因此在制作蛋糕中使用很广泛。在制作蛋糕时泡打粉的使用量一般为面粉的0.5% ~3%，若与塔塔粉配合使用效果更显著。

## 第三节 油酥面团调制原理

油酥面团是指用油脂和面粉（主要是麦粉）调制的面团。它有很多种类，根据成品分层次与否，可分为层酥面团和混酥面团两种。根据调制面团时是否放水，又分为干油酥和水油酥两种。根据成品表现形式，划分为“明酥”、“暗酥”、“半明半暗酥”三种。根据操作时的手法分为大包酥和小包酥两种。下面主要讲述层酥面团和混酥面团调制原理。

### 一、层酥面团调制原理

所谓层酥，是用水油面团（水油酥）包入干油面团（干油酥）经过擀片、包馅、成形等过程制成的酥类制品。成品显现出明显的层次，其特点是层层如纸，口感松酥脆，口味多变。如北京的“如意酥”、山东的“千层酥”、河北的“油酥烧饼”都是层酥的代表作。

#### 1. 干油面团（干油酥）调制原理

干油酥，指的是全部用油、面粉调制而成的面团。它具有很大的起酥性，但面质松散、软滑、缺乏筋力和黏度，故不能单独制成成品。它在层酥中的作用，一是作为馅心，二是成品熟制后发松，起酥。干油酥之所以能够起酥，是因为调制时只用油不用水，直接与面粉调成面团。干油酥所用的油质是一种胶体物质，具有一定的黏性和表面张力。面粉加油调和，使面粉颗粒被油脂包围，隔开而成为糊状物。在面团中油脂使淀粉之间联系中断，失去黏性，同时面粉颗粒膨胀形成疏松性，同时蛋白质吸不到水，失去了面筋质膨胀性能，使面团不能形成很强的面筋网络体。原料成形后，再经过烤制加热成熟，使面粉粒本身膨胀,受热失水"脆化"变脆,就达到层酥的要求。这就是干油酥面团起酥的原理。

**2. 水油面团(水油酥)调制原理**

水油面团,是用适当的水、油、面粉调制成的面团。它既有水调面团的筋力、韧性和保持气体的能力,又有油酥面团的滑润性、柔顺性和起酥性。它是介于这两者之间而形成特殊性能的面质。它的作用是与干油酥配合后互相间隔,互相依存,起着分层起酥的效果。使油酥面团具备了成形和包捏的条件,将干油酥层层包住,解决了干油酥熟制后散碎的问题。使成品既能成形完整,又能膨松起酥,达到了层酥的成品特点。

**3. 层酥糕点的制作原理**

水油酥面团和干油酥面团各自的特性,决定了它们在层酥面团中的作用。水油酥面团具有一定的筋力和延伸性,可以进行擀制、成形和包捏,适宜作皮料。干油酥面团性质松散,没有筋力,不能作皮料。但作为酥心包在水油酥面团中,也可以被擀制、成形和包捏。水油酥面团包住干油酥面团后,经过多次擀、卷、叠制成层酥面团。因干油酥面和水油面是层层阻隔,利用油脂的隔离作用,经加热后,水油皮和干油瓤分层,就形成了层酥面点特有的造型完美、酥松香脆的口感。

## 二、混酥面团调制原理

所谓的混酥,是用蛋、糖、油和其他辅料混合在一起调制成的面团。混酥面团制成食品的特点是:成形方便,成品无层次,但质地酥脆,代表作有"花生酥"、"桃酥"等。

**1. 油脂的作用**

混酥面团内加了大量的油脂起了酥松作用。油脂以球状、条状或薄膜状存于面团内。在这些球状或条状的油脂中,存有大量的空气,这些空气也随着油脂搅进了面团中。待成形坯料在加热中遇到高度热能后,面团内的空气就会膨胀。另外,混酥面团用的油量大,面团的吸水率就低。而水是形成面团面筋网络条件之一,面团缺水严重，面筋生成量就降低了。面团的面筋量越低，制品就越松酥。同时，油脂中的脂肪酸饱和程度也和成品的酥松性有关。油脂中饱和脂肪越高，结合空气的能力越大，面团的起酥就越好。

**2. 糖的作用**

混酥面团中加糖起了酥松作用。糖的特性之一是具有很强的吸水性，糖能吸收面中的水分，面团中水分被糖吸收的越多，面筋形成的网络面积就越少，制品就越松酥。

**3. 化学疏松剂的作用**

混酥面团中加入的化学疏松剂起了酥松作用。在调制混酥时，只凭油所带进的面团的空气和糖吸收水分的作用，还是不够的。为了使制品更酥松，有些点心在混酥面团调制时，为了补充气体，往往要加入小苏打等。这是为了借用能产生二氧化碳的化学疏松剂的功效，从而使制品更加酥松。

总之，根据混酥面团的成团原理，调制混酥面团时，必须具备蛋、水、油（乳）等物料。这些物料中的蛋乳含有磷脂，磷脂是良好的乳化剂。它可以促进面团中油水乳化。乳化越充分，油脂微粒或水微粒就越细小。这些细小的微粒分散在面团中，就很大程度地限制了面筋网络的大量生成。这就使混酥面团具有细腻柔软的性质，加上油脂、糖和化学疏松剂的作用，就使混酥面团制品达到了酥脆效果。

## 第四节　物理膨松面团调制原理

物理膨松面团，是用物理膨松法（即机械力胀发法，俗称调搅法）调制的面团。它利用鸡蛋经过机械搅拌，能打进并保住气体的性能，将鸡蛋搅打成含大量气体的蛋泡糊，然后加面粉调制成蛋泡面糊，使制品在熟制过程中，其内部所含气体受热膨胀，从而使制品松发柔软。

在面团制作过程中，蛋白通过高速搅拌使其中的球蛋白降低了表面张力，增加了蛋白的黏度。因黏度大的成分有助于泡沫初期的形式,使之快速地打入空气,形成泡沫。蛋白中的球蛋白和其他蛋白,受搅拌的机械作用,产生了轻度变性。变性的蛋白质分子可以凝结成一层皮,形成十分牢固的薄膜,将混入的空气包围起来,同时,由于表面张力的作用,使得蛋白泡沫收缩变成球形,加上蛋白胶体具有黏度和加入的面粉原料附着在蛋白泡沫周围,使泡沫变得很稳定,能保持住混入的气体。加热的过程中,泡沫内的气体又受热膨胀,使制品疏松多孔并具有一定的弹性和韧性。

## 第五节　米粉面团调制原理

米粉面团,是指用米粉掺水调制而成的面团。由于米的种类比较多,如糯米、粳米、籼米等,因此可以调制出不同的米粉面团。米粉面团的制品很多,按其属性,一般可分为 3 大类,即糕类粉团、团类粉团、发酵粉团。

米粉面团的调制原理主要由米粉的化学组成所决定。米粉和面粉的成分基本一样,主要含有淀粉与蛋白质,但两者的蛋白质与淀粉的性质都不同。面粉所含的蛋白质是能吸水生成面筋的麦麸蛋白和麦胶蛋白,但米粉所含的蛋白质则是不能生成面筋的谷蛋白和谷胶蛋白;面粉所含的淀粉多为淀粉酶活动力强的直链淀粉,而米粉所含的淀粉多是淀粉酶活力低的支链淀粉。但由于米的种类不同,情况又有所不同。糯米所含几乎都是支链淀粉,粳米含有的支链淀粉也较多;籼米含支链淀粉较少,约占淀粉的30%左右。之所以用糯米粉和粳米粉所制作出来的粉团黏性比较强,就是因为其中含有了比较多的支链淀粉。

面粉中加入一些膨松剂之后,制成的品种比较松发暄软;而糯米粉和粳米粉正常情况下是不能做出暄软膨松的制品的,因为糯米粉、粳米粉含有的支链淀粉较多,黏性较强,淀粉酶活性低,分解淀粉为单糖的能力很低,也就是说,缺乏发酵的基本条件中产生气体的能力;而它的蛋白质也是不能产生面筋的谷蛋白质和谷胶蛋白,没有保持气体的能力。因此,米粉虽可引入酵母发酵,但酵母的繁殖缓慢,生成气体也不能被保持。所以糯米粉和粳米粉形成的面团,一般都不能用作发酵。但籼米粉却可调制成发酵面团,因为籼米粉中含有的支链淀粉含量相对比较低,可以做一些有膨松性能的制品。

# 第五章　中式糕点的制作工艺

## 第一节　中式糕点的面团调制工艺

### 一、面团的概念

糕点配方中的面粉和米粉等与油、糖、蛋品、水分等配合调制成适当的团块或面浆，概称为面团。面团调制质量的好坏直接影响制品外形、内部组织和口味。

### 二、面团分类

中式糕点的品种丰富，其面团种类也是多样。一般地，在制作糕点中，面团主要分为以下几类。

**（一）水调面团**

水调面团又称子面，也称筋性面团。它是用水直接与面粉拌和、揉搓而成的面团。根据用途不同又分为：冷水面团、温水面团、沸水面团3种。

**（二）油酥面团**

油酥面团是由油脂和面粉一起调制而成的松散性很强的面团。该面团工艺要求是具有较强的可塑性。所以，配料及操作中均不能加水，所用油脂的水分也不能过大。同时，在制品感观允许的情况下，面粉也尽可能采用低筋粉。

**（三）水油面团**

水油面团是面粉与少量油脂加入适量的温水（30～40℃）调制而成。也有部分制品用鸡蛋代替部分水或加少量饴糖以达到改善成品口感的目的。该面团要求具有一定的韧性、延伸性、柔软性和一定的保气能力。在调制中主要依靠加入配料中的油脂所起的疏水作用达到限制面筋大量生成的目的。同时,必须把握好面粉、水和油三者的比例关系,即 10 :4 :2;再者,在操作中要求水油混匀后加入面粉,以防止面筋过度及不均生成。该面团主要用于酥层类制品的包皮,一般不单独成品,如:苏式月饼、千层酥、菊花酥等。

**(四)酥性面团**

酥性面团也称混酥面团。它是将一定比例的油脂、糖、水、蛋和其他辅料搅拌均匀,然后再拌入面粉调制而成。该面团要求有一定的可塑性,稍有筋性,无弹性和延伸性。性能介于水油面团和油酥面团之间。这种面团主要是利用油脂的疏水作用和糖的反水化作用达到控制面筋形成的目的。在操作中严格按原料顺序,不过度揉搓是关键,有时也加入少量淀粉稀释面筋蛋白浓度,达到抑制面筋过度生成的目的。该面团主要用于酥性饼干、五香麻饼、冰糖饼等。

**(五)浆皮面团**

浆皮面团是用糖浆和部分油脂与面粉直接调制而成。该面团要求具有良好的可塑性,无韧性和弹性,使制品光泽柔润,不酥不脆,花纹清晰。这里主要也是通过油脂的疏水作用和糖的反水化作用来控制面筋的。同时,在操作中要求将碱水、糖浆和油脂混匀后再加入面粉。严禁再加水、揉搓不宜过度等,也都是为限制面筋形成所采取的措施。该面团主要用于广式月饼、龙凤饼等。

**(六)发酵面团**

发酵面团是用面粉和冷水或温水,加入适量的老酵面或酵母及其他辅料调制而成的面团。该面团要求具有较强的弹性和持气性,以利于制品的起发膨胀,同时也必须考虑营造一个适宜酵母生长繁殖的环境。主要措施有:选用高筋粉;将面团温度保持在 30℃ 左右;充分揉制;糖和油的用量不宜过高,且油脂应在面团调制接近终点时加入;使用某些促进面筋形成的添加剂等。该面团主要用于馒头、包子、面包等。

**(七)蛋糊面团**

蛋糊是一种物理状态较为特殊的面团,呈稀糊状。根据配料中是否用油分为清蛋糊和油蛋糊两种。清蛋糊是蛋液和砂糖经高速搅打后加入面粉拌制而成;油蛋糊是油脂和砂糖边搅打边加入蛋液打至膨松,最后拌入面粉而成。

两种面团均是利用蛋液或油脂的持气性实现制品膨胀的效果,面粉只是起到一种填充料的作用。为防止制品出现干硬和“凸起”现象,必须注意抑制面筋的大量生成。为此,制作中采取的措施有:选用低筋粉或掺入淀粉;慢速拌入面粉,且用时不宜过长;限制掺水量等。两种蛋糊主要用于制作各类蛋糕。

**(八)米粉面团**

米粉面团,即用米粉加水和其他辅料调制而成的面团,俗称“粉团”。由于米的种类比较多,如糯米、粳米、籼米等,因此可以调制出不同的米粉面团。调制米粉面团的粉料一般可分为干磨粉、湿磨粉、水磨粉。水磨粉多数用糯米,掺入少量的粳米制成,粉质比湿磨粉、干磨粉更为细腻,口感更为滑润。

根据制作工艺不同,面团又可分为澄粉面团、发酵粉团、糕粉面团等。

**(九)其他面团**

其他面团主要包括杂粮粉面团、薯类面团、豆类面团、菜类面团、荸荠面团等。

## 三、面团调制方法

制作面点,首先要调制面团。调制面团包括和面、揉面两个过程。和面就是将各种粮食粉料与适量的水、油、蛋和填料等掺合在一起,和成一个整体的团块(包括稀软团块和糊浆状面糊)。揉面就是将和好的整体团块进一步加工成适合各类制品制作需要的面团。

**(一)水调面团的调制**

水调面团,即面粉掺水(有的加入少量食盐、食碱等)调制的面团。水调面团又可分为冷水面团、热水面团和温水面团。

**1. 冷水面团的调制**

冷水面团是用30℃以下的冷水调制的。适宜制作水饺、馄饨、面条、春卷皮等。

调制冷水面团,要经过下粉、掺水、拌和、揉搓等过程,在调制中要注意以下几个问题。

(1)水温适当,夏季要掺入少量的食盐,防止面团“掉劲”。

(2)使劲揉搓直至面团十分光滑、不粘手为止。

(3)掌握掺水比例。大多数品种,面粉和水的比例为2∶1,要分多次掺入。

(4)静置饧面。调制好的面团,要用洁净湿布盖好(防止风干发生结皮现象),静置一段时间(即饧面)。饧面的时间一般为10~15min,有的也可饧半小时左右。

**2. 热水面团的调制**

热水面团是用60℃以上的热水调制的。适宜制作蒸饺、烧麦、春饼、单饼、苏式月饼等。

调制热水面团的水温多数都在90℃左右。调制时要经过下粉、浇水、拌粉、揉团、散发热气等过程。在调制过程中要注意以下问题。

(1)热水要浇匀,边浇边拌和,均匀烫熟而不夹生。

(2)热水和面只能进行初步拌和,揉团前必须均匀地洒些冷水。

(3)散发面团中热气的方法是将和好的面团摊开或切成小块,使热气散发。

(4)加水量要准确,在调制过程中一次掺完、掺足,不可在成团后调整。

**3. 温水面团的调制**

温水面团是用50℃左右的水调制的。适宜制作各种花色饺子、筋饼、家常饼、大饼等。

温水面团的调制方法与冷水面团相似。调制中要注意两点:一是水温要准确,以50℃左右为宜;二是要注意散尽面团中的热气。

**(二)膨松面团的调制**

膨松面团的调制就是在调制面团过程中,加入适当的填料或运用特殊的方法使面团起“生化”反应、化学反应和物理作用,从而使面团组织产生空洞,变得膨大疏松。用膨松方法调制出的面团,分为酵母膨松面团、化学膨松面团和物理膨松面团。

**1. 酵母膨松面团的调制**

酵母膨松面团即发酵面团,使用酵母膨松法(又叫发酵法)调制。目前发酵使用的填料有酵母和面肥两类,从面点制作的实际情况看,绝大多数仍然使用面肥发酵法。

(1)面肥发酵法

面肥发酵法大体分为3个步骤:一是制面肥,作用是催发面团,不能直接用于制品;二是制酵面,用于制作成品;三是对碱,作用是去掉酸味。

①面肥的制法:一般的方法是将当天发好的酵面留下一块,用水化开,再加入适量的面粉揉和,置于专备的发酵缸(盆)内进行发酵,即成为第二天催发酵面的面肥。如需制作新面肥,其培养方法很多,常用的是白酒、酒酿培养法。具体方法如下。

第一种方法:白酒(高粱酒)培养法

每500g面粉掺酒100~150mL,掺水200~250mL,和好静置发酵。夏季4h,春秋季7~8h,冬季10h,即可发酵为新面肥。

第二种方法:酒酿培养法

每500g面粉掺酒酿(又叫江米酒、醪糟)250mL左右,掺水200~250mL,和成团置于盆内盖严,热天4h左右,冷天10h左右,即可胀发成新面肥。

②酵面的制法:一般地说,用面肥催发出来的适合制作各种发酵面制品的面团,称之为酵面。酵面的种类较多,常用的有大酵面、嫩酵面、碰酵面和戗酵面等。

a. 大酵面:也称全发面、大发酵面。

它的特点是:面团一次发足,制品暄软,用途较广。适用于馒头、花卷、包子等。

大酵面的调制方法与制作面肥相同,只是用量和发酵时间有所区别。大酵面加面肥不宜过多,以每500g面粉掺50~150g为宜。但发酵时间特别重要,要根据发酵条件和影响发酵的因素随机调整,摸索规律。

b. 嫩酵面:亦叫小酵面、嫩发面。

其特点是:既有弹性又有韧性。适用于需要保持汤卤馅心的制品,如天津包子、镇江汤包、小笼包子等。

嫩酵面也是将面肥掺入面粉中和好发酵,其用料比例与大酵面相同,只是发酵时间短,一般只相当于大酵面的1/2或1/3。

c. 碰酵面:有的叫半发面和戗酵面。

其特点是:面肥用量较多(一般每500g面粉掺300~400g),不经静置发酵,随制随用。它的用途与大酵面相同。碰酵面的具体制法是:将面肥对好碱,面粉用水和好,然后合在一起揉匀揉透即可。

d. 戗酵面:有的叫戗发面或拼酵面,即在发好的酵面中戗入干面粉。

戗酵面主要有两种戗法。一种是在大酵面中戗入30%~40%的干面粉调制而成。制出的成品口感干硬、筋道,有咬劲,如戗面馒头、高桩馒头等。另一种是在面肥中戗入50%的干面粉进行发酵,待发足发透后对碱、揉匀、加糖,制出的成品表面开花、柔软、香甜,但没有咬劲,如开花馒头。

③兑碱的方法:兑碱是调制发酵面团的重要环节,是面点制作的关键技术。

加碱去酸是根据"酸碱中和"的原理进行的。加碱量须根据面团发酵程度和气候条件而定。发酵足的多加,发酵嫩的少加。热天发酵又快又足,且容易"跑碱",加碱量可稍多一些;冬季发酵慢且不易发透,不易"走碱",加碱量就可适当减少。目前,所用的碱一般分碱面和碱块两种。对碱时多需化成碱液,特别是碱块必须化成碱液使用。碱液的浓度,一般以40%为宜。通常的测定方法是:用小粒酵面放入碱液中,慢慢浮起的正好,下浮的不够40%,下沉不足而很快漂起的超过40%。溶碱的方法是:每500g碱块加水500~750mL,浸泡7天左右即可;碱面可随化随用,也可直接使用干碱面。

兑碱是关键性技术,兑碱不匀(即"花碱"),面团出现黄一块(碱多)、白一块(碱少)的花斑,严重影响成品质量。传统的兑碱方法是"搋碱法"。具体做法是:在案板上均匀地撒上一层干面粉,将酵面放在干面粉上摊开，均匀地浇入碱液，并进一步沾抹均匀，折叠好。双手交叉，用拳头或掌跟将面团向四周摅开，摅开后卷起来再摅，反复几次后再使劲揉搓，直至碱液均匀地分布在面团中，再对用碱量进行检验。如果碱小，再把面团摊开，揪一小块面沾一些碱液，均匀地抹在面团上继续摅揉，直至碱量合适为止。如果碱兑多了，可加些酵面或面肥摅匀，或将面团放在温暖处饧一会，使碱“跑掉”一部分再成形，也可加适量食醋来中和多余的碱。同时，要根据季节掌握摅的程度。

夏季容易“跑碱”，摅匀即可；冬季则可多摅，摅的时间越长，碱液越均匀，成品质量越好。

对面团中碱量的大小，一般采取感官检验。常用的方法有嗅、尝、看、听、抓、烤等。具体方法见下表：

| 碱量大小<br>检验方法 | 碱小 | 碱大 | 正常 |
|---|---|---|---|
| 嗅：用鼻闻酵面的气味 | 酸气味 | 碱气味 | 面香气味 |
| 尝：用嘴嚼酵面或用舌舐酵面 | 酸味、粘牙、发酸 | 碱味、发涩 | 面香味、发甜 |
| 看：用刀切开酵面看内部孔隙 | 孔大且不匀 | 孔小 | 孔洞如米粒大小，且均匀 |
| 听：用手拍打酵面听其声音 | 噗噗空声 | 叭叭实声，手觉稍痛 | 砰砰脆声，手不觉痛 |
| 抓：用手抓酵面 | 面软无劲，且粘手、不易断 | 面劲大，易断 | 面团有劲，富有弹性和伸缩性，不粘手 |
| 烤：取一小块酵面烤熟看其内层 | 色暗灰且有酸味 | 色黄且有碱味 | 色泽洁白，有面香味 |

(2)酵母发酵法

酵母发酵法，一般用于调制面包等糕点面团。除酵母外，还要使用油、糖、蛋等辅料，大多采用液体鲜酵母进行两种发酵。第一次发小酵，即将 1/3 的面粉加清水和酵母揉匀，静置发酵 2h 左右（有的发 3～4h），发起后即为小酵面。第二次发大酵，即将发起的小酵面加入其余的面粉及糖、油、蛋等辅料拌和揉透，放入 30℃的暖房或饧箱内，起发两次，即第一次发起后将其摝下去，让其再次发起。时间约需 3h 即可定型装盘。

酵母发酵面包面团，对原料质量的要求极为严格，面粉和酵母都必须经过检验。在调制过程中，要注意以下问题。

①发大酵面时，必须揉透摝上劲。否则，影响发酵，制品不暄松，无光泽。

②严格掌握配料比例。酵母数量以加面粉量的 2% 左右为准，或根据发酵时间调整用量。大酵面的吃水量，连同油、蛋在内以 60% 左右为宜，并要根据季节变化调整糖与水的比例，热天适当增加糖量或适当加些食盐，相应减少水量，冷天适当增加水量，减少糖量。

③生坯入暖房饧发时，要适可而止，切勿发过了头，否则，烤时缩瘪，不再发起。

**2. 化学膨松面团的调制**

化学膨松面团，是将一些食品添加剂掺在面团内，利用其在加热条件下发生化学反应的特性，使制品在熟制过程中发生化学反应，产生二氧化碳而膨胀，从而使制品具有膨松、酥脆的特点。所用的化学药品叫化学膨松剂，主要有两类：一类是小苏打、氨粉、发酵粉等（通称发粉）；一类是矾碱盐。前一类单独作用，后一类结合使用，膨松原理都是相同的。

**3. 物理膨松面团的调制**

物理膨松面团，是用物理膨松法（即机械力胀发法，俗称调搅法）调制的面团。它利用鸡蛋经过机械搅拌，能打进并保住气体的性能，将鸡蛋搅打成含大量气体的蛋泡糊，然后加面粉调制成蛋泡面糊，使制品在熟制过程中，其内部所含气体受热膨胀，从而使制品松发柔软。

### （三）油酥面团的调制

油酥面团是起酥制品所用面团的总称。有很多种类，我们可以多角度来划分它。根据成品分层次与否，可分为层酥面团、擘酥面团和混酥面团三种。根据调制面团时是否放水，又分为干油酥和水油酥两种。根据成品表现形式，划分为“明酥”、“暗酥”、“半明半暗酥”三种。根据操作时的手法分为大包酥和小包酥两种。

**1.层酥面团的调制**

（1）水油面团（水油酥）的调制

水油面团具体制法：用面粉500g，油100g，水175～200mL。先将面粉倒入案板或盆中，中间扒个坑，加水和油，用手搅动水和油带动部分面粉，达到水油溶解后，再拌入整个面粉调制，要反复揉搓，盖上湿布饧15min后，再次揉透待用。

（2）干油面团（干油酥）的调制

干油面团是用面粉和油拌匀擦制而成的面团。具体制法是：面粉500g，用油约200g。先把面粉放在案板上或盆中，中间扒个坑，把油倒入搅拌均匀，反复擦匀擦透即可使用。

（3）包酥制作工艺

包酥，又叫开酥、破酥、贴酥和起酥，即以水油面作皮，干油酥作心，将干油酥包在水油面团内制作成酥皮的过程。一般分为大包酥和小包酥两种。

①大包酥：大包酥是先将干油酥包入水油面团内，封口，按扁，擀制成矩形薄片，卷成适当粗细的条，再根据制品的定量标准下剂。

特点：制作较易，速度快，效率高。缺点是：酥层不匀，质量稍差，适于大批生产一般油酥制品。

②小包酥：小包酥制法与大包酥基本相同，不同的是面团较小，一般一次只制1个或几个剂坯。

特点：酥层均匀，层次多，皮面光滑，不易破裂，但较费时，速度慢，效率低。小包酥适合于制特色糕点。

制作方法：既可用卷的方法也可用叠的方法制作，卷的制法与大包酥制作方法基本相同，只是量少些，制作时先将干油酥包进水油面中，收口按扁，擀制成薄长片，再擀开擀薄，从外向里卷成圆筒形，卷时要紧而匀，粗细一致。卷好后，即可按照成品要求切成或揪成面剂。叠的方法是每次叠成三层，然后再擀薄，一般反复三次，擀至

0.7cm左右厚度时，即可用刀切成按规格需要的坯皮。

**2. 擘酥面团的调制**

擘酥是广式面点最常用的一种油酥面团，由凝结猪油掺面粉调制的干油酥和水、糖、蛋等掺面粉调制的水面（或水蛋面）组成，其比例为3∶7。

（1）干油酥的调制

先将猪油熬炼，用力搅拌，冷却至凝结；再掺入少量面粉（每500g凝结猪油掺面粉200g左右），搓揉均匀，压成块，放入特制铁箱内加盖密封；然后置于冰箱内冷冻1～3h至油脂发硬即成。

（2）水面的调制

基本制法与冷水面团相同，但加料较多，如鸡蛋、白糖。平均每500g面粉加鸡蛋100g，白糖35g，清水225mL，拌和后用力揉搓，至面团光滑上劲为止。然后放入铁箱密封，置于冰箱冷冻。

（3）起酥制作工艺

擘酥面团采用叠的起酥方法。先将冻硬的干油酥取出，平放在案板上，用走槌擀压成适当厚薄的矩形块；再取出水面也擀压成与干油酥同样大小的块；然后将干油酥重合在水面上，用走槌擀压、折叠3次（每次折成4折）；最后擀制成矩形块，放入铁箱，置于冰箱内冷冻半小时即可。临用时，取出下剂，制成各种坯皮。

**3. 混酥面团的调制**

凡是以油脂和面粉为主要原料搅拌成形而制成的制品，都可以称为混酥点心。

（1）油面调制法

先将油脂和面粉一同放入搅拌缸内，中速或慢速搅拌，当油脂和面粉充分相融后，再加入鸡蛋等辅助料的调制方法。这类混酥制作的要求是：面坯中的油脂要完全渗透到面粉中，这样才能使烘烤后的新产品具有酥性特点，而且成品表面较平整光滑。

（2）油糖调制法

先将油脂和糖一起搅拌，然后再加入鸡蛋、面粉等原料的调制方法。这类混酥调制法是西式面点中最为常用的调制方法之一。这些方法用途极广，可以制作混合酥点心，如各种排类、塔类及饼干混酥点心等。

加工酥皮类制品分为“明酥”、“暗酥”、“半明半暗酥”。

暗酥：就是酥层在里边，外面见不到，切开时才能见到，如酥饼、叉子饼等。

明酥：就是酥层都在表面，清晰可见，如千层酥、兰花酥、荷花酥等。

半明半暗酥：就是部分层次在外面可见，如蛤蟆酥、刀拉酥等。

### （四）米粉面团的调制

米粉面团，即用米粉加水和其他辅料调制而成的面团，俗称“粉团”。米粉面团的制品很多，按其属性，一般可分为3大类，即糕类粉团、团类粉团、发酵粉团。

#### 1. 糕类粉团

糕类粉团是米粉面团中经常使用的一种粉团，根据成品的性质一般可分为松质糕和黏质糕两类。

（1）松质糕粉团

松质糕粉团简称松糕，它是先成形后成熟的品种。

调制方法（以白糕粉团为例）：将糯米粉和粳米粉按一定比例拌和在一起，加入清水，抄拌成粉粒，静置一段时间，然后进行夹粉（过筛）即成白糕粉团，再倒入或筛入各种模型中蒸制而成松质糕。需要注意的是白糕粉团的调制是以糖水代替水调制而成。

调制要点：第一，掺水是关键。粉拌得太干则无黏性，蒸制时容易被蒸汽所冲散，影响米糕的成形；粉拌得太烂，则黏糯无空隙，蒸制时蒸汽不易上冒，出现中间夹生的现象，成品不松散柔软。第二，静置。是让米粉充分吸水和入味。第三，夹粉。过筛、搓散的过程我们称之为夹粉；拌好的粉有很多团块，不搓散，蒸制时就不容易成熟，也不便于制品成形。

（2）黏质糕粉团

黏质糕粉团是先成熟后成形的糕类粉团，具有黏、韧、软、糯等特点，大多数成品为甜味或甜馅品种。

调制方法:黏质糕的粉料和拌粉、静置、夹粉等过程与松质糕粉团相同,但采用先成熟、后成形的方法调制而成,即把粉粒拌和成糕粉后,先蒸制成熟,再揉透(或倒入搅拌机打透打匀)成团块,即成黏质粉团。

调制要点:蒸熟的糕粉必须趁热揉成团,再制成形。

**2. 团类粉团**

团类制品又叫团子,大体上可分为生粉团、熟粉团。

(1)生粉团

生粉团即是先成形后成熟的粉团。其制作方法是:用少量粉先用沸水烫熟或煮成芡,再掺入大部分生粉料,调拌成块团或揉搓成块团,再制皮,捏成团子,如各式汤圆。其特色是可包较多的馅心,皮薄、馅多、黏糯,口感滑润。调制方法有以下两种。

①泡心法:适用于干磨粉和湿磨粉。将粉料倒在案板上,中间扒一个坑,用适量的沸水将中间部分的粉烫熟,再将四周的干粉与熟粉一起揉和,然后加入冷水揉搓,反复揉到软滑不粘手为止。

调制要点:采用泡心法,掺水量一定要准确,如沸水少了,制品容易裂口;沸水投入在前,冷水加入在后。

②煮芡法:适用于水磨粉。取出1/2的粉料加入清水调制成粉团,塌成饼形,投入到沸水中煮成“熟芡”,取出后马上与余下的粉料揉和,揉搓到细洁、光滑、不粘手为止。

调制要点:采用煮芡法,在熟芡制作时,必须等水沸后才可投入“饼”,否则容易沉底散破;第二次水沸时需要加适量的凉水,抑制水的滚沸,使团子漂浮在水面上3~5min,即成熟芡。

(2)熟粉团

所谓熟粉团,即是将糯米粉、粳米粉加以适当掺和,加入冷水拌和成粉粒蒸熟,然后倒入机器中打匀打透形成的块团。

熟粉团面团的调制要点:第一,熟粉团面团一般为白糕粉团,不加糖和盐;第二,因包馅成形后直接食用,所以操作时更要注意卫生。

**3. 发酵粉团**

发酵粉团仅是指以籼米粉调制而成的粉团。它是用籼米粉加水、糖、膨松剂等辅料经过保温发酵而成的。其制品松软可口,体积膨大,内有蜂窝状组织,它在广式面点中使用较为广泛。

一般调制方法是:先用约1/10的籼米粉煮熟成稀糊状,晾凉,掺入其余的生粉中,加适量水拌匀;再加适量糕肥(作用同面肥)搅匀,置于温暖处发酵(夏季发6~8h,冬季发10~12h);待发酵后,加入发酵粉、碱水搅拌均匀即可。发酵时,要根据糕肥数量、质量等因素灵活掌握发酵时间,不能发得过度。如出现过度现象,可加少许精盐加以控制。

米粉类粉团,除了以上的3种纯粹用米粉调制的粉团外,还有很多用米粉与其他粉料调制而成的粉团,比如米粉与澄粉或者杂粮调制而成的粉团。

### (五)澄粉面团的调制

澄粉面团是面粉经过特殊加工,成为纯淀粉(没有面筋质),再加水调制而成的面团。这种面团的制品,色泽洁白呈半透明,细腻柔软,口感嫩滑,入口就化。澄粉面团常用于制作精细点心,如广东的虾饺等。澄粉加工有两种方法:一种是将面粉加水调制成团,放入清水中抓洗,洗出面筋,将洗过面筋的粉浆加以沉淀,滤去水分,晒干,研细即成。另一种是将小麦加水浸泡,至用手指能捻碎时装入布袋,用手挤出白浆(粉浆),沉淀、晒干。在调制时,一般应用热水(90℃以上)烫熟拌和,使其具有黏性。

### (六)糕粉面团的调制

糕粉又叫加工粉、潮州粉,是糯米经过特殊加工制成的粉料。用糕粉调制的面团,质地软滑,富有韧性,广式糕点常用来制水糕皮等。其制法是:糯米加水浸泡10~12h,捞出晾干。用小火煸炒,至水干未发脆时,冷却,再磨制成粉(即糕粉),加水(凉开水)调制成团。

### (七)杂粮粉面团的调制

杂粮磨制成粉,加水调制成团即可。有的直接加水调成面团,有的与面粉掺和后加水调成面团。其种类较多,可做成各种小食品,如北方的黄米炸糕等。

**（八）薯类面团的调制**

薯类有甘薯、白薯、红薯、番薯等品种。其调制面团的方法基本相同，即将薯去皮，煮熟、捣烂去筋，趁热加入填辅料（如白糖、油脂、面粉或米粉等），揉搓均匀即成。

**（九）豆类面团的调制**

豆类有绿豆、赤豆、黄豆、蚕豆、白豌豆等。如调制绿豆面团，先将绿豆磨成粉，再加水（一般不加其他粉料，有的加糖、油等）调制成团。绿豆粉无筋不粘，香味浓郁，既可作馅，又可制成糕点。如绿豆饼、绿豆糕等。制馅味香而滑，制糕点则松脆、甘香。

**（十）菜类面团的调制**

主要有土豆、山药、芋头等面团，各有不同风味。从调制方法看，大体相同，即先把土豆、山药、芋头等洗净去皮，熟制（蒸或煮），捣烂成泥或蓉，再加入适量的熟面粉（或熟澄粉）和各种配料揉搓成团。

**（十一）荸荠面团的调制**

荸荠面团有两种做法。

一种是用荸荠粉调制。投料标准为：荸荠粉 600g，白糖 1. 5kg，水 3. 5L。先在荸荠粉中加少许水，浸湿调匀至无粉粒时，再加水 1. 5L 搅成粉浆；然后将白糖 450g 入锅用小火炒至金黄色，加水 2L 及其余的糖，熬煮成为溶液；将糖溶液冲入粉浆内（随冲随搅）制成半熟稀糊即可。装盆（盆内抹油）上屉蒸约 20min 至熟，晾凉成形即为成品。

另一种是用生荸荠和荸荠粉结合调制。投料标准为：生荸荠 1. 5kg，荸荠粉 300g，白糖 1kg，水 1. 75L，油少许。先把生荸荠磨成浆，加入 250mL 水及油调匀，分装在两个盆内；锅内放 1. 5L 水及白糖，熬成糖浆，趁热冲入荸荠粉浆内调匀，接着将另一盆荸荠粉浆也倒入搅匀即可，用大火蒸约 30min，即为成品。

**（十二）莲蓉面团的调制**

莲蓉面团的投料标准为：莲子 500g，熟澄粉 150g，猪油、白糖、盐、味精各少许。将莲子蒸熟，晾凉去水，压碎成蓉，加入熟澄粉、猪油、味精、盐、糖搓匀至光滑即可。包入各种馅心，可制作各种莲蓉点心。

### （十三）蛋和面团的调制

蛋和面团是指以蛋和面粉为主要原料，掺入适量的糖、油、水等辅助原料调制而成的面团。根据其配方及制法的不同可分为以下四种。

**1. 蛋泡和面（即物理膨松面团）**

蛋泡和面是利用鸡蛋经过机械搅拌，能打进并保住气体的性能，将鸡蛋搅打成含大量气体的蛋泡糊，然后加面粉，调制成蛋泡面糊，制品在熟制的过程中，其内部所含气体受热膨胀，从而使制品松发柔软。如蛋糕等。

**2. 蛋液和面**

蛋液和面是指先将鸡蛋打散打匀后，再与面粉拌和揉制而成。其特点是：面团柔软有劲，炸制品酥松香脆，煮制品软滑韧性足。如伊府面。

**3. 水、蛋和面**

水、蛋和面是指用水、鸡蛋、面粉按照一定比例调制而成的面团。其特点是：膨松力强，制品酥松膨大。如炸蛋球等。

**4. 油、蛋和面**

油、蛋和面是指用油、鸡蛋、面粉按一定比例拌和后调制而成的面团。其特点是：酥松力强，制品酥松、香脆。如菊花酥等。

## 四、影响面团调制的因素

### （一）原料因素

**1. 面粉**

在糕点制作中，绝大多数面团均是以面粉为主料调制而成，面粉是面团的主要成分。但实际生产生活中，各类面点、糕点品种繁多，风味各异，所要求的面团工艺特性自然各不相同。

面粉中主要含有碳水化合物、蛋白质、脂肪、矿物质和水分等化学成分，其中蛋白质约占16%，而麦胶蛋白、麦谷蛋白占蛋白质总量的80%以上。它们均不溶于水，但对水有较强的亲合作用，遇水吸水膨胀形成一种柔软胶状物，这便是面筋的主要成分。

面筋具有弹性、韧性、延伸性和可塑性等物理性质。尽管面筋在面团中所占比重不是最大，但因其所具性质的特殊性，在特定的面团结构中会突出表现某方面的工艺性能。例如，当面筋生成受到抑制时，面团即表现出弹性下降而可塑性增强的趋势；反过来，当面筋得到充分胀润时，面团又呈现较强的弹性、韧性和延伸性，而可塑性较弱。因此，在某种程度上讲，面团中面筋所能表现的性质即决定了面团的性质。要控制面团的工艺特性主要就是从控制面筋的质和量上考虑，在面团工艺要求与影响面筋生成率因素间找到平衡点。

**2. 米粉**

米粉面团的调制主要由米粉的化学组成所决定。米粉和面粉组成的成分基本一样，主要含有淀粉与蛋白质，但两者的蛋白质与淀粉的性质都不同。面粉所含的蛋白质是能吸水生成面筋的麦麸蛋白和麦胶蛋白，但米粉所含的蛋白质则是不能生成面筋的谷蛋白和谷胶蛋白；面粉所含的淀粉多为淀粉酶活动力强的直链淀粉，而米粉所含的淀粉多是淀粉酶活力低的支链淀粉。但由于米的种类不同，情况又有所不同。糯米所含几乎都是支链淀粉，粳米含有支链淀粉也较多；籼米含支链淀粉较少，约占淀粉的30%。之所以糯米粉和粳米粉所制作出来的粉团黏性比较强，就是因为其中含有了比较多的支链淀粉。

**3. 糖**

糖在糕点中的使用不仅可以改变糕点的色、香、味和形态，还起着面团改良剂的作用，适量的糖可以增加制品的弹性，使制品体积增大，调节面筋胀润度，抑制细菌的繁殖，延长糕点储存期。

在调制面团面筋形成时主要靠蛋白质胶体内部的浓度所产生的渗透压吸水膨胀形成面筋。糖的存在会增加胶体外水的渗透压，对胶体内水分就会产生反渗透作用。因而过多地使用糖会使胶体吸水能力降低，妨碍面筋形成。每增加5%砂糖使用量，吸水率减少约1%。这只是参考数值，调粉时应按制品实际情况掌握。

糖还影响调粉时面团搅拌所需时间。当糖使用量在20%以下时，影响不太大。由于前述反水化使用的原因，搅拌时间稍需增加。

但在高含糖量(20% ~25%)配方的面团调粉时,面团完全形成时间大约增长50%,因而这类面团最好高速搅拌。而对于不希望形成面筋的面团(如饼干、蛋糕等),高糖量有利于抑制面团面筋的形成。糖的形态(固、液)与搅拌时间无关。

饴糖对面团的影响与蔗糖相似,但两者制成品的质地不同。含蔗糖多的制品,烘烤后起脆性,含饴糖多的制品烘烤后起软性。

**4. 油脂**

油脂多少对糕点质量影响很大。当油脂少时,会造成产品严重变形、口感硬、表面干燥无光泽、面筋形成多,虽增强了糕点的抗裂能力和强度,但减少了内部松脆度。反之油脂多时,能助长糕点疏松起发,外观平滑光亮,口感酥化。

在面团配方中加入油脂,面粉颗粒被油脂包裹,阻碍面粉吸水。面团的用油量越多,吸水率越低,面筋的生成量越少,面团越松散,制品也越酥松。一般情况下,不用油的面粉吸水率为35.2%,如用油占面粉的25%,则面粉吸水率降低至20%左右。

**5. 蛋**

蛋在糕点制作中用途极广,是重要的原料。蛋可以使制品增加香味和鲜艳色泽(烘烤时更容易上色),并能保持松软性,蛋品还有改进面团组织的作用。蛋液能起乳化作用,蛋清能使成品发泡,增大体积,膨松柔软。

**6. 食盐**

食盐在面团中能调味,刺激人的味觉神经,引起食欲,调节原料的风味,使发酵后香味更好。同时,能够使面筋结构紧密,增加面筋的弹性和强度,降低面团吸水量,抑制蛋白酶的活力。此外,食盐还能抑制酵母发酵,对霉菌及其他有害菌类的生长有一定的抑制作用。

**(二)水的因素**

水可以调节面团的稠稀,便于淀粉膨胀和糊化,促进面粉中的面筋生成;促进酶对蛋白质和淀粉的水解,生成利于人体吸收的多种氨基酸和单糖;调节面团的温度,便于酵母的迅速生长和繁殖;水还能溶解面团中盐、糖及其他可溶性原料。

#### 1. 加水量

水是面筋生成反应的必备反应物之一。水量不足意味着反应不充分,面筋生成率自然降低,且品质较差。当然,水量也不能过大,一方面它会加速酶对蛋白质的作用,造成生成率降低;另一方面面团过软也可能不符合生产要求。

在调制面团时,加入的水量应一次性加足,切忌在拌成以后再加水。否则硬、烂不均,使操作困难。

#### 2. 水温

面团调制温度主要通过水温来控制。实验证明,当水温低于30℃时,随温度的升高,面筋形成程度增大;水温在30℃左右时,其吸水率可达150%,面筋生成率最高;当水温高于30℃时,随温度升高面筋形成程度减小;超过65℃时,面筋蛋白会因热变性而使面筋生成率显著降低。例如苏式月饼皮,在面团和面时,水温要求以60℃最适宜,此温度既接近面筋变性温度,又接近淀粉的糊化温度,可防止饼皮皱缩,使外观光洁。

### (三)操作因素

#### 1. 投料次序

原料添加的顺序对面团的工艺性能有很大的影响。一般情况下是将水和其他辅助原料,如油、糖、蛋等先拌和均匀,再投入面粉,以形成均一的,满足于质量要求的面团。

#### 2. 调制时间和速度

调制时间对面筋形成及面团的弹性、韧性、延伸性均有一定的影响。调粉速度对物料的混合状况及面筋筋力都有一定的影响。

#### 3. 静置时间

静置可使面团消除张力,降低黏性,并使表面光滑,同时还可提高面团的延伸性。因此调好了的面团一般要进行饧面,也就是将面团静置15～20min,以利于继续水化,并达到消除张力的目的。但静置的时间也不能过短或过长。过短,不利于面团的延伸;过长,面团的外表发硬,内部软烂,不易成型。

# 第二节 中式糕点的馅料加工工艺

## 一、馅料的概念与分类

馅心是指用各种不同原料，经过精心加工后生制或熟制而成的，并包入糕点内的心子。

馅心的种类较多，花色不一。一般以馅心的口味不同分类，其主要可分为甜馅和咸馅两大类。

## 二、馅料的加工工艺原则

### （一）咸味馅加工的一般原则

#### 1. 原料加工成细碎的小料

其主要作用是便于制品的包捏成形，便于制品的成熟，要求馅料形态大小一致，主次分明。

#### 2. 讲究调味

主要体现在馅心比一般菜肴口味稍淡，重馅品种口味稍淡，轻馅品种稍浓，无论重馅品种还是轻馅品种，但都要求主味突出，口味适宜。

#### 3. 生馅注意馅心黏度

主要体现在生肉馅的掺水与掺冻的比例及掺和方法，生菜馅的腌渍与焯水及掺和油脂、蛋液等的多少。其主要作用是使生馅保持一定的持水性，以保证馅心的鲜嫩。

#### 4. 熟馅注意着芡

主要体现在拌制和炒制两种方法上。炒制的熟馅一般应勾芡，并注意馅心黏度；拌制的一般应注意芡的比例与浓度。其主要作用是保持原料的脆嫩，增加馅心黏度，保证馅心入味及保持馅心的光泽。

### （二）甜味馅加工的一般原则

#### 1. 拌制馅心讲究黏度

主要体现在馅料的配比上，一般熟粉及水、油的量不宜过大或过小,如造成馅心黏度过大、硬结或黏度不够、松散,都不利于制品成形。一般的要求是黏度较适宜的馅心,用手捏得拢但又能搓得开。

**2. 炒制馅心讲究火候**

炒制成馅的方法多用于泥蓉馅的制作,因此类馅料含有的水分较多,且淀粉的含量较大,用糖、油的量也较大,一般只适宜于小火炒制,如用大火炒制,制成的馅心易有焦糊味或黏性不足呈"翻沙"现象。

**3. 讲究馅心的调味**

主要体现在配料上,甜度应适中,味道过浓的原料不宜过多。

**4. 原料多加工成细碎小料**

主要体现在果仁蜜饯馅及糖馅上,其作用主要是增加馅心的香味,有利于糕点制品的成形。

## 三、馅料调制方法

### (一)咸味馅

咸味馅是指以咸鲜口味为主,以肉类、水产类、鲜(干)菜类及豆制品类为主要原料调制而成的一类馅心的统称。它主要包括以下几种。

**1. 生肉馅**

生肉馅是指以家畜、家禽肉及水产品为主要原料,先经刀工处理成泥蓉状后,再用水及调味品调制而成的一类馅心的统称。其特点是馅心汁多、鲜嫩爽口。

**2. 熟肉馅**

熟肉馅是指选用肉类原料,先将生料经刀工成型后再烹制成熟或先将生料加热成熟后再经刀工成型并加入调料拌和而成的一类馅心的统称。其特点是馅心鲜香爽口。

**3. 生菜馅**

生菜馅是指以新鲜蔬菜为主要原料、经过初加工、刀工成型、腌渍后拌制而成的一种馅心。其特点是馅心质地柔软、清淡适口。

**4. 熟菜馅**

熟菜馅是指以鲜菜或干菜及豆制品为主要原料,经过初加工、刀工成形后，再烹制调味而成的一种馅心。其特点是馅心鲜香、清淡爽口。

**5. 菜肉馅**

菜肉馅是指以肉类原料与菜类原料按照一定比例配料，经初加工及刀工处理后生制或熟制成馅的一类馅心的统称。其特点是生馅鲜嫩清香，肥而不腻；熟馅咸鲜香醇、松脆爽口。

## （二）甜味馅

甜味馅是指以糖为基本原料，以豆类、干果、奶及果仁蜜饯类为主要原料调制而成的一类馅心的统称。它主要包括以下几种。

**1. 泥蓉馅**

泥蓉馅是指以植物的果实或种子为主要原料，加工成泥蓉状后，再用糖油炒制而成的一类甜味馅心的统称。其特点是馅心细软，具有馅料特有的果实或种子的清香味。

**2. 果仁蜜饯馅**

果仁蜜饯馅是指以熟制后的果仁以及蜜饯为主要原料，先加工成细小的颗粒后，再用白糖、熟面粉或糕粉、油及水等拌制而成的一类馅心的统称。其特点是馅心香甜爽脆，并具有各种果料浓郁的香味。

**3. 糖馅**

糖馅是指以食糖为主要原料，佐以其他辅料拌制而成的一类馅心的统称。其特点是馅心香甜细柔。

## （三）几种常用馅心的调制

**1. 咸味馅**

（1）鲜肉馅

调制配方为：猪前夹心肉 1kg，酱油 120g，盐 20g，香油 100g，味精 4g，姜末 30g，小葱末 40g，白糖 20g，胡椒粉 5g，水 350g。具体制法是先将鲜肉洗净制泥后置于盛器中，加酱油、盐、姜末搅打上劲，再分次加入清水搅打上劲，再依次加入白糖、胡椒粉、味精等搅至均匀，最后加入香油、小葱末拌和均匀即成。

注：鲜肉馅制好后，掺入皮冻即成汤包馅或蒸饺馅，一般每千克肉馅掺 400～600g 冻。如果加入鸡肉丁就为鸡肉馅、加入蟹肉即为蟹肉馅，加入虾肉即为虾肉馅等。

(2)酱肉馅

调制配方为:无皮腿肉1kg,冬笋300g,甜面酱120g,白糖30g,味精5g,酱油100g,盐20g,姜末30g,葱花40g。具体制法是先将肉洗净切成小方块煮熟,稍凉后用刀改切成小丁;冬笋焯水后改切成略小于肉丁的小丁;将锅置火上烧热,用姜末炝锅后下入肥肉丁略炒,再下入瘦肉丁煸炒,下入各种调味料及少许水稍煮,最后下入笋丁、甜面酱炒匀即成。

注:口味要求是咸鲜为主,略有甜味。

(3)素馅

调制配方为:小白菜2kg,茶干200g,粉条200g,面筋泡100g,黑木耳50g,黄花菜100g,冬菇50g,冬笋100g,虾米50g,鸡蛋1个,调味品适量。

具体制法是先将小白菜焯水切碎后挤去水分;茶干、冬笋焯水后切成小丁;虾米用温水浸泡后切成碎末;鸡蛋摊成蛋皮,切成小指甲片;所余干菜、粉条用温水浸泡后改切成小丁。再将锅烧热,用姜炝锅后下入冬菇丁、冬笋丁略炒,下入高汤、酱油、盐烧至入味;然后依次下入茶干丁、面筋泡丁、黑木耳丁、黄花菜丁、虾米末等稍焖几分钟后再下入白菜、粉条炒匀,待粉条吸足水后调好味,勾芡出锅,最后撒上蛋皮拌匀即成。

(4)冬菜肉馅

调制配方为:肥瘦肉2kg,川冬菜300g,冬笋300g,白糖30g,川榨菜200g,猪油50g,料酒50g,酱油100g,盐20g,味精4g,高汤、葱、姜末、水淀粉各少许。

具体制法是将肉剁成末,川冬菜洗净、剁碎,冬笋切成小丁,榨菜也切成小丁。再将锅烧热放油后用姜、葱炝好,下肉末煸炒散时下入料酒、酱油、白糖、冬菜、冬笋、榨菜等同炒,略加点鸡汤、味精,待汁将干时勾芡淋油起锅即成。

(5)糯米鲜肉烧麦馅

调制配方为:糯米2kg,鲜肉1kg,肉皮1kg,猪油300g,酱油、盐、姜、葱各适量。

具体制法是先将糯米浸泡后蒸熟备用；再将鲜肉切成小丁状，炒熟并调好味；然后将肉皮除尽膘肉、杂物后用水煮至酥烂，再用搅肉机搅碎，加入姜块、料酒等熬成皮冻，冷却后搅成小粒状；最后将糯米饭、熟肉丁加适量的沸水、猪油及调味料拌匀焗制 20min 左右，待米粒吸干水分并冷却后加入搅碎的皮冻拌匀即成。

**2. 甜味馅**

(1)豆沙馅

调制配方为：赤豆 1kg，白糖 1kg，油 500g，碱 20g。具体制法是先将赤豆洗干净后，冷水下锅用大火煮开，小火焖烂(煮时加入碱面)；再将赤豆用细筛在水中搓洗，除去豆皮，并用布袋将沉淀于水中的豆沙装好压干水分；然后将锅置于火上烧热，先下入 300g 油和白糖熬至糖溶后下入豆沙同炒，边炒可边加少量油，直至炒到豆沙不黏手、黏性好，起锅即成。用时可加少许糖桂花拌匀。

(2)冬蓉馅

调制配方为：冬瓜 5kg，白糖 1kg，澄面 50g，麦芽糖 100g；生油 100g。具体制法是先将冬瓜去皮、切片、蒸熟、搅烂成蓉，用布袋挤去部分水分；再用铜锅将白糖与瓜蓉一起拌匀，用中小火炒至水分快干时加入麦芽糖，炒至起坑纹时下入澄面，炒拌均匀后加入生油，最后炒至不粘手，起锅即成。

(3)麻蓉馅

调制配方为：芝麻 1kg，白糖 2kg，熟粉 200g，猪板油 1.5kg。具体制法是先将芝麻洗净炒熟碾成碎末；再将板油去衣皮，切成小丁；然后将所有原料一起擦匀擦透即成。

(4)果子馅

调制配方为：榄肉 400g，核桃仁 300g，葵花子 200g，芝麻 200g(熟)，橘饼 300g，冬瓜糖 400g，糖藕片 400g，细砂糖 800g，糕粉 400g，熟油 400g，清水 400g。具体制法是先将各种果料切成细粒状，加清水发湿；再放入白糖及糕粉拌和；最后加入熟油拌匀即成。

(5)水晶馅

调制配方为：猪板油 1kg，绵白糖 2kg，青梅 50g。具体制法是先将板油撕去薄膜，切成薄片；青梅切成小粒；用糖与切成薄片的板油间隔叠起腌渍；最后将腌渍好的馅料切成长条后再切成小丁，掺入适量的青梅等蜜饯原料即成。

## 第三节　中式糕点的成型与装饰工艺

### 一、基本成型技法

中式糕点品种丰富多彩，千姿百态。全国各地的糕点品种大都具有雅俗共赏的特点，并各有其风味特色。

中式糕点的基本成型技法有揉、擀、卷、叠、摊；包、捏、剪、夹、按；抻、切、削、拨。

**（一）揉、擀、卷、叠、摊**

揉、擀、卷、叠、摊这几种成型技法属于基本成型技法，往往与成型前的基本技术动作和其他成型动作配合。

**1. 揉**

揉又称搓，是一种基本的、比较简单的成型技法。它是用双手互相配合，将下好的剂子搓揉成圆形或半圆形的生坯。一般用于制作寿桃、高桩馒头、圆面包等。揉的方法有双手揉和单手揉，形状一般有半圆形、蛋形、高桩馒头形等。

（1）双手揉

双手揉又可以分为揉搓和对揉。

①揉搓：取一个面剂，左手拇指与食指挡住坯剂，掌根着案，右手拇指掌根按住坯剂向前推揉，然后小指掌根将坯剂往回带，使坯剂沿顺时针方向转动，并使坯底面光滑的部分越来越大，揉褶变小，最后将面坯翻过来，光面朝上即成。

②对揉：将坯剂放在两手掌中间对揉，使坯剂旋转至表面光滑、形态符合要求即成。

（2）单手揉

双手各取一个剂子，握在手心里放在案上，用拇指掌根按住向前推揉，其余四指将坯剂拢起，然后再推出，再拢起，使坯剂在手中向外转动，即右手为顺时针转动，左手为逆时针转动。双手在案板上呈“八”字形，往返移动，至坯剂揉褶越来越小，呈圆形时竖起即成馒头生坯。

揉的操作要领是揉馒头时要适当多揉，使生坯组织结构变细，表面光洁，蒸出的馒头更加洁白，不能有裂纹和面褶出现。揉馒头时的收口越小越好，最后将收口朝下，作为底部。

**2. 擀**

擀是运用面杖（有长短之分）、通心槌等工具将生坯料制成不同形态的一种技法，因其涉及面广，品种内容多，历来被认为是面点制作中的代表性技术，具有生坯成形与品种成形双重作用。很多面点成形前的坯料制作都离不开擀。由于擀制面点的工具繁多，并且形状、长短、大小、性能均不一样，使用时的方法和技巧也不大相同，因而擀制方法也多种多样，如饺皮、烧麦皮、馄饨皮、层酥等擀法均不同，但是直接用于成品或半成品的成形擀法并不很多。此技法常需与包、捏、卷、叠、切等连用，使品种形态变化无穷，如花卷、千层油糕、面条等，几乎所有的饼类制品都要用擀法成型。

一般制饼的面团都较软，比较好擀。擀时，要符合成品要求的厚薄和形状。其要点是（以圆形饼为例）向外推擀要轻要活，前后左右推拉一致，四周要匀。擀时用力要适当，特别是最后快成圆形时，用力更要均匀。不但要求擀的圆，而且要求每个部位厚薄一致。

**3. 卷**

卷是面点制作中一种常用的成型方法。一般是将排好的坯料，经加馅、抹油或直接根据品种的要求卷合成不同形状的圆柱状，并形成间隔层次的成形方法，然后改刀制成成品或半成品。这种方法主要用于制作花卷、凉糕、葱油饼、层酥品种和卷蛋糕等。操作时常与擀、切、叠等连用，还常与压、夹等配合成形，按制法可将卷分为单卷和双卷。

**4. 叠**

叠的成型方法，有的比较简单，如荷叶卷、千层油糕等；有的比较复杂，如凤尾酥、莲花酥、兰花酥等。

**5. 摊**

这种成型法有两个特点：一是边成型、边成熟；二是使用稀软面团或浆糊状面团。南方的三鲜豆皮炒粉、鸡蛋饼，北方的煎饼以及春卷皮等，都采用这种成型法。如煎饼，平锅架火上烧热，用舀子舀一些面糊倒入锅内，迅速用刮子把面糊刮薄、刮圆、刮匀，使之均匀受热，熟时揭下即可。南方的三鲜豆皮，成型方法大致相同，只是摊皮后还要打上鸡蛋糊摊开，用小火烤一会儿，再加糯米和三鲜馅料，煎制成熟。

**（二）包、捏、剪、夹、按**

**1. 包**

包括包子、馅饼、馄饨、烧麦、春卷、粽子等，都采用包的成型方式。

**2. 捏**

捏是糕点成型中最复杂的一种手法。可分为一般捏法和花色捏法两种。一般捏法多用于大众化品种的成型，例如鲜肉大包，主要用提褶的方法进行。其动作要领是左手托住上馅的皮坯，右手用大拇指、食指捏住包子皮边，不断向前捏褶，同时右手中指也配合进行；捏褶中，左手随着包子剂口的收小将包子皮不断向上向内收拢，最后收拢剂口即可。花色捏法一般是在包馅的基础上再捏制成型，多用于花色饺类、花色包类、面塑造型、船点等的制作，其手法主要有推捏法、卷捏法、面塑法等。

**3. 剪**

剪是用剪刀成型，将糕点剪出花边，或剪成条状等。

**4. 夹**

夹是用花钳、镊子等工具，将糕点夹出花纹或花边装饰成型的方法。

**5. 按**

有的叫“压”或“揿”。就是用手掌按扁、压圆成型。

**（三）抻、切、削、拨**

**1. 抻**

抻的成型法主要用于面条等形状比较简单，但技术难度较大的制品,特别是细如发丝的龙须面,是面点制作的一门绝技。

**2. 切**

切的成型法,主要用于面条,分为手工切面和机器切面两种。

**3. 削**

削亦是面条的成型法之一。用削面刀削出的面条,叫刀削面。

**4. 拨**

拨也是面条的一种成型方法。用筷子顺碗沿拨出的面条,叫拨鱼面,是一种别具风味的面条。

## 二、模具成型技法

**1. 模印**

模印即利用模具来成型。例如月饼通常采用模压成型。除此之外,还有各种米糕等点心也是如此。

**2. 钳花**

使用花钳等工具,在制好的半成品或成品上钳花,形成多种多样的花色品种。

**3. 滚粘**

类似北方元宵的制作方法,又称摇元宵。具体操作方法是:先把馅料切成小方块形或搓成小球,馅心要求大小一致,洒上些水润湿(或用笊篱装着在水里浸湿一下),放入装有糯米干粉的簸箕中,用双手均匀摇晃,馅心在干粉中来回滚动,粘上一层干粉;捡出放入笊篱再在水里浸后倒进干粉中继续摇晃,又粘上一层干粉。如此反复多次(一般要 7 次),像滚雪球一样,滚粘成圆形元宵。元宵的馅心必须干韧有黏性,糯米粉要求细腻,最好用石磨磨粉。

## 三、装饰成型技法

**1. 镶嵌**

有的是直接镶嵌,如枣糕等,就是在糕饼上嵌上几个红枣而成。有的是间接镶嵌,即把各种配料和粉料拌和一起,制成成品后,表面露出配料,如赤豆糕、百果年糕等。

**2. 裱制**

裱制是采用“挤”法成型，主要用于浆糊状面团的糕点的成型，如油蛋酥条、蛋白酥条、花生手指、烤气鼓、蛋黄圆等，即将调制好的浆糊状面团装入哈斗袋里，捏紧袋口，使浆糊从铜制挤嘴挤出长条形、饼形等各种形状。

此外，裱制亦是装饰精美糕点的主要成型方法。如各式裱花蛋糕就是把调制好的裱花花料（如鲜奶油等）装入带花嘴的布袋或油纸卷成的喇叭筒内，在蛋糕上挤成各种亭台楼阁、山水、人物、花草虫鱼、中西文字等图案、花纹和字样。

### 四、艺术成型技法

**1. 立塑**

面点的立塑是指用适当的成熟主坯或直接可以食用的原料塑造成立体图案的一种造型方法。面点立塑所用的主坯可以是米粉主坯，也可以是膨松主坯、水调主坯、油酥主坯、杂粮主坯等。

**2. 平绘**

平绘一般是利用可食的糕体做底坯，在糕坯上塑造出各种花卉、虫草、飞禽、走兽、园林山水等平面图案的成型方法。一般用于婚嫁、祝寿、宴会等场合，烘托主题和气氛。

## 第四节　中式糕点的成熟工艺

熟制，即运用各种方法将成形的生坯（又叫半成品）加热，使其在热量的作用下发生一系列的变化（蛋白质的热变性、淀粉的糊化等），成为色、香、味、形俱佳的熟制品。

糕点熟制方法，主要有蒸、煮、炸、烙、煎、烤（烘）等单加热法，以及为了适应特殊需要而使用的蒸煮后煎、炸、烤，蒸煮后炒，烙后烩等综合加热法（又叫复合加热法）。

## 一、烘焙技法

烤又叫烘，它是利用烘烤炉内的高温，即热空气传热使糕点成熟的一种方法。一般烤炉的炉温都在200～300℃之间。炉内高温的作用，可使制品外表层呈金黄色，富有弹性和疏松性，达到香酥可口的效果。

目前使用的烤炉，样式较多，并出现了电动旋转炉、红外线辐射炉、微波炉等。烤制范围主要用于各种膨松面、油酥面等制品。

## 二、油炸技法

炸是将制作成型的面点生坯，放入一定温度的油内，利用油的热量使之成熟的一种方法。

炸制法的适用性比较广泛，几乎各类面团制品都可炸制，主要用于油酥面团、矾碱盐面团、米粉面团等制品。

## 三、蒸煮技法

### （一）蒸

蒸是把制品生坯放在笼屉（或蒸箱）内，用蒸汽传热的方法使制品成熟。它的主要设备是蒸灶和笼屉。蒸的方法主要适用于膨松面（特别是发酵面）、热水面、糕面等制品。

### （二）煮

煮制之法，是糕点制作中最简便、最易掌握的一种方法。它是把成形的生坯投入水锅中，利用水受热后产生的温度对流作用，使制品成熟。

煮制法的使用范围也较广，包括面团制品和米类制品两大类。面团制品如冷水面的饺子、面条、馄饨等和米粉面团的汤糕、元宵等；米类制品如饭、粥、粽子等。

## 四、其他技法

**1. 煎**

煎是利用煎锅中少量油或水的传热使制品成熟的方法。煎锅大多为平底锅，其用油量多少，视品种需要而定。一般以在锅底平抹薄薄一层为限，有的品种需油量较多，但以不超过制品厚度一半为宜。煎法又分为油煎和水油煎两种。

（1）油煎法

将高沿锅架于火上，烧热后放油（均匀布满整个锅底），再摆入生坯，先煎一面，煎到一定程度，翻个再煎另一面，煎至两面都呈金黄色，内外、四周均熟为止。从生到熟的全过程中，不盖锅盖。

（2）水油煎法

做法与油煎有很多不同之处，锅上火后，只在锅底抹少许油，烧热后将生坯从锅的外围整齐地码向中间，稍煎一会儿（火候以中火、150℃左右的热油为宜），然后洒上几次清水（或和油混合的水），每洒一次就盖紧锅盖，使水变成蒸汽传热焖熟。

**2. 烙**

烙是把成形的生坯摆放在平锅内，架在炉火上，通过金属传导热量使制品成熟的一种方法。烙的特点是热量直接来自温度较高的锅底，金属锅底受热较高，将制品放在上面，两面反复烙制成熟。一般烙制的温度在180℃左右，通过锅底热量成熟的烙制品具有皮面香脆，内里柔软，呈类似虎皮的黄褐色（刷油的金黄色）等特点。

烙的方法，可分为干烙、刷油烙和加水烙三种。

（1）干烙

制品表面和锅底既不刷油，也不洒水，直接将制品放入平锅内烙，叫作干烙。干烙制品，一般来说，在制品成形时加入油、盐等（但也有不加的，如发面饼等）。

（2）刷油烙

烙的方法和要点，均与干烙相同，只是在烙的过程中，或在锅底刷少许油（数量比油煎法少），每翻动一次就刷一次；或在制品表面刷少许油，也是翻动一面刷一次。

（3）加水烙

加水烙是利用锅底和蒸汽联合传热的熟制法，做法和水油煎相似，风味也大致相同。但水油煎法是在油煎后洒水焖熟；加水烙法，是在干烙以后洒水焖熟。加水烙在洒水前的做法，和干烙完全一样，但只烙一面，即把一面烙成焦黄色即可。

### 3. 复加热法

我国面点种类繁杂，熟制方法也是丰富多彩的，除上述这些单加热法以外，还有许多面点需要经过两种或两种以上的加热过程。这种经过几种熟制方法制作的方法称为复加热法，又称综合熟制法。它与上述单加热法不同之处，就是在成熟过程中往往要多种熟制方法配合使用，基本上与复杂的菜肴烹调相同。归纳起来，大致可分为两类。

第一类，蒸或煮成半成品后，再经煎、炸或烤制成熟的品种。如油炸包、伊府面、烤馒头等。

第二类，经蒸、煮、烙成半成品后，再加调味配料烹制成熟的面点品种。如蒸拌面、炒面、烩饼等，这些方法已与菜肴烹调结合在一起，变化也很多，需要有一定的烹调技术才能掌握。

# 第六章　京式糕点

## 一、京八件

“京八件”是京式糕点中最具特色的传统产品。在清代，它一直是皇室王族祭祀、典礼的供奉食品和红白喜事乃至日常生活中不可缺少的礼品及陈列品。

“京八件”原本不是糕点的名称。由于当初是将刻有“福”、“寿”、“禄”、“喜”以及“事事如意”等吉祥词语的糕点置于八只盘子里摆成各种图案，所以称为京八件。

京八件分为酥皮大八件、奶皮小八件、酒皮细八件三种。它们都是有馅的点心，区别主要在于皮。酥皮大八件是酥皮类的点心，两次和面，层面层酥；酒皮和奶皮八件是硬皮类的点心，一次和面，分别加入适量的黄酒、白兰地或鲜牛奶，具有酒香和奶香。此外，酒皮和奶皮小件的形状略小于酥皮大八件，花样也少一些。

京八件的馅多为炒馅，主料分别有白糖、山楂、枣泥、豆沙等，再加一些子仁、桂花、玫瑰、蜂蜜等辅料。口感绵软，细腻提丝，带有蜂蜜的清甜芳香，因此也称为“蜜馅”。

京八件总的特点是：色泽洁白（若用豆油、菜子油和面，皮色则稍黄），口感酥松绵软，口味甜、咸纯正。此外，还分别有酒香、奶香、枣香、豆香、子仁香和天然鲜花香等特殊香气。京八件的外形有扁圆、如意、桃、杏、腰子、枣花、荷叶、卵圆八种形状，馅有玫瑰、香蕉、青梅、白糖、枣泥、豆沙、豆蓉、椒盐八样。

### （一）酥皮大八件

**1. 原料配方**

皮料：特制面粉 1500g，白糖 100g，普通面粉 200g，熟猪油 200g，水 750g。

酥料:面粉 3000g,熟猪油 1500g。

馅料:

山楂馅:金糕 300g,核桃仁 100g,葵花子 50g。

玫瑰馅:玫瑰花 300g,核桃仁 100g,葵花子 50g。

葡萄馅:葡萄干 300g,核桃仁 100g,葵花子 50g。

青梅馅:青梅 300g,核桃仁 100g,葵花子 50g。

白糖馅:桂花 300g,核桃仁 100g,葵花子 50g。

豆沙馅:豆沙 300g,核桃仁 100g,葵花子 50g。

枣泥馅:枣泥 300g,核桃仁 100g,葵花子 50g。

椒盐馅:熟面 200g,白糖 150g,熟猪油 150g,芝麻(烤熟)30g,花椒粉 20g,盐 6g。

**2. 制作工具与设备**

和面机,模具,烤盘,烤箱,案板,擀面杖,刀。

**3. 制作方法**

(1)和面。先将白糖放入和面机内,加水搅拌,待糖充分溶解后放入熟猪油继续搅拌。当油和糖水均匀乳化成乳状液时,即兑入面粉搅拌成硬度适宜的面团。面团要求劲道、湿润、不粘手。

(2)擦酥。将熟猪油放入和面机内与面粉混合搅拌(又称“擦酥”)均匀,即可出机,分成若干小块(传统“擦酥”可在前 1 天进行,用时再复擦,这样调出的油酥面团组织更紧密,制品酥层更清晰)。

(3)包酥破酥。用筋性面团包油酥面团称为“包酥”,然后擀片卷层出剂,称为“破酥”,一般有两种操作方法。

①小破酥。先将筋性面团在案板上搓成圆条状,按成品要求揪成小剂,再用左手将皮面按成四周薄中间厚的圆饼形状。右手取适量油酥,左手将皮面托成凹形,放入油酥,拢严封口,擀成片状,上下叠成三层,将剂转 90°角顺排,再擀成长片状,从上端轻轻卷起成圆柱状(约 4 卷),预备包馅用。此种方法包酥均匀而酥层薄,但较费工时,适宜做精细品种。

②大破酥。先将皮面擀成长方形片状,中间厚四边薄,然后将酥面均匀摊铺在皮面上。先从左右两端向上折一窄边,再从上下

两边往里包卷,使其封口正好压在面卷底部(收口朝下),然后用手按实,使收口粘牢,撒上干面粉后翻转收口朝上,擀成宽约50cm、长1m的面片。先从两头各切去一条面边覆盖在大片上按实(因其两边皮面较多),再顺长从中间切成宽约25cm的两块相等的面片,从中间刀口处分别往外翻卷成长条状,将其搓细切断,即为大破酥。这种方法快,但皮酥不易匀,因此破酥时要求卷成的长条状面坯粗细适度,破酥均匀,层次多(为了层次多,可在包酥后将面团擀得宽些,至少能卷三圈),但是不论用哪种方法破酥,都要求制成的面剂正面保持有整块的饼皮。否则会影响制品的外观。

(4)制馅包馅。

①制馅。将馅料放入和面机内搅制成馅,再倒入切碎(或烤熟)的果料。注意在切果料时不能任意混合,必须按程序进行,将制好的各种馅料分块,切条备用。

②包馅。其包馅方法与一般包馅产品大体相同,加工酥皮八件时的不同之处在于:第一,掐剂时要注意收口朝上,光面朝下;第二,每个面剂都要求从两头往中间对折一下,再按成饼皮状,其中间要厚一些,以便不使封口落在产品表面;第三,包拢后揪下的面要少,这样才能保证规格整齐,层次多,质量好;第四,八种馅要交叉生产,以便装箱时品种齐全。

(5)磕模成型。按八种馅心做成(磕成)八样,青梅馅的磕寿字模;枣泥馅的磕福字模;豆沙馅的磕禄字模;椒盐馅的按成银锭状;白糖馅的按成圆饼状,打印戳记,再按一个瓜仁和香菜叶;玫瑰馅的磕五瓣形模;葡萄馅的磕喜字模;山楂馅的做成桃状,嘴处喷上浅红色。以上八种做成不同的花样,进行美化即可码盘烤制。

(6)码盘烤制。生坯应轻拿轻码,间距适宜。入炉温度一般在170℃左右,时间为8~10min即可。

**4. 风味特点**

形态呈桃、三仙、银锭和福、禄、寿、喜、五瓣等八种花样,外皮绵软酥松,内馅细腻,清香爽口。

## (二)酒皮细八件

### 1. 原料配方

皮料:特制面粉 4000g,白砂糖 200g,熟猪油 1800g,黄酒 500g,干面粉 400g,小苏打适量。

馅料:

山楂馅:金糕 300g,核桃仁 100g,葵花子 50g。

玫瑰馅:玫瑰花 300g,核桃仁 100g,葵花子 50g。

葡萄馅:葡萄干 300g,核桃仁 100g,葵花子 50g。

青梅馅:青梅 300g,核桃仁 100g,葵花子 50g。

白糖馅:桂花 300g,核桃仁 100g,葵花子 50g。

豆沙馅:豆沙 300g,核桃仁 100g,葵花子 50g。

枣泥馅:枣泥 300g,核桃仁 100g,葵花子 50g。

椒盐馅:熟面 200g,白糖 150g,熟猪油 150g,芝麻(烤熟)30g,花椒粉 20g,盐 6g。

### 2. 制作工具与设备

和面机,模具,烤箱,刀,擀面杖。

### 3. 制作方法

(1)和皮、制剂。先将糖、水、油、面和适量小苏打顺次投入和面机混合搅拌,并缓慢放入黄酒,搅拌至匀。然后将和好的面团切成块,揉成圆条状,摘成定量小剂,进行“打剂”,即将其擀成长圆状,上下端交错叠成三层,转 90°角,再擀成长条状,从上端轻轻卷起,成长圆柱状备用。

(2)制馅。将炒制的馅进一步揉搓,加入果料拌匀。然后将其切成长条块状,摘搓成定量馅剂,以备包馅时用。

(3)包制。迅速取打好剂的面卷一小块,用左手从两端向上折叠按平,擀成面片后包馅。注意制剂和包馅时,面皮不能泄劲,应制好尽快使用。酒皮细八件块小,可采取馅剂、掐馅时的方法包制。皮、馅重量之比为 6∶4。

(4)成型。将包制好的半成品捏成杏、桃等各种形状,八种馅的生坯印以不同戳记以便区别。

(5)烤制。一般用炉口温度180℃,炉中温度220℃,出炉温度210℃烤制,烘烤时间约12min。烤制时应注意上、下火的调整,上火火力不宜太强,防止制品表面出黑泡。烤熟后出炉冷却,即为成品。

**4. 风味特点**

口感绵酥、松疏细腻,有黄酒及各种果料香味。

## 二、玫瑰饼

**1. 原料配方**

精面粉1050g,白糖450g,油350g,净猪板油250g,鲜玫瑰花500g。

**2. 制作工具与设备**

面盆,模具,烤盘,烤箱,擀面杖。

**3. 制作方法**

(1)将净猪板油切成骰子丁,鲜玫瑰花洗净加白糖、板油丁拌匀成馅。

(2)盆内加精面粉350g、油245g搓成油酥面团。另用精面粉700g、油105g、清水350g调成水油面团。

(3)用水油面包入油酥面,叠好,用擀面杖擀成大面片,卷成条状,摘成约25g一个的小面剂。

(4)逐个按成中间厚的圆皮,包入玫瑰馅适量,封好口,制成圆形。

(5)入烤箱以220℃,烤制10min,烤熟即可。

**4. 风味特点**

皮酥馅甜,玫瑰香浓。

## 三、浆酥饼

**1. 原料配方**

皮料:面粉3000g,白糖粉1000g,饴糖500g,香油500g。

酥料:面粉1000g,香油500g。

馅料:枣泥馅3600g,核桃仁200g,葵花子100g。

**2. 制作工具与设备**

面盆,模具,案板,烤盘,烤箱,案板,擀面杖。

**3. 制作方法**

(1)熬浆。先把糖和水以2:1的比例混合熬制,再加入饴糖继续熬到150℃时出锅,冷却备用。

(2)和面。提前1~2天把皮料用的白糖放入200~300g水中煮沸,煮到看不见糖粒为止,再加入饴糖搅拌均匀,待冷却后和面粉、油搅拌揉和,达到面团细腻、光润、稍起劲即可。

(3)擦酥。即用面粉和油混合揉匀擦透。

(4)制馅。将枣泥平摊在案板上,压成片,再铺上果仁卷成长条状备用。

(5)包酥、破酥。将面团和油酥置于案板上,分成等量的块,用一块皮面包一块酥。具体方法为:先将皮子擀平,将油酥摊在上面,包好后擀成长1m、宽0.4m,用刀切成两片,卷成圆形,再搓成细条,切成剂子。包酥前不宜过多揉制面团,包酥擀制时双手用力要平稳、均匀。

(6)包馅。皮、馅重量之比为4:6。包馅成球状,入模磕制,出模后刷上蛋液,即可入炉烘烤。注意:生坯的加工应尽快完成。

(7)烤制。将码好生坯的烤盘放入170~180℃的烤炉内烘烤,时间8~10min,即可出炉。

**4. 风味特点**

色泽棕黄,层次均匀,馅心细腻,枣香浓郁。

## 四、茯苓夹饼

**1. 原料配方**

皮料:特制面粉150g,淀粉500g。

馅料:绵白糖1800g,核桃仁1800g,蜂蜜900g,桂花100g。

**2. 制作工具与设备**

面盆,茯苓饼烘模,案板,烤盘,烤箱。

**3. 制作方法**

(1)制饼皮。将面粉与淀粉调成糊,稠度比豆浆稍浓点。同时将烘模放在炉上烧热，里面抹点油，用匙勺加入面糊少许，马上将模具合拢数秒钟，将面糊压成薄圆片，然后开启模具，取出已烘熟的饼皮。

(2)制馅。将蜂蜜与砂糖放在锅里熬溶，并使其蒸发一些水分，增加黏度，然后将切细的核桃仁及桂花放入糖中拌匀。

(3)成型。取馅40g放在已摊平的饼皮上，在馅料上再覆盖一张皮子即成。成品皮薄如纸，且以馅为主。

**4. 风味特点**

饼皮雪白，馅心绵甜，口感酥脆。

## 五、吧啦饼

**1. 原料配方**

面粉5000g，白砂糖2500g，核桃仁500g，葵花子150g，桂花250g，小苏打2g。

**2. 制作工具与设备**

和面机，案板，烤盘，烤箱，印章。

**3. 制作方法**

(1)和面。先将糖、水和小苏打放入和面机内搅拌，再放入熟猪油、桂花和核桃仁继续搅拌，呈均匀液状，最后放入面粉。

(2)下剂。将面团搓成条，摘成定量的面剂。

(3)成型。将每块面剂团按平，在表面印附3个葵花子、中心按一凹状的圆坑、印上红戳，即可码入烤盘。

(4)烤制。将盛有生坯的烤盘放入炉烘烤，入炉温度为170～180℃，出炉温度为210～230℃，烤制12min左右便可出炉。

**4. 风味特点**

色泽黄褐，疏松，油润利口，桂花香纯。

## 六、椒盐牛舌饼

**1. 原料配方**

皮料：面粉2000g，猪油400g。

酥料：面粉2000g，猪油1000g。

馅料:熟面粉 1100g,糖粉 1400g,猪油 600g,花生仁 200g,芝麻 500g,食盐 50g,花椒面 25g。

装饰料:面粉 200g,芝麻 500g。

**2. 制作工具与设备**

粉碎机,案板,烤盘,烤箱,面筛。

**3. 制作方法**

(1)和面。将面粉过筛后,置于案板上围成圈,投入油、温水搅拌均匀,加入面调成软硬适宜的筋性面团,分成两大块饧发,饧各下 50 个小剂。

(2)擦酥。将面粉过筛后,置于案板上,围成圈,加油擦成软硬适宜的油酥性面团,分成两大块,各分成 50 小块。

(3)制馅。将熟面粉、糖粉搅拌均匀,过筛后置于案板上,围成圈,把花生米、芝麻粉碎后置于中间,同时加入食盐、油和适量的水,搅拌均匀,与拌好糖粉的熟面粉擦匀,软硬适宜,分成两大块,各分为 50 小块。

(4)成型。将饧好的皮面按成中间厚的扁圆形,取一小块油酥包入,破酥后,再擀成中间厚的扁圆形,将馅包入,严封剂口,用手拍成长条椭圆形,然后用擀面杖擀成长 15cm、宽 6cm 的椭圆形薄饼,表面刷水粘好芝麻,在长度的中间用刀切开,分为两半,芝麻朝下,找好距离,摆入烤盘,准备烘烤。

(5)烘烤。将摆好生坯的烤盘送入炉内烘烤,炉温 180 ~ 220℃,待表面呈微黄色翻过来,继续烘烤,熟透出炉,冷却后即可。

**4. 风味特点**

色泽金黄,外酥内松,口味纯正。

## 七、一品烧饼

**1. 原料配方**

面粉 500g,花生油 200g,芝麻油 100g,白糖 100g,青梅 50g,核桃仁 50g,糖桂花 50g,小苏打 2g。

**2. 制作工具与设备**

炒锅,案板,油炸炉,刷子。

**3. 制作方法**

(1)将烧到六成热的花生油与面粉搅匀,至浅黄色时,取出晾凉制成油酥。

(2)再将青梅、核桃仁切成丁,与适量面粉、白糖、芝麻油、糖桂花拌成馅料。

(3)取面粉用凉水调成稀面糊,将小苏打用温水化开,加面粉和成面团,放在刷有花生油的案板上揉几遍,擀成二分厚的长方片。

(4)在面皮上放上油酥摊平,卷成卷,摘成面剂,揿成圆皮,包上馅料,封口朝下,刷上一层稀面糊,沾上芝麻,即成烧饼坯子。

(5)将烧饼坯子放入烧至六成热的花生油中,炸至金黄色时,捞出即可。

**4. 风味特点**

色泽金黄,内裹油酥,皮酥馅香。

## 八、盐水烧饼

**1. 原料配方**

皮料:面粉 1800g,花生油 400g,淀粉 100g。

酥料:面粉 1800g,植物油 1000g。

馅料:植物油 1100g,熟面粉 1000g,芝麻 300g,花椒 3g,精盐 100g,饰面芝麻 1000g,干面 200g,碱 3g。

**2. 制作工具与设备**

和面机,案板,烤箱盆,木板,烤盘。

**3. 制作方法**

(1)配料。先将芝麻烤成麦黄色,轧碎。花椒烤成黄棕色,轧碎,过筛待用。面粉蒸熟,轧碎,过筛,冷却备用。

(2)擦酥。将油、面投入和面机内搅拌成油酥面团。

(3)擦馅。先将油、精盐、芝麻、花椒粉放入和面机内搅拌,2 ~ 3min 停机,再投入定量的熟面,开机搅拌均匀,出机备用。

(4)和面。按配料取一部分面粉和面,经温室发酵,然后将发好的面肥、碱液、饴糖投入和面机内搅拌,呈糖糊状。再投入适量面粉和油,搅拌成软硬适宜的面团,分块包酥,待用。

(5)包馅。可按照大破酥的酥皮包馅方法进行包制。

(6)成型。包好的生坯还要上水沾芝麻。用盆抖动生坯,点水沾芝麻,但因表面光滑,不宜颠匀,还易粘连。把沾好芝麻的生坯放在工作台上,以10个为一组,双手用两块长500mm、宽60mm、厚10mm的木板,左右推动生坯。面部用木板压平,使块形整齐。此法速度快,经攒圆、压平,芝麻一般不易脱落。

(7)烤制。将生坯码入烤盘,入炉烘烤。进炉温度为190℃,炉中温度为190℃,经9~10min烤制,便可出成品。

**4. 风味特点**

色呈麦黄,松酥咸香,有浓郁的芝麻香味。

## 九、奶皮枣泥卷

**1. 原料配方**

全脂牛奶1100g,醪糟汁400g,白砂糖25g,枣泥馅150g。

**2. 制作工具与设备**

瓷碗,案板,炉灶,保鲜膜,擀面杖,滤网,笼布,筛子。

**3. 制作方法**

(1)将醪糟汁倒入铺有笼布的瓷碗上,将笼布提起攥紧,尽量多地挤出醪糟汁备用。

(2)把白砂糖加入牛奶后,倒入锅中小火加热至四周有细微气泡,将醪糟汁全部倒入牛奶中继续搅拌加热,慢慢地牛奶会由液体变成棉絮状,继续搅拌加热,会发现棉絮状的牛奶慢慢凝固,漂浮在表层,底层呈微绿、半透明的乳清,此时关火。

(3)将筛子放入瓷碗中,上面铺上笼布,用滤网将表层棉絮状的牛奶捞出倒在笼布上过滤,大约15min后,将笼布提起用手攥紧,尽量多地挤出乳清,把面团状的牛奶用手抓揉片刻使其更加细腻。

(4)在案板上铺上一张保鲜膜,将面团状的牛奶平铺在保鲜膜上，再覆盖一层保鲜膜，用擀面杖擀成长方形，切去不规则的边角。

（5）取一些枣泥馅在手掌上按压成长方形，放置在奶皮上，用擀面杖压一下，慢慢卷起，切开即可。

**4. 风味特点**

色泽黑白，层次清晰，奶香宜人。

## 十、自来红月饼

**1. 原料配方**

皮料：面粉 350g，白砂糖粉 50g，香油 150g，小苏打 0.5g。

馅料：熟面粉 150g，白砂糖粉 150g，香油 100g，花生仁 20g，芝麻 15g，核桃仁 15g，葵花子 15g，青梅 15g，橘饼 15g，葡萄干 15g，桂花 15g。

装饰料：纯碱 50g。

**2. 制作工具与设备**

瓷碗，案板，擀面杖，小方纸，印模，针，烤盘，烤箱。

**3. 制作方法**

（1）和面。首先将糖粉过筛，放入瓷碗内，把开水冲入，使其溶化，再将油投入，充分快速搅拌，使其乳化，油、水的混合溶液在 40℃ 左右时放入适量的小苏打，溶化后将面粉投入。调成软硬适宜略带筋性的面团，摘成小剂。

（2）制馅。将糖粉、熟面粉搅拌均匀，过筛后置于案板上，围成圈，把小料加工切碎置于中间，同时将油投入，搅拌均匀，与拌好糖粉的熟面粉擦匀，软硬适宜，分成小剂。

（3）成型。取一小块皮面，擀成长方形，从两端向中间折叠成三层，再擀长后，从一端卷起，静置一会儿，按成扁圆形，再静置一会儿，用小擀杖擀成中间厚的薄饼，静置后，取一馅心包入，剂口朝下，制成馒头圆形，底面垫一小方纸，表面中间用浓碱水印一小圈，用细针扎一气孔，找好距离，摆入烤盘，准备烘烤。

（4）烘烤。调好炉温，上、下火为稳火，将摆好生坯的烤盘送入炉内。烤成表面红黄色，底面红褐色，熟透出炉。

**4. 风味特点**

色泽黄红，底面红褐，碱圈酱紫色，呈馒头形，有层次感，香甜酥松。

## 十一、自来白月饼

**1. 原料配方**

皮料：面粉350g，白砂糖粉40g，猪油150g，臭粉0.5g。

馅料：枣泥400g，花生仁20g，芝麻20g，核桃仁10g，葵花子10g。

装饰料：食用色素适量。

**2. 制作工具与设备**

瓷碗，案板，擀面杖，小方纸，印模，针，烤盘，烤箱。

**3. 制作方法**

(1)和面。首先将糖粉过筛后置于器皿内，冲入开水使其溶化，再将油投入，充分快速搅拌，使其乳化，油、水的混合液体在40℃左右时放入适量的臭粉，溶化后将面粉投入。调成软硬适宜略带筋性的面团，摘成小剂。

(2)制馅。将熟制加工的小料，揉入软硬适宜的枣泥馅内，分成小剂。

(3)成型。取一小块皮面，擀成长方形，从两端向中间折叠成三层，再擀长后，从一端卷起，静置一会儿，按成扁圆形，再静置一会，用小擀杖擀成中间厚的薄饼，静置后，取一馅心包入，剂口朝下，制成馒头圆形，底面垫一小方纸，表面中间用浓碱水印一小圈，用细针扎一气孔，找好距离，摆入烤盘，准备烘烤。

(4)烘烤。调好炉温，上下火为稳火，将摆好生坯的烤盘送入炉内，烤成表面乳白色，底面红褐色，熟透出炉。

**4. 风味特点**

表面乳白，底面红褐，呈馒头形，表面光滑，香甜酥松，枣味纯正。

## 十二、香油果馅月饼

**1. 原料配方**

皮料:面粉 300g,白砂糖 190g,饴糖 30g,食油 60g,鸡蛋 30g。

馅料:熟标准粉 20g,白糖粉 30g,香油 30g,食油 10g,蜂蜜 80g,核桃仁 20g,芝麻 30g,金糕 30g,冬瓜条 50g,青梅 50g,果脯 40g,玫瑰花 20g。

**2. 制作工具与设备**

锅,炉灶,搅拌机,案板,模具,烤箱。

**3. 制作方法**

(1)熬浆。提前一两天把皮料用的白糖放入水中煮沸、煮到看不见糖为止,再加饴糖搅拌均匀。要求糖浆转化充分并尽可能提前制备。

(2)和面。先将糖浆和饴糖混合搅拌,再倒入鸡蛋搅成乳状液,再倒入食油搅打至均匀,使成品细润,增加面团的可塑性和滋润程度。

(3)制馅。将白糖和蜂蜜、油等混合搅打,使白糖颗粒充分溶化,再倒入果料进一步混合,最后加入面粉充分低速拌匀。不宜用水调馅。

(4)包馅。按皮占 60%、馅占 40% 进行包制。包好的生坯放在模子内,按平,磕模成形。成形速度要快。

(5)烤制。将半成品放入烤盘,入炉,炉温 240℃,烤制 9 ~ 10min 便可出成品。

**4. 风味特点**

色泽深麦黄,花纹清晰,松软绵润,清香细腻。

## 十三、蝴蝶酥

**1. 原料配方**

高筋面粉 500g,低筋面粉 500g,细砂糖 30g,盐 10g,起酥油 100g,植物黄油 900g。

**2. 制作工具与设备**

面盆,擀面杖,案板,保鲜膜,刀,走槌,烤箱。

**3. 制作方法**

(1)高筋面粉和低筋面粉、酥油、水混合,拌成面团。水不要一下子全倒进去,要逐渐添加,并用水调节面团的软硬程度,揉至面团表面光滑均匀即可。用保鲜膜包起面团,松弛20min。

(2)将片状植物黄油用保鲜膜包严,用走槌敲打,把植物黄油打薄一点。这样植物黄油就有了良好的延展性。不要把保鲜膜打开,用走槌把植物黄油擀薄。擀薄后的植物黄油软硬程度应该和面团硬度基本一致。取出植物黄油待用。

(3)案板上施薄粉,将松弛好的面团用擀面杖擀成长方形。擀的时候四个角向外擀,这样容易把形状擀得比较均匀。擀好的面片,其宽度应与植物黄油的宽度一致,长度是植物黄油长度的三倍。把植物黄油放在面片中间。

(4)将两侧的面片折过来包住植物黄油。然后将一端捏死。

(5)从捏死的这一端用手掌由上至下按压面片。按压到下面的一头时,将这一头也捏死。将面片擀长,像叠被子那样四折,用擀面杖轻轻敲打面片表面,再擀长。这是第一次四折。

(6)将四折好的面片开口朝外,再次用擀面杖轻轻敲打面片表面,擀开成长方形,然后再次四折。这是第二次四折。四折之后,用保鲜膜把面片包严,松弛20min。

(7)将松弛好的面片进行第三次四折,再松弛30min。然后就可以整型了。整型是把面片擀成0.3cm的厚度均匀的面片,用小刀将不规则的边缘切齐,然后把长方形的面片切成10cm×10cm的正方形。

(8)取一个正方形的面片,切出口子。注意两边不要切断。刷蛋液,把下面的部分翻上来,再把上面的翻下来。

(9)在中间挤果酱,装入不涂油的烤盘中,在鼓出来的地方(就是刚才翻上来的部分)刷蛋液。间隔大一些。温度预设为上火200℃,下火180℃,烤20min左右,表面金黄色即可。

**4. 风味特点**

色泽金黄，口感酥脆，形似蝴蝶。

## 十四、核桃酥

**1. 原料配方**

面粉550g，白砂糖粉220g，植物油220g，桂花10g，核桃仁15g，臭粉5g，水60g。

**2. 制作工具与设备**

模具，案板，刀，烤盘，烤箱。

**3. 制作方法**

（1）和面。面粉过筛后，置于案板上，围成圈，把糖粉、核桃仁、桂花、臭粉及适量的水一次投入，搅拌使其溶化，再将油投入，充分搅拌乳化后，迅速加入面粉，调成软硬适宜松散状的面团。

（2）成型。将和好的面团，压入带有桃酥字样的圆模内，压实按严后，用刀削平，震动后磕出，找好距离，摆入烤盘，准备烘烤。

（3）烘烤。调好炉温180～220℃，将摆好生坯的烤盘送入炉内，用中火烘烤，烤成谷黄色，色泽一致，熟透即可出炉。

**4. 风味特点**

色泽深黄，组织疏松，具有桃仁、桂花香味。

## 十五、杏仁酥

**1. 原料配方**

面团料：面粉550g，白砂糖200g，植物油250g，鸡蛋20g，小苏打5g，水50g。

装饰料：面粉10g，杏仁50g。

**2. 制作工具与设备**

模具，案板，烤盘，筛子，烤箱。

**3. 制作方法**

（1）和面。面粉过筛后，置于案板上，围成圈。把白砂糖投入，同时将清水洗净的鸡蛋磕入，搓擦成乳白色时，加入适量的水和已溶化的小苏打，搅拌后加入油，充分搅拌乳化后，再加入面粉，调成软硬适宜的酥性面团。

(2)成型。将调好的面团分成大小适中的小块，分别摘成12个剂子，做出高1.5cm，直径3cm的上大下小的圆饼，中间按一个窝，放一个杏仁。找好距离，排入烤盘，准备烘烤。

(3)烘烤。调好炉温至180～220℃，将排好生坯的烤盘送入炉内，进行烘烤，烤成麦黄色，色泽一致，熟透即可出炉。

**4. 风味特点**

色泽麦黄，厚薄均匀，疏松适口，具有杏仁香味。

## 十六、酥盒子

**1. 原料配方**

皮料：面粉220g，猪油30g，白糖10g，炸制用油120g，普通干面20g。

酥料：面粉280g，猪油110g。

馅料：枣泥馅300g。

**2. 制作工具与设备**

擀面杖，案板，油炸炉。

**3. 制作方法**

(1)和面。此步骤为调制水油面团。将面粉、猪油和适量水调和均匀，静置10min。

(2)制酥。此步骤为制作油酥面团。面粉、猪油放在一起，擦匀搓透，硬度适中。

(3)包酥成型。包制时将油酥面团搓成条，摘成小剂，包入适量油酥面团，然后擀成椭圆皮，先三折，再对折，掉转90°，擀成长15cm左右，从上端向下卷13cm，再横转90°，将所余2cm擀长，将圆柱两端封起，稍按扁，放倒，横向居中切开。露出酥层，将酥层蘸上干粉，酥层向上，按平擀成薄片。将云心花纹朝外，将馅放入中间，周围刷水，再擀一个面皮，沿圆周捏出花边，云心仍朝外，覆盖在刷水的面皮上，捏成四周薄中间鼓的圆饼。

(4)炸制。将生坯放入120～135℃的油炸炉炸制,炸到生坯浮出油面捞出沥油,即为成品。

**4. 风味特点**

色泽金黄,酥松香甜,具有枣泥香味。

## 十七、枣泥方

**1. 原料配方**

皮料:面粉450g,白糖150g,饴糖100g,食用油60g,臭粉3g,小苏打3g。

馅料:砂糖110g,饴糖30g,食用油20g,枣泥馅150g,豆沙馅50g,玫瑰糖10g,鸡蛋50g。

**2. 制作工具与设备**

擀面杖,和面机,案板,烤盘,烤箱。

**3. 制作方法**

(1)和面。先把鸡蛋、白糖及小苏打、臭粉放入和面机搅拌溶化,再加入水和油继续搅拌,均匀后倒入面粉搅匀,使面团稍微上劲。

(2)制馅。将砂糖、饴糖、油及枣泥馅等投入和面机搅拌,搅至均匀为止。

(3)成型。将皮擀成长方形,表面刷水,然后将馅也擀成为皮面1/2的长方形,铺盖在皮面一半处,再用另一半皮面盖在馅上,切成若干个中等方块生坯。然后依顺次擀成6mm厚的方坯,表面刷蛋液,用带齿的工具在生坯表面划波浪状花纹。

(4)烘烤。将半成品放入烤盘,以180～220℃烤制6～8min。

(5)修饰。待熟制后,再将其切成3cm×3cm的正方块,即为成品。

**4. 风味特点**

色泽棕黄,薄厚一致,酥松绵软,具有枣泥和豆沙的香味。

## 十八、糖火烧

**1. 原料配方**

面粉 500g,酵母粉 5g,温水 350g,红糖 500g,芝麻酱 500g。

**2. 制作工具与设备**

擀面杖,和面机,案板,烤箱。

**3. 制作方法**

(1)面粉放入和面机内,加上酵母粉,倒入温水和成面团,饧 30min。

(2)擀细红糖中的硬块,与芝麻酱一起拌匀。

(3)将面团擀成长方形,均匀涂上麻酱红糖,卷起;然后将卷好的卷略压扁,从两边向中间折叠。

(4)擀成长方形薄片,一切两半;取切好的一片,从两边 1/4 处向中间折叠两次,再擀成片,卷成卷。

(5)揪成一个个小剂,两边收口向下捏紧成圆形,稍压扁成型。

(6)烤箱预热 180℃,烤约 15min。

**4. 风味特点**

色泽浅黄,外皮酥脆,内瓤暄软,外壳酥脆。

## 十九、豆面糕(驴打滚)

**1. 原料配方**

江米粉 500g,红豆沙 200g,黄豆面 200g。

**2. 制作工具与设备**

擀面杖,案板,糕屉,盘。

**3. 制作方法**

(1)把江米粉倒到一个大盘里,用温水和成面团,拿一个空盘子,在盘底抹一层香油,这样蒸完的面不会粘盘子。将面平铺在盘中,上锅蒸,大概 20min 左右,前 5 ~10min 大火,后面改小火,蒸匀蒸透。

(2)在蒸面的时候炒黄豆面,直接把黄豆面倒到锅中翻炒,炒成金黄色,出锅备用。

(3)把红豆沙用少量开水搅拌均匀,待用。

(4)待面蒸好取出,在案板上洒一层黄豆面,把江米面放在上面擀成一个大片,将红豆沙均匀抹在上面(最边上要留一段不要抹),然后从头卷成卷,再在最外层多撒点黄豆面。

(5)用刀切成小段,在每个小段上再糊一层黄豆面即可。

**4. 风味特点**

色泽金黄,口味清甜,口感软糯。

## 二十、京式绿豆糕

**1. 原料配方**

绿豆粉 1400g,绵白糖或白糖粉 1200g,糖桂花 25g。

**2. 制作工具与设备**

和面机,糕镜,案板,糕屉。

**3. 制作方法**

(1)拌粉。将糖粉放入和面机里,加入用少许水稀释的糖桂花,搅拌均匀;然后再加入绿豆粉,搅拌均匀,倒出过 80 目筛,即成糕粉(以能捏成团为准)。

(2)成型。在蒸屉上铺好纸,将糕粉平铺在蒸屉里,用平板轻轻地推平表面,约 1cm 厚;再筛上一层糕粉,然用一张比蒸屉略大一点的光纸盖好糕粉,用糕镜(即铜镜、铜捺)压光;取下光纸,轻轻扫去屉框边上的浮粉,用刀切成 4cm ×4cm 的正方块。

(3)蒸制。将装好糕粉的蒸屉四角垫起,依次叠起,放入特制的蒸锅内封严;把水烧开,蒸 15min 后取出,在每小块制品顶面中间,用适当稀释溶化的食用红色素液打一点红。

(4)晾凉。然后将每屉分别平扣在案板上,冷却后即成。

**4. 风味特点**

色泽艳丽,口感糯软,具有桂花的香味。

## 二十一、蜂蜜蛋糕

**1. 原料配方**

全蛋350g,细砂糖250g,盐2g,蜂蜜60g,低筋粉200g,奶粉6g。

**2. 制作工具与设备**

面筛,搅拌机,案板,橡皮刮刀,烤盘,烤箱。

**3. 制作方法**

(1)面粉过筛备用,将全蛋、糖、盐一起放入搅拌机内打至湿性发泡,倒入蜂蜜和水拌匀,最后加入面粉和奶粉轻轻拌和均匀。

(2)在烤盘上垫油纸,将拌好的稀糊倒入烤盘中,用橡皮刮刀轻轻刮平。

(3)入烤箱用180~150℃,烘烤20min即可。

**4. 风味特点**

色泽褐黄,口味香甜,口感绵柔,质地疏松。

## 二十二、八宝年糕

**1. 原料配方**

糯米1000g,白糖20g,芝麻20g,青梅20g,葡萄干20g,桃脯20g,冬瓜条20g,白莲20g。

**2. 制作工具与设备**

和面机,案板,糕屉,方盘。

**3. 制作方法**

(1)先将1000g糯米淘洗干净,水浸24h后上屉蒸烂,取出用和面机搅烂摊凉备用。

(2)把白糖、芝麻、青梅、葡萄干、桃脯、冬瓜条、白莲各20g搅拌做成馅。

(3)在方盘内刷一层猪油,铺上搅烂的1cm厚的糯米饭,每铺一层放入适量的馅,共铺三层。

(4)上锅蒸熟后,用刀切成小块即可。

**4. 风味特点**

色泽艳丽,层次分明,口味甜浓,口感软糯。

## 二十三、枣糕

**1. 原料配方**

鸡蛋 1500g,猪板油 2000g,蜜枣 500g,核桃仁 500g,冬瓜条 500g,糖玫瑰 100g,面粉 550g,白糖 1000g,蜜樱桃 250g,黑芝麻 25g。

**2. 制作工具与设备**

搅拌机,案板,糕屉,竹签,垫纸。

**3. 制作方法**

(1)猪板油去皮抽筋,切成小指头大小的细颗粒。蜜枣、核桃仁、冬瓜条剁成更小的颗粒。

(2)将白糖、鸡蛋放入搅拌机体内,搅打,使之发泡呈乳白色,再放入面粉低速搅拌均匀,然后加进猪板油丁、蜜枣、核桃仁、冬瓜条、蜜樱桃、糖玫瑰花等,搅拌调匀。

(3)在蒸笼底铺上一层纸,靠边立置长约 10cm 的木条 1 块,以透蒸汽。将搅拌好的糕浆倾入笼内铺平,务使各处厚薄一样,并撒上芝麻,大火蒸约 1h。

(4)如小竹签插入糕内,不沾糕浆,便已蒸熟,即迅速翻置案板上,趁热揭去垫纸,晾冷后,用薄口刀切成 3cm 见方的小块即成。

**4. 风味特点**

香甜暄软,油而不腻,富有营养。

## 二十四、萨其马

**1. 原料配方**

面团料:面粉 1400g,鸡蛋 1000g,小苏打 1g,白砂糖 1200g,植物油 1100g,桂花 75g。

装饰料:面粉 200g,芝麻 100g,葵花子 100g,青梅 100g,葡萄干 100g,青红丝 15g,小苏打 1g。

**2. 制作工具与设备**

面筛，模具，案板，擀面杖，锅，刀，油炸炉。

**3. 制作方法**

(1)和面。制面团时面粉要过筛，在粉堆中央开凹糖，把鸡蛋磕入容器内搅打后倒入凹糖，同时用水先溶化小苏打，掺入面粉，然后加水把面粉调成面团(面团用水应保持20～40℃)，再揉至光滑，静放30min。

(2)切条。将静放30min(即醒面)后的面团擀成3mm厚的薄片，切成约10cm长、3cm宽的面条，抖去干粉待油炸。

(3)炸制。油炸炉烧至160℃，然后投入面条，炸至黄色捞出，滤去余油待用。

(4)熬糖浆。将白砂糖加适量的水投入锅内烧开(糖水之比为10∶14)，当烧至114～116℃时舀出。

(5)制装饰料。将青梅切成片，葡萄干、青红丝用水洗净沥干，待用。

(6)成型。把成形木框放在案板上，在框内撒上薄薄一层干粉，再撒上一层芝麻，然后将油炸好的面条拌上一层均匀的糖浆，倒入木框内，厚度约3.3cm，铺平，在其表面上撒果料，压平，再切成6～7cm见方的块形，也可切成长方形，待冷却后即可。

**4. 风味特点**

色泽金黄，口味香甜，口感酥脆，造型朴实。

## 二十五、豌豆黄

**1. 原料配方**

去皮干燥黄豌豆250g，小苏打2g，白砂糖65g。

**2. 制作工具与设备**

滤网，案板，模具，锅，冰箱，粉碎机。

**3. 制作方法**

(1)豌豆洗净、沥干，加入小苏打拌匀，用水浸泡，静置5～6h，水平面以没过豌豆3cm为宜。

(2)泡制后,倒掉小苏打水,用清水漂洗4~5次,沥干后放入锅中,加水煮开,水量以没过豌豆4~5cm为宜。煮沸过程中会浮起白色的泡沫,要撇掉。水开后然后调成中火,继续煮至大部分豌豆开花酥烂。

(3)用粉碎机搅拌已经酥软的豌豆(汤),尽量使豌豆破碎,再用过滤网把豌豆糊过滤一遍,使豌豆变成细腻、浓稠的糊状。

(4)在豌豆糊中加入砂糖拌匀后,放回火上继续加热,用文火熬到浓稠,豌豆糊呈半固体而不是液体状即可离火。

(5)倒入模具中,将表面刮平,放置于室温中待温度稍微降低、不烫手时,即可放入冰箱冷藏。为了方便冷藏后的脱模,最好采用活动底的模具。

(6)冷藏超过4h,可以取出脱模,切块后即可食用。

**4. 风味特点**

色泽褐黄,口味甜润,口感清凉细腻。

## 二十六、蜜三刀

**1. 原料配方**

面粉1000g,花生油1300g,碱4g,面团用饴糖250g,过蜜用饴糖1400g。

**2. 制作工具与设备**

擀面杖,案板,油炸炉。

**3. 制作方法**

(1)蜜三刀是由“里子面”和“皮子面”组成。先将1/4的面粉加饴糖放入盆内,加水和面肥,揉搓成团,发足成大酵面,搋入碱水去酸,调成“皮子面团”;再将余下的面粉一次放缸或盆内,加水拌和均匀。

(2)调制成“里子面团”。把两种面团都放在案板上,分别用擀面杖擀开。将“皮子面”擀成两块长方片;将“里子面”擀成一块长方片,大小相同,用一块“皮子面”片作底,中间铺上“里子面”片,然后把另一块“皮子面”片盖上,即成为3层,厚度约5cm。

(3)叠好后,用刀切下一长条,将长条面擀薄,切成长小块,将宽边4角对齐折上，窄边中间顺切3刀，成为4瓣，即为蜜三刀生坯。

(4)下入油炸炉内，以180℃炸至金黄色。随炸随在饴糖锅中过蜜。

**4. 风味特点**

金黄透亮，松软香甜。

## 二十七、奶油炸糕

**1. 原料配方**

面粉70g，鸡蛋3个，白糖50g，黄油50g，香草香精1g。

**2. 制作工具与设备**

锅，筷子，案板，勺子，油炸炉。

**3. 制作方法**

(1)锅中放水、黄油、白糖，烧开后，将面粉倒入，用筷子快速搅拌均匀。

(2)将鸡蛋打匀，分次将蛋液倒入烫面内用筷子充分搅拌均匀。加入香草香精拌匀，混匀后的面糊即为奶油炸糕的面坯。

(3)将油烧至150℃，用两个大的不锈钢勺，先用一个勺挖一坨面糊(大约有鸡蛋黄大小)用另外一个勺蘸一下油，将勺内的面糊轻轻拨进油内，经温油炸至鼓胀起来，呈金黄色即可捞出。

(4)沥干油，撒上白糖即可。

**4. 风味特点**

色泽金黄，口感酥松，口味微甜。

## 二十八、姜丝排叉

**1. 原料配方**

面粉200g，姜丝25g，鸡蛋1只，黑芝麻5g，盐2g，白糖10g，食用油750g。

**2. 制作工具与设备**

面盆，案板，擀面杖，刀，油炸炉。

**3. 制作方法**

(1)取面盆一个,将面粉、鸡蛋、白糖、姜丝、清水搅拌均匀。

(2)加入黑芝麻后将面粉揉上劲,制成面团备用。

(3)将和了姜丝的面皮擀薄(2mm)备用。

(4)用刀将面片切成长15cm,宽7cm左右的菱形条。

(5)将面片的一端从划开的地方穿出来后把整个面片扭成花型备用。

(6)油炸炉中放油,烧至180℃时,放入处理好的面片,炸成金黄色。

(7)捞出控油后即可食用.

**4. 风味特点**

色泽金黄,口感酥脆,姜味突出。

## 二十九、套环

**1. 原料配方**

面粉500g,鸡蛋200g,白糖50g,糖桂花25g,食用油750g。

**2. 制作工具与设备**

面盆,案板,擀面杖,刷子,刀,油炸炉。

**3. 制作方法**

(1)将鸡蛋和白糖放入盆中搅匀,再加入面粉搅制成面团。

(2)将面团擀成薄片,表面刷上油,折成两层,将其切成1cm宽、3cm长的条状。

(3)将小条面中间切一小口,经翻折成套环状,放入炸油中炸熟,捞出沥净油即成。

**4. 风味特点**

呈套环状,口感酥绵香甜,具有桂花香味。

## 三十、蜜贡

**1. 原料配方**

精制面粉500g,花生油200g,饴糖100g,白砂糖50g,蜂蜜35g,糖桂花 50g，小苏打 2g，食用色素 0.005g，食用油 750g。

**2. 制作工具与设备**

面盆，案板，刷子，擀面杖，油炸炉。

**3. 制作方法**

（1）先用花生油、温水、精制面粉、小苏打等调制好面团。

（2）再将面团分成若干相等的小块，然后分别擀成面片。

（3）再在面片表面一半处刷一层红色食用色素，将其另一半折铺在刷有红色色素的面片上，擀成 1cm 宽的小长条，在每个小条中间切一个小口，再从小口处翻个麻花即成生坯。

（4）炸制时，将油加热到 170℃时即可将生坯倒入油炸炉内，炸熟后捞出，沥油。

（5）将炸好的半成品放入用饴糖、白砂糖、蜂蜜和糖桂花熬制好的液体中挂浆即可。

**4. 风味特点**

麦黄透亮，酥脆香甜，不垫牙，不粘牙。

## 三十一、艾窝窝

**1. 原料配方**

熟江米 550g，面粉 100g，白糖 50g，芝麻 35g，核桃仁 35g，山楂糕 50g。

**2. 制作工具与设备**

面盆，案板，刀，擀面杖，蒸笼。

**3. 制作方法**

（1）蒸面。把面粉放入蒸笼里开锅后蒸 15min。

（2）擀面。蒸过的面粉会发干发硬，因此等面晾凉后，要用擀面杖把面擀碎，擀细。

（3）制糖馅。把蒸过的面粉、白糖、芝麻，还有碾碎的核桃仁搅拌在一起；同时将山楂糕切成小块状。

（4）包馅。取一勺熟江米，将它放在面粉上来回搓揉，使熟江米完全沾满面粉，然后将它按扁，薄厚由自己喜好而定。包上刚刚拌好的糖馅，然后将周边捏合到一起，再在上面点缀一小块切好的山楂糕即可。

**4. 风味特点**

色泽洁白如霜，质地细腻柔韧，馅心松散甜香。

## 三十二、天津大麻花

**1. 原料配方**

面粉 2500g，植物油 1200g，白砂糖 675g，姜片 150g，食碱 15g，青丝 75g，红丝 75g，桂花 150g，芝麻 750g，糖精 2g。

**2. 制作工具与设备**

搅拌机，压条机，案板，油炸炉。

**3. 制作方法**

(1)在炸制麻花的前一天，用 350g 面粉加入 50g 老肥，用 400g 温水调搅均匀，发酵成为老肥，以备次日使用。

(2)用 200g 水将 350g 白糖，10g 食碱和 5g 糖精用文火化成糖水备用。

(3)取 350g 面粉，用 250～350g 热油烫成酥面备用。

(4)取 750g 芝麻，用开水烫好，保持不湿、不干的程度，准备搓麻条用。

(5)用烫好的酥面，加入白糖 325g，青红丝各 75g，桂花 150g，姜片 100g 和食碱 5g，再放入冷水 175mL 搅匀，将面搅拌到软硬适用为度。

(6)将剩下的面粉倒入搅拌机内，然后把前一天发好的老肥掺入，加入化好的糖水，再根据面粉的水分大小，不同季节，倒入适量冷水，和成大面备用。

(7)将大面饧好，切成大条，再将大条送入压条机，压成细面条，然后揪成长约 35cm 的短条，并将条理顺。一部分作为光条，另一部分揉上芝麻做成麻条。再将和好的酥面作成酥条。按光条、麻条、酥条 5∶3∶1 匹配，搓成绳状的麻花。

(8)将油倒入油炸炉内，用文火烧至温热时，将麻花生坯放入油炸炉内炸20min左右。

(9)麻花呈枣红色,麻花体直不弯,捞出后,还可以在条与条之间加适量的冰糖渣、瓜条等小料即可。

**4. 风味特点**

色泽枣红,口感酥脆,口味甜润。

## 三十三、枣泥桃酥

**1. 原料配方**

枣泥250g,核桃仁50g,淮山药50g,面粉500g,猪油150g。

**2. 制作工具与设备**

案板,刮面板,油炸炉。

**3. 制作方法**

(1)将核桃仁擀碎,加入枣泥,淮山药制成馅;取面粉200g,放在案板上,加入猪油100g,搅匀,成干油酥。

(2)把剩余的面粉放在案板上,加猪油50g,加水适量,和成水油面团。

(3)将干油酥包入水油面里卷成筒状,按每50g油面做成枣泥酥2个,用刀切成剂子,擀成圆皮,然后用左手托皮,右手把枣泥馅装入皮内,收严口子,搓椭圆形,用花钳将圆坯从顶到底按出一条凸的棱,再在棱的两侧按出半圆开形的花纹。

(4)将油炸炉调温至170℃,把生坯投入炸至见酥浮面呈黄色即成。

(5)出锅后,稍凉即酥。

**4. 风味特点**

色泽金黄,酥脆适口,口味甜润,具有枣泥的香味。

## 三十四、凉糕

**1. 原料配方**

红豆沙200g,砂糖70g,琼脂10g。

**2. 制作工具与设备**

案板，方盘，笼屉。

**3. 制作方法**

（1）琼脂用凉水泡开，红豆沙放入干净的方盘。

（2）泡开的琼脂沥去水分，用200g水与琼脂混合，烧开溶化。

（3）200g豆沙与200g温水混合，搅匀。

（4）化开的琼脂倒入豆沙水，小火慢慢搅拌，加入砂糖，烧开，继续中小火煮10min，煮的过程中要不断搅拌，以免糊底。

（5）倒入方盘，晾凉放冰箱冷藏1h，拿出搅匀，再次冷藏3h，取出切块即可。

**4. 风味特点**

色泽浅白，口味甜爽，口感软糯。

## 三十五、水晶糕

**1. 原料配方**

大米300g，车前草25g，白砂糖500g。

**2. 制作工具与设备**

面盆，案板，模具，笼屉。

**3. 制作方法**

（1）将大米淘洗干净、车前草洗净，切成细粒。

（2）将大米、车前草加入水，磨成细浆。

（3）将锅内倒入水烧沸，放入米浆，搅拌均匀，煮熟后倒入木制模子内，晾凉收干，淋少许水，以免硬皮。

（4）将糖放入碗内，倒入水化开，备用。

（5）将凉糕切成薄片，放入碗内，倒入糖水，即可食用。

**4. 风味特点**

色泽浅白透明，味道鲜美，清凉爽口。

# 第七章　苏式糕点

## 一、苏八件

苏八件以同一配方，采用各种不同的成型工艺制作八种以上不同形态而得名，其品种如：菊花酥、荷花酥、腰子酥、佛手酥、四角酥、百合酥、蝴蝶酥、盘香酥等。也有的制法是选用神话传说中的八仙，刻成木模，将包馅的面团放在木模中按压，制成八仙图案的八种糕点。

### 1. 原料配方

皮料：特制面粉1800g，猪油500g。

油酥：特制面粉200g，猪油500g。

馅料：面粉1500g，绵白糖800g，植物油600g，鸡蛋200g，小苏打5g，饴糖100g。

装饰料：白砂糖300g，红绿瓜或青梅干100g。

### 2. 制作工具与设备

面盆，案板，筛子，擀面杖，刀，烤箱。

### 3. 制作方法

（1）配料

按所核定的原料，将皮料、酥料、馅料等分别称量。

（2）面团调制

首先，调制水油面团：将面粉过筛后，至于案板上围成圈，投入油、温水搅拌均匀加入面粉，混合均匀后，用温水浸扎一两次，调成软硬适宜的筋性面团。其次，调制油酥面团（亦称擦酥）：将面粉过筛后，置于案板上，围成圈，加油擦成软硬适宜的油酥性面团。

（3）包酥（塌酥）

将油面皮料包入酥料，揿扁，分别擀成长薄饼，将两端切除（可见到酥层），将切除的两端贴在薄饼两边，中间分划两块，由中间向两边卷起成长条。

(4)包馅

将塌成的皮酥料按需要分摘成均匀的小块,逐个包入馅心料。

(5)成型

将包入馅料的坯子按压成扁平圆形,用刀在圆坯上通过圆心均匀切十刀,刀深为坯厚的一半左右,即为菊花酥。

如果用剪刀在坯子周围剪成7~8瓣,再将各瓣向上翻转90°,然后稍压平即为荷花酥。

如果将坯子擀压成腰圆形,在其中部对称划两刀(两端不可切断)即为腰子酥。

如果将坯子搓圆,然后将一半压成扁铲刀状,用刀在上面切成10余条"指条"状,即成为佛手酥。

如果将坯子按成正方形,在四角处沿对角线方向切四个口子,注意切刀不要穿过中心,即为四角酥。

如果将坯子捏成圆包子形状,用刀通过圆心均匀切入4~6刀,即为百合酥。

如果将坯子压成长方形,两边同时向里折六层,最后并在一起,成为上下两层,再横切成薄片,即为蝴蝶酥。

如果将坯子压成长条,纵向切成两半,然后盘成圆饼状,即为盘香酥。

还可做成其他各种形态的花样,最后在表面撒压上一层面糖和红绿瓜作为装饰,分别盛入烤盘。

(6)烘烤

用小火(即文火,约180℃左右)烘烤10min左右,待冷却至室温即可包装。

**4. 风味特点**

色泽棕黄,酥层清晰,酥松爽口,造型多样。

## 二、苏式月饼

苏式月饼是我国的传统食品,更受到江南地区人民的喜爱。苏式月饼用面粉、饴糖、食用植物油或猪油、水等制皮，面粉、食用植物油或猪油制酥，经制酥皮、包馅、成形、焙烤工艺加工而成。

苏式月饼的花色品种分甜咸或烤烙两类。甜月饼的制作工艺以烤为主，有玫瑰、百果、椒盐、豆沙等品种，咸月饼以烙为主，品种有火腿猪油、香葱猪油、鲜肉、虾仁等。其中清水玫瑰、精制百果、白麻椒盐、夹沙猪油是苏式月饼中的精品。

**(一)甜月饼的制作**

**1. 原料配方**

皮料：精面粉900g，熟猪油300g，饴糖100g。

酥皮料：精面粉500g，熟猪油280g。

馅料：

①清水玫瑰馅料：熟面粉500g，绵白糖1100g，熟猪油400g，糖制猪油丁500g，核桃仁150g，松子仁150g，葵花子100g，糖橘皮50g，玫瑰花100g。

②水晶百果馅料：熟面粉500g，绵白糖1100g，熟猪油400g，糖制猪油丁500g，核桃仁250g，松子仁100g，葵花子100g，糖橘皮50g，黄桂花50g。

③甜腿百果馅料：熟面粉500g，绵白糖1100g，熟猪油400g，糖制猪油丁500g，熟火腿肉100g，核桃仁150g，松子仁100g，葵花子50g，糖橘皮50g，黄桂花100g。

④松子枣泥馅料：绵白糖1600g，熟猪油350g，糖制猪油丁75g，黑枣800g，松子仁200g，葵花子100g，糖橘皮50g，黄桂花50g。

⑤清水洗沙馅料：制成的豆沙2850g，糖制猪油丁250g，糖橘皮50g，黄桂花100g。

⑥猪油夹沙馅料：制成的豆沙2250g，糖制猪油丁800g，黄桂花50g，玫瑰花50g。

**2. 制作工具与设备**

擀面杖，刀，面盆，案板，垫纸，印戳，烤箱。

**3. 制作方法**

(1)大包酥酥皮制法。用料以500g计算，每500g做6只月饼。

先将皮料调成面团。制皮面团 150g，油酥面团 75g。将油酥包入皮料，用擀面杖压成薄皮。卷成圆形条，用刀切成 10 块，再将小坯的两端沿切口处向里边折捏，用手掌揿扁呈薄饼形，就可包馅。油酥包入皮内后，用擀面杖擀薄时不宜擀得太短、太窄，以免皮酥不均匀，影响质量。

（2）小包酥酥皮制法。面团和油酥面团制法同大包酥酥皮制法。将皮料与油酥料各分成 10 小块，将油酥逐一包入皮中，用擀面杖压扁后卷折成团，再用手掌揿扁呈薄饼形即可包馅。

（3）制馅。根据配方拌匀，揉透滋润即可。下列馅需预制成半成品。

①松子枣泥馅：先将黑枣去核、洗净、蒸烂绞成碎泥。糖放入锅内加水，加热溶化成糖浆，浓度以用竹筷能挑出丝为适度，然后将枣泥、油、松子加入，拌匀，烧到不粘手即可。

②清水洗沙馅：红豆 900g，砂糖 1500g，饴糖 150g，食用油 250g，水 300g，制法与豆沙馅同。

③猪油夹沙馅：所用的豆沙与清水豆沙制法相同。具体制法：将豆沙与糖、猪油丁、玫瑰花、桂花拌匀即可。

（4）包馅。先取豆沙馅揿薄置于酥皮上，再取猪油丁、桂花等混合料同时包入酥皮内。

（5）成型。包好馅后，在酥皮封口处贴上方形垫纸，压成 1.67cm 厚的扁形月饼坯，每只 90g，再在月饼生坯上盖以各种名称的印记。

（6）烘烤。月饼生坯推入炉内，炉温保持在 240℃左右，待月饼上的花纹定型后适当降温，上下火要求一致，烤 6～7min 熟透即可出炉，待凉透后下盘。

**4. 风味特点**

色泽美观，皮层酥松，馅料肥而不腻，口感松酥。

**（二）咸月饼（肉月饼）的制作**

**1. 原料配方**

皮料：面粉 500g，猪油 50g，麦芽糖 25g。

酥料：面粉 250g，猪油 200g。

馅料:猪肉馅500g,皮冻300g,淡酱油15g,料酒10g,白糖15g,味精1g,葱姜各5g,白芝麻10g,食盐3g,香油20g。

**2. 制作工具与设备**

面盆,案板,保鲜膜,冰箱,擀面杖,刷子,烤箱。

**3. 制作方法**

(1)和面

水油面的制作:面粉500g放在案板上或者容器中,中间扒个窝放入猪油和麦芽糖,加入开水化开,先把面和成雪花状,再慢慢依次加水,把面揉匀揉透揉至光滑,面团用保鲜膜覆盖,静置15min。

(2)擦酥

油酥面的制作:把猪油加入面粉中擦匀,成团备用。

(3)馅心制作

将三分肥七分瘦的五花肉剁成肉糜,依次加入食盐(少许)、白糖适量、淡酱油(也可以用蒸鱼豉油)、味精、料酒、白麻、姜末搅拌上劲,再加入皮冻搅拌均匀,最后加入香葱末、少许麻油搅拌后放入冰箱静置15min左右。取出肉馅分割成25个等量的馅心放入冰箱冷藏备用。

(4)包酥

把水油面团在案板上按扁、擀开,把油酥面团放在水油面皮的中间,用水油面团包裹住油酥面团,把包好酥的面团接口朝上按扁,用擀面杖擀成椭圆片,对折三折,再擀成大长方片,从大长方片的上端往下卷起,把面片卷成长筒状,再分割成等量的25份剂子,把剂子擀成小圆片(四周擀薄,中间稍厚)。

(5)包制成型

从冰箱取出分割好的肉馅,取一个肉馅放在小圆片的中间,四周隆起包好后收口朝下,在案板上调整成月饼状即可。

(6)烤制

烤盘刷上一层油,放入生坯,表面刷上油,上火180℃,下火180℃,烤制30min即可。

**4. 风味特点**

金黄油润,平整饱满,酥皮清晰,厚薄均匀,松酥咸鲜。

## 三、松子枣泥官饼

### 1. 原料配方

精制面粉1000g，熟猪油500g，饴糖150g，黑枣200g，白砂糖120g，松子仁35g，糖猪板油丁50g，糖桂花15g。

### 2. 制作工具与设备

面盆，案板，印章，烤箱。

### 3. 制作方法

（1）和面。水油面的制作：面粉750g放在面盆中，放入猪油250g和饴糖，加入开水化开，先把面和成雪花状，再慢慢依次加水，把面揉匀揉透揉至光滑，面团用保鲜膜覆盖，静置15min。

（2）擦酥。油酥面的制作：把剩余的250g猪油加入250g面粉中擦匀，成团备用。

（3）馅心制作。将黑枣去核、蒸熟、研细、炒制成枣泥。加入松子仁、桂花、糖猪板油丁，搅拌均匀成馅料。

（4）将水油面团逐个包入油酥面团，再包入馅料，按扁、盖印章。

（5）置烤盘入炉，以180℃烘焙成熟，取出冷却即可。

### 4. 风味特点

色泽金黄，皮馅适中，酥松油润，馅绵软香甜。

## 四、太史饼

### 1. 原料配方

皮料：面粉1000g，熟猪油300g，饴糖100g。

油酥：特制粉550g，熟猪油275g。

馅料：蒸熟标准粉800g，糖桂花100g，炒熟糯米粉100g，熟猪油350g，绵白糖1150g，饰面熟芝麻500g。

### 2. 制作工具与设备

面盆，案板，烤盘，烤箱。

### 3. 制作方法

（1）制皮。将面粉放入面盆中，将熟猪油、饴糖倒入其中，加入熟水拌匀制成面团。

(2)制酥。先将糖、熟猪油放在一起擦透,再加水,加入熟面粉,桂花拌匀。

(3)制饼坯。用大包酥方法,一份皮子包一份酥和馅料,揿成圆饼,两面沾水和沾白芝麻,摆在烤盘里。

(4)烘焙。将饼坯放进烘炉,以185℃烤2min后,当饼皮开始泛白时,将烤盘取出,逐个翻身,再进炉烘焙,约5min后,待饼皮鼓起,饼色泛黄,芝麻膨胀时,便已熟透,出炉冷却后即可。

**4. 风味特点**

饼色金黄或橙黄色,饼面平整微凸,口感酥松香口,甜肥滋润。

## 五、三色大麻饼

**1. 原料配方**

皮料:面粉1200g,饴糖600g,植物油75g,小苏打1g。

馅料:蒸熟面粉750g,白砂糖300g,糖渍板油丁300g,熟猪油200g,糖玫瑰花75g,黑枣肉500g,砂糖600g,松子仁50g,红曲米粉2g,贴面用芝麻450g。

**2. 制作工具与设备**

面盆,案板,盘,烤箱。

**3. 制作方法**

(1)浆皮面团调制。面粉、饴糖、植物油、小苏打等一起放入面盆中,加上适量温水,调制成软硬适度的面团。

(2)馅心制作。枣泥馅内拌入松子仁。蒸熟面粉、白砂糖、糖渍板油丁、熟猪油混合擦匀;等分为二,其一为本色;另一块再加入糖玫瑰花和适量红曲米粉。

(3)包馅、成型。先取红、白、黑三色馅料各一块,分别搓圆、按扁,三色重叠,白色放中间,包上饼皮,收口朝上,按扁,再排成圆整、厚薄均匀的饼坯即成。

(4)上芝麻。将饼坯的一面蘸水,撒上芝麻,使其均匀粘附其上。

(5)装盘。饼坯之间要有较大的间隔。

(6)烘烤:炉温220℃,约烤10min。

**4. 风味特点**

色泽枣红,馅料层次清晰,外形圆整,厚薄均匀,口味甜润。

## 六、松子文明饼

**1. 原料配方**

皮面:蒸熟面粉2000g,熟猪油800g,白砂糖500g。

馅料:黑枣泥750g,绵白糖150g,松子仁50g,糖玫瑰花50g,蒸熟面粉75g。

**2. 制作工具与设备**

面盆,案板,烤盘,烤箱。

**3. 制作方法**

(1)浆皮面团调制。将砂糖加水溶解熬煮糖浆,调成薄糨糊状,然后加熟猪油混合搅拌,最后再加入蒸熟面粉继续搅拌均匀,取出后揉搓成浆皮面团。

(2)擦馅。将蒸熟面粉、枣泥、绵白糖、松子仁、糖玫瑰花一起拌匀擦透。

(3)包馅、成型。按规格皮、馅的比重包馅,入印模按实,使花纹清晰,敲击脱模,排盘。

(4)烘烤。炉温在220℃左右,约烤8min花纹突出部分呈深黄色,即可出炉。

(5)冷却、装箱。该制品含糖量较高,皮层紧密,块形厚,必须充分冷却。待温度基本降下来,垫上衬纸,即可装箱。

**4. 风味特点**

色泽浅黄,花纹清晰,皮质松软,爽口不腻,富有黑枣醇香风味。

## 七、松子枣泥麻饼

**1. 原料配方**

皮料:面粉2000g,熟猪油175g,饴糖150g,小苏打2g。

馅料:炒熟粳米粉220g,黑枣肉2300g,赤豆100g,熟猪油300g,

糖橙丁150g,桂花125g,砂糖(其中炒糖枣泥2250g,炒糖豆沙2950g)5200g,糖渍板油丁4500g,松子仁150g,糖桂花120g,芝麻2000g。

**2. 制作工具与设备**

煮锅,铲刀,盘,绞肉机,案板,烤盘,烤箱。

**3. 制作方法**

(1)浆皮面调制。先将小苏打用沸水溶解成溶液,冷却至常温后与饴糖、猪油、混合搅拌均匀,加入面粉制成浆皮面团。

(2)糖豆沙制备。①煮赤豆:将赤豆除去杂质,经清洗除去泥灰,放入锅内,加水,先旺火煮,后文火煮烂,待赤豆皮裂开,豆肉酥烂,即可起锅,冷却后连豆皮粉碎,达到一定的细度后,装入布袋内滤出水分。②炒豆沙:将砂糖放入锅内,加水加热,待砂糖充分溶解,再将粉碎好的赤豆沙倒入锅内,混合均匀,先熬煮,后在文火下焙炒,间隙地加入油脂,要经常不断地用铲刀从锅底翻动,以防粘锅焦化。待焙炒至膏状时,加入糖桂花炒匀,即可起锅,装入盘中备用。

(3)糖枣泥制备。①蒸枣肉:放在蒸笼内蒸透,使枣肉柔软,冷却后,用绞肉机绞细。②炒枣泥:将配用的砂糖倒入锅内加水加热,使糖充分溶解,熬煮到一定糖度时,加入绞细的枣泥拌和,文火焙炒,并陆续添加适量的熟猪油,焙炒至光亮不粘手即成。

(4)包馅。可采用两种包馅方法:第一,直接包馅法:按重量要求,先按扁饼皮,取小块糖豆沙放在饼皮上揿扁,再放上定量的枣泥、糖渍板油丁、松子仁后由下而上逐步收口,要求皮面包得厚薄均匀,不显露馅料,虎口收紧;第二,间接包馅法:先将糖枣泥和糖豆沙混合均匀,分块,揿扁,包进糖渍板油丁和松子仁等,使呈球形,然后再包上饼皮面。

(5)将适量的芝麻仁放入空盘内,洒上适量冷水,使芝麻仁潮润,然后放入饼坯,两面均匀地沾上芝麻。

(6)烤制。将饼坯排入烤盘内,生坯之间留有适当的距离,以免粘边。面、底火候相同,炉温280℃,时间10min左右,呈金黄色即可。

**4. 风味特点**

金黄或深黄色，皮薄松脆，馅多味美，甜而不腻，油而不肥。

## 八、酒酿饼

酒酿饼，是春天时令的代表糕点。饼有荤、素之分，品种主要有玫瑰、豆沙、薄荷等味，以热食为佳。

**1. 原料配方**

中筋面粉 300g，酒酿 150g，糖 15g，豆沙 225g。

**2. 制作工具与设备**

平底锅，案板，炉灶。

**3. 制作方法**

（1）先将酒酿、糖、温水混合，再倒入面粉中拌匀，慢慢淋入温水，揉成光滑的面团，盖上湿布放在温暖处，使其发酵（约 4h）。

（2）见其膨胀成双倍大时，搓揉成长条状，再分 10 等份小块，每块包入豆沙少许，先搓圆再按扁。

（3）平底锅烧热，用纸巾抹少许油，再放下酒酿饼小火烘烤，约 15min，见两面金黄时即取出。

**4. 风味特点**

色泽鲜艳，甜肥软韧，油润晶莹，滋味美妙。

## 九、猪油松子酥

**1. 原料配方**

皮料：特制面粉 2500g，植物油 250g，绵白糖 750g，饴糖 500g，鸡蛋 250g，小苏打 2g。

馅料：糖渍板油丁 800g，松子仁 50g，糖玫瑰花 75g。

**2. 制作工具与设备**

花边轮，案板，烤盘，排笔，烤箱。

**3. 制作方法**

（1）松酥面团调制。先将绵白糖、饴糖、蛋液、油脂搅拌均匀，然后加入面粉、小苏打继续搅拌均匀，软硬适中。加水时必须一次加够，严格控制面筋量的生成。

(2)馅料制备。糖玫瑰花切碎，与糖渍板油丁拌和即成。

(3)包馅、成型。按规格配比分皮面，包馅时不全部包严，中心露馅，揿成扁圆形，中间压低，用花边轮在饼坯面上由中心向圆周画曲线型条纹8条，要求画到边，间隔均匀，不歪斜。

(4)下盘、涂刷蛋液。先将饼坯有间隔地整齐排列在烤盘内，然后将蛋液搅打均匀后，用排笔将蛋液涂刷于制品表面。要求涂刷均匀，用力不宜重，并注意蛋液不要流到烤盘中，以免蛋液焦化。然后在饼坯中心露馅处放上2~3粒松子仁。

(5)烘烤。炉温一般在250℃左右，烤制8~10min。

**4. 风味特点**

色泽姜黄，松甜爽口，滋味纯正，外形圆整，有自然花纹。

## 十、巧酥

**1. 原料配方**

皮料：面粉300g，熟猪油300g。

内坯料：标准粉2200g，植物油500g，绵白糖700g，植物油1000g(油炸用)，小苏打3g。

**2. 制作工具与设备**

擀面杖，长尺，小刮刀，案板，油炸炉。

**3. 制作方法**

(1)面团调制。将面粉、熟猪油加入50℃左右的温水搅拌，静置片刻，制成水调面团。把绵白糖、植物油和适量的水充分搅拌，再倒入面粉、疏松剂继续搅拌均匀成松酥面团。要求水调面团略软，松酥面团略硬，但差别不能太大。

(2)成型。按水调面团与松酥面团之比2:8包制，包好后搓成直径约10cm的圆形长条，揿扁，用擀面杖擀平，厚薄均匀，再用长尺(专用工具)夹直，切成短条，在短条中心用小刮刀划长约6cm的刀口，将短条一端在刀口处从下向上翻出，另一端从上向下翻出，成为环形。

(3)油炸。待油温升到160℃左右，把制品生坯由油炸炉边轻轻放入，松酥面团受热后二氧化碳气体挥发，使制品体积膨胀，表面裂纹，水分蒸发，淀粉熟化，面筋蛋白遇热变性定形而浮上油面。由于松酥面团部位含糖较高，其表层有些炭化，呈棕黄色。要逐只翻转，使制品色泽一致，中心部位成熟。要注意油温调整。如果制品起发程度差，油温稍为降低；反之，制品过于起发，油温适当提高，但不能过高，防止外焦里生。油炸时间和油温要根据制品的块形大小、厚薄、受热面积、用料多少、投入油炸炉生坯的数量多少来确定。

**4. 风味特点**

色泽棕黄，外形完整，口感酥松，口味微甜。

## 十一、葱油桃酥

**1. 原料配方**

熟面粉500g，绵白糖（或白糖粉）175g，鸡蛋120g，小苏打3g，葱15g，精盐5g。

**2. 制作工具与设备**

模具，小刮刀，案板，油炸炉。

**3. 制作方法**

（1）将葱切成屑，备用。

（2）熟面粉放在桌上，使成盆形，将糖、油、鸡蛋、小苏打、盐和葱屑放在其中，拌匀擦透。

（3）将擦透的半成品放入木制圆形模具内，用力按压，使其在模具内黏结，用薄片刮刀刮去多余的粉屑，再将模内的葱油桃酥生坯敲出。

（4）烤箱加热到220℃，入炉烘焙8min即成。

**4. 风味特点**

色泽棕黄，口味甜润，口感酥脆。

## 十二、惠山油酥

**1. 原料配方**

皮料：面粉450g，绵白糖150g，植物油180g，小苏打3g。

馅料：面粉50g，绵白糖30g，植物油30g，核桃10g，青红丝20g，橘饼20g，青梅干10g，桂花10g，细盐3g。

装饰料：白芝麻100g。

**2. 制作工具与设备**

面筛，案板，刷子，烤盘，烤箱。

**3. 制作方法**

(1)选料。按配方规定选用新鲜原料，绵白糖须用20目筛子过筛，果料拣去杂质并切成小颗粒。

(2)配料。按配方规定的原料名称和数量分别配料。

(3)和面。在皮料中加温水40g左右，和匀后再加入面粉拌和擦透成面团。

(4)擦馅。将馅料拌匀擦透。

(5)分块。将皮料面团摊平，分切成1.5cm见方的小剂。

(6)包馅。将剂子按扁，包入馅心。

(7)上芝麻。在每个饼坯的表面刷上水，撒上芝麻沾匀。

(8)排盘。将上好芝麻的生坯逐个排在烤盘内，互相间隔2cm左右。

(9)烘烤。在炉温240℃左右的烤箱内烘烤8min左右，待呈褐黄色即可出炉。

**4. 风味特点**

色泽褐黄，香甜可口，肥而不腻，口感酥脆。

## 十三、猪油芙蓉酥

**1. 原料配方**

玉兰片坯2500g，糖渍板油丁550g，白砂糖480g，饴糖180g(烧糖浆用)，绵白糖80g，色拉油8750g，干玫瑰花15g。

**2. 制作工具与设备**

模具，案板，油炸炉，锅。

**3. 制作方法**

(1)油炸。油温升到160℃左右，将玉兰片坯投入油炸炉，待冒上油面，立即用漏勺捞起，摊开冷却，即成玉兰片，色微黄。

(2)烧糖浆。将白砂糖加入适量的水加温溶解后，再加入饴糖继续熬煮到130℃左右。要根据气温灵活掌握温度。

(3)上浆、压制成型。将炸好的玉兰片放入锅内，浇上热糖浆，搅拌均匀，再把糖渍板油丁放入，待全部翻拌均匀后，起锅倒入涂过植物油的框格内铺平、填实，再用工具刮平，表面撒上一层绵白糖和切细的干玫瑰花。切成长10cm、宽6cm的长方块形。

**4. 风味特点**

色泽浅黄，松香爽口，肥甜纯正，口感酥脆。

## 十四、五香麻糕

**1. 原料配方**

炒熟糯米粉300g，芝麻500g，绵白糖500g。

**2. 制作工具与设备**

筛子，模具，刀，案板，糕箱，烤盘，烤箱，蒸笼。

**3. 制作方法**

(1)原料称量与预处理。所配原料按品种公开存放，将芝麻在锅内炒熟，研磨成粉末。

(2)面团调制。将绵白糖筛去粗糖块，加水200g左右拌和，加芝麻粉末擦和拌匀，呈松散的团粒状。称取拌和料200g，加炒熟糯米粉50g混合，然后用力擦透，并用8目筛子擦筛一遍。

(3)成型。将糕料放入金属模具中，表面铺平后用力压紧，用刀切成长条形。

(4)蒸糕与回汽。将装入糕坯的金属模在80℃水温中蒸5min左右，取出糕坯，将糕坯翻身再回蒸5min左右。最后将所有糕坯整齐地排列装入糕箱中，静置8h。

(5)切片。取出糕坯，切成厚度为0.4cm左右的薄片，逐片平摊在烤盘内。

(6)烘烤、包装。将烘烤盘放在180℃炉温内烘烤4～6min，取出趁热收片，排列整齐。

**4. 风味特点**

芝麻黄色，松脆爽口，麻香味浓。

## 十五、定胜糕

定胜糕，亦称“定升糕”、“鼎盛糕”。用梨木雕刻成各种各样的花朵和树叶模样的容器，正好装下一两湿米粉，拌米粉的水里掺上各种花卉和菜蔬的汁液，有红的、有黄的、有绿的；容器口大底小，容易倒出；图案有半桃、牵牛、梅花、线板、棱台、五星等形状。倒出后上蒸笼蒸熟，乘热盖上红印，取名为“鼎盛糕”。

**1. 原料配方**

粳米600g，糯米粉400g，红曲粉5g，白砂糖200g。

**2. 制作工具与设备**

筛子，模具，案板，刀，蒸笼。

**3. 制作方法**

(1)将粳米粉，糯米粉放入盛器，加红曲粉、白糖和适量清水拌匀，让其涨发1h。

(2)将米粉放入定胜糕模具内，摁实，表面用刀刮平，上笼用旺火蒸20min，至糕面结拢成熟取出，翻扣在案板上即成。

**4. 风味特点**

色泽玉白，口感软糯，口味香甜。

## 十六、茯苓麻糕

**1. 原料配方**

茯苓粉200g，糯米粉250g，黑芝麻100g，蜂蜜50g，色拉油100g。

**2. 制作工具与设备**

筛子，平底锅，案板，炉灶。

**3. 制作方法**

(1)将黑芝麻炒香。

(2)茯苓粉和糯米粉充分混合后加水调成糊状。

(3)加入黑芝麻拌匀。

(4)平底锅内放入色拉油,用小火将稠糊烙成薄饼。

(5)蘸蜂蜜即可食用。

**4. 风味特点**

色泽金黄,口味微甜,口感绵柔。

## 十七、四色片糕

四色片糕有玫瑰、杏仁、松花、苔菜四色四味,富有天然色香。其特点:四色分明,色彩鲜艳,四种滋味,食用可口,工艺独特,别具一格。

**1. 原料配方**

炒糯米粉 400g,植物油 30g,绵白糖 50kg,干玫瑰花 5g,杏仁粉 50g,松花粉 25g,苔菜粉 20g 或黑芝麻屑 100g,精盐 3g。

**2. 制作工具与设备**

筛子,擀面杖,模具,案板,切糕机或手工刀,糕箱,蒸笼,烤盘,烤箱。

**3. 制作方法**

(1)炒糯米粉制作。糯米经淘洗后放置一定时间吸水胀润。将白砂糖在锅中炒热到 180～200℃,加入吸足水分的潮米焙炒,炒熟出锅。然后用粉碎机粉碎成粉末,用 100 目以上的筛子过筛,备用。

(2)潮糖制作。将绵白糖或白砂糖加 5% 左右水分和适量的无杂味植物油或动物油,进行充分的搅拌,使糖、油、水均匀混合,放在容器内静置若干天,使部分糖分子因吸水而溶解,即成潮糖。

(3)炒糯米粉面团调制。将吸湿后的炒糯米粉与潮糖拌匀,用擀面杖碾擀两遍,刮刀铲松堆积,再用双手手掌用力按擦两遍,要求擦得细腻柔绵,用粗筛筛出糕料,或用机械擦粉、过筛。

(4)成型。紧接着前道工序,先将 1/5 的糕料放入烫炉(铝合金等材料制成的模具)底面,再取 3/5 的糕料事先与该制品需要的原料(如杏仁粉、松花粉、苔菜粉、玫瑰花等)擦和,放入烫炉内铺平按实,最后将 1/5 的糕料放入烫炉铺平,用捺子(长 12cm、宽 9cm、厚 1cm 左右大小的金属板,在上面焊一个金属的把手)软力揿实,要求表面平整,厚薄均匀,再用力在糕料上按需要大小切开(俗称开条)。

(5)蒸糕。水温控制在80℃左右,将已开条的糕坯连烫炉放置有蒸架的锅里,隔水蒸约4min左右,待面、底均呈玉色,刀缝隙处稍有裂缝时,表示蒸糕成熟。蒸糕的目的是使糕坯接触蒸汽受热膨胀,因此不需要用过大的蒸汽。

(6)回汽。将蒸过的糕坯磕出,有间距地侧放在回汽板上,略加冷却,再将糕条连糕板放入锅内加盖回汽。回汽的作用是使糕坯底部以外的另外几个面接触蒸汽,吸收水分,促使糕体表面光洁。回汽时掌握表面都呈玉色,糕坯表面手感柔滑不毛糙,中心部位带软粘。

(7)静置(窝糕)。将回过汽的糕坯,正面拍上一层洁白的淀粉,侧立排入糕箱内,最上面一层应比糕箱上沿低几厘米,铺上蒸熟面粉,使糕坯与外界空气基本隔绝,放置一昼夜后,让其缓慢冷却。用这种冷却方法,既能达到冷却目的,又能使糕坯软润均匀。

(8)切片。将静置后的糕坯用切糕机或手工刀切成均匀的薄片,切片深度为100%,但糕片间不脱离。

(9)烘烤。将切好的糕片摊排在烤盘内,以230℃左右的炉温进行烘烤5min左右,待糕片有微黄色时即出炉。出炉后趁热按原摊排次序收糕排齐。

(10)包装冷却。收糕后接着趁热包装,包后再冷却,然后装入密封盒箱内。

**4. 风味特点**

色泽鲜艳,糕片平整,厚薄均匀,香脆爽口。

## 十八、桂花糖年糕

**1. 原料配方**

粳米粉1250g,糯米粉1250g,白砂糖1250g,香油50g,桂花10g。

**2. 制作工具与设备**

面缸,模具,案板,蒸笼,布,刀。

**3. 制作方法**

(1)将镶粉(粳米粉、糯米粉)倒入面缸,中间挖个圆塘,放白糖,冷水500g反复拌和。如有僵块须拣去。

(2)笼内铺上纱布,将糕粉铺在笼里,放在沸水锅上用旺火蒸15min 左右,至糕粉呈玉色时倒在工作台上。

(3)另取洁布一块,用冷开水浸湿后,将糕粉包住,用后不断地翻揿,揉捏,直至光滑,细腻,无颗粒为止,然后揿平,拉成 1.5cm 宽的长条,抹上少许香油,放些桂花,切成长方形块即成。

**4. 风味特点**

色泽玉白,糕糯而韧,桂花味香,甜味浓重。

## 十九、猪油年糕

**1. 原料配方**

糯米粉 500g,砂糖 400g,糖猪油丁 320g,黄桂花 15g,玫瑰花 15g。

**2. 制作工具与设备**

面缸,模具,案板,蒸笼。

**3. 制作方法**

(1)生猪板油去膜皮,切成丁,以同量的砂糖加以腌制 7 ~ 10 天,即成为糖猪油。

(2)糯米粉用开水调和成糊状(玫瑰色的需另加少量色素),放入蒸笼内蒸制,约 40min。熟后取出,放在台板上,将砂糖拌揉,拌完稍微冷却,再将糖猪油丁揣入(如糕太热要冷却,以防止糖猪油丁被烫熔化)。

(3)然后将糕压成 1.7 ~ 2cm 厚的薄片,在桌面上冷却。

(4)冷透后将糕卷成似茶杯粗细的条子,撒上黄桂花及玫瑰花屑。

**4. 风味特点**

色泽浅白,口味润甜,具有桂花和玫瑰的香味。

## 二十、果仁蜜糕

**1. 原料配方**

糯米粉 1500g,白砂糖 600g,核桃仁 25g,松子仁 25g,南瓜子仁 25g,蜜枣 10g。

**2. 制作工具与设备**

面缸,模具,案板,湿布,刀,笼屉。

**3. 制作方法**

(1)蜜枣去核,同核桃仁一起切成碎粒,加糯米粉、白糖、松子仁、南瓜子和冷水300mL,搅拌均匀。

(2)笼内垫上纱布,再放上糕粉,在沸水锅上用旺火蒸10min左右。

(3)待蒸汽冒出,糕粉由白色转呈玉色,糕已蒸熟,取出糕,倒在案板上,用干净湿布盖住,并趁热用双手揉和至光滑无粒,再搓成宽约6cm、高10cm的条子。

(4)冷却后,切成1cm厚的薄片即成。

**4. 风味特点**

色泽玉白,糯香浓郁,香甜滋补。

## 二十一、橘红糕

**1. 原料配方**

橘红10g,米粉500g,白糖200g。

**2. 制作工具与设备**

面缸,模具,案板,刀,蒸笼。

**3. 制作方法**

(1)橘红研细末,与白糖和匀为馅;米粉以水少许湿润,以橘红为馅做成糕。

(2)入笼蒸制时要用沸水旺火速蒸。

(3)切块后边缘要撒些熟面粉,以免粘连。

**4. 风味特点**

色泽粉红,半透明状,甜润细嫩,清津适口。

## 二十二、大方糕

大方糕时令性强,一般清明上市,端午落令。有甜、咸之分,甜味有玫瑰、百果、薄荷、豆沙四色大方糕;咸味有鲜肉大方糕。其特点是皮薄馅重，色泽洁白，热蒸供应。

**1. 原料配方**

皮料：潮糯米粉 280g，潮粳米粉 600g。

馅料：

①玫瑰大方糕：糖渍板油丁 450g，绵白糖 300g，葵花子 40g，松子仁 40g，糖玫瑰花 25g。

②百果大方糕：糖渍板油丁 450g，绵白糖 250g，松子仁 50g，葵花子 50g，核桃仁 50g，青梅干 15g。

③薄荷大方糕：糖渍板油丁 450g，绵白糖 300g，葵花子 25g，糖桂花 15g，薄荷粉 5g。

④豆沙大方糕：糖渍板油丁 150g，糖豆沙 350g。

⑤鲜肉大方糕：猪肉馅（含猪腿肉 450g）570g，白砂糖 40g，酱油 75g，精盐 5g，味精 2g。

**2. 制作工具与设备**

面缸，绞肉机，筛子，汤匙，长刀，小锤子，小木块，样盒，括板，花纹板，模具，案板，蒸笼。

**3. 制作方法**

（1）米粉面团调制。先将潮糯米粉和潮粳米粉混合，加适量的凉水拌和擦透，用粗筛过筛，成皮层糕料。调制应在较低水温下进行，如果调制水温高，会导致淀粉膨胀，米粉粉粒相互粘结成粗粒、团块，影响成型，造成制品组织粗糙，形态不端正，质量低劣。加水量要正确掌握。

（2）馅料制备。玫瑰、百果、薄荷馅料的制备方法，是先将果仁处理加工，如核桃仁用沸水泡，除涩后剁成石榴子形；然后将果仁、辅料、绵白糖混合加适量凉水，分别调成糊状的馅料；同时将糖渍板油丁切成 1.5cm 见方的小块。

豆沙馅料的制作方法是将赤豆煮烂粉碎。将砂糖加水溶化，加入赤豆沙，先熬后炒加入油脂、桂花制成糖豆沙，再加入糖渍板油丁。

鲜肉馅料的制备是将猪腿肉绞细，加入白砂糖、酱油、精盐和味精等，并加入适量水，使馅料均匀。

(3)成型。将已过筛的糕料筛入垫好竹帘和糕布的浅框方木蒸格内,然后用手把持括板(竹质专用工具),在木蒸格内用刀切成16个相等的方形小洞。每个小洞内先放入糖渍板油丁,后在糖渍板油丁上面分别用汤匙舀上拌好果仁、辅料的糊状馅料(玫瑰或百果或薄荷或豆沙馅),再均匀地筛上一层糕料,用长刀(金属专用工具)刮去木蒸格上的浮糕料,并盖上花纹板,用小锤敲击几下,取走花纹板,糕面上即显示出清晰的图案,最后用长刀划分小块,待蒸。

(4)蒸制。在装有已成形糕料的大蒸格的四角填上小木块,层叠相砌,放在锅内的蒸架上盖上蒸笼帽,通入较强的蒸汽或用旺火焖蒸40min左右(鲜肉大方糕蒸25min左右)。

(5)装箱。趁热供应,不需冷却,而且还需用样盒(一种木质分层专用保温箱)保温。

**4. 风味特点**

白色,中心部位显示半透明的馅料色泽,粉质细腻、滋润,软绵细腻,滋味纯正。

## 二十三、苏式绿豆糕

**1. 原料配方**

(1)豆沙绿豆糕:绿豆粉800g,绵白糖800g,香油575g,面粉100g,豆沙300g。

(2)清水绿豆糕:绿豆粉900g,绵白糖900g,香油625g,面粉100g。

**2. 制作工具与设备**

筛子,模具,铁皮盘,刮刀,案板,蒸笼。

**3. 制作方法**

(1)拌粉。将绿豆粉、面粉置于案板上,把糖放入中间并加入麻油的一半搅匀,再掏入豆粉和面粉,搓揉均匀,即成糕粉。

(2)制坯。预备花形或正方形木质模型供制坯用。清水绿豆糕制坯简单,只需将糕粉过80目筛后填入模内(木模内壁要涂一层香油),按平揿实,翻身敲出,放在铁皮盘上,即成糕坯。夹心即豆沙绿豆糕制坯，是在糕粉放入模中少一半时放入馅心——豆沙，再用糕粉盖满压实，刮平即成。

（3）蒸糕。制成的糕坯连同铁皮盘放在多层的木架上，然后将糕坯连同木架入笼隔水蒸10～15min，待糕边缘发松且不粘手即好。若蒸制过久，会使粉坯松散或缩筋。

（4）刷油。蒸熟冷却后在糕面刷一层香油即成。

**4. 风味特点**

色泽玉白，口味清甜，口感松软。

## 二十四、松子黄千糕

据清末民初笔记《醇华馆饮食胜志》载："夏初，稻香村制方糕及松子黄千糕，每日有定数，故非早起，不能得。"因用小刀将松子仁竖起剖成4个碎片，加上焦糖呈黄颜色，故取名为松子黄千糕。

**1. 原料配方**

潮糯米粉400g，潮粳米粉600g，绵白糖350g，松子仁150g，糖桂花50g，焦糖175g。

**2. 制作工具与设备**

筛子，模具，案板，刀，蒸笼。

**3. 制作方法**

（1）将两种潮米粉拌和过筛，加入绵白糖，酌加焦糖拌成棕色的糕料。

（2）取糕料1/4拌入剖碎的松子仁和糖桂花作夹心。

（3）余3/4的糕料分两份，先后筛入蒸笼内，作底和面，表面刮平，划出交叉斜纹。

（4）上蒸笼蒸熟后切块即可。

**4. 风味特点**

松软细腻，熟食香甜，冷食香糯。

## 二十五、五色小圆松糕

一种水蒸松糕，有薄荷、桂花、芝麻、蛋黄、玫瑰等品种。

**1. 原料配方**

细糯米粉400g,细粳米粉600g,白砂糖275g,干豆沙300g,糖猪油丁150g,玫瑰酱50g,红曲米粉15g,薄荷粉5g,黑芝麻屑100g,桂花50g,蛋黄50g,松子仁75g。

**2. 制作工具与设备**

筛子,模具,案板,刮刀,蒸笼。

**3. 制作方法**

(1)将糯米粉、粳米粉按6:4混合。

(2)按品种选用馅料,玫瑰松糕加玫瑰酱、红曲米粉,薄荷松糕加薄荷粉等,调制成不同色彩和风味的糕粉。

(3)将松子仁撒放在花纹板和糕模中,再入糕料至模孔一半,然后将干豆沙、白砂糖、糖猪油丁放入,最后放入糕料至模口齐,压实,刮去多余的糕粉,盖上湿糕布,将蒸板翻转,脱去花纹板及糕模。

(4)入蒸笼,旺火蒸熟。

**4. 风味特点**

糕质松软,细腻不粘牙,以热食为佳。

## 二十六、红豆猪油松糕

**1. 原料配方**

糯米粉350g,粳米粉150g,白糖250g,熟红豆150g,豆沙馅250g,糖板油丁100g,蜜枣4个,核桃肉10片,其他果料少许。

**2. 制作工具与设备**

面盆,筛子,模具,案板,蒸笼。

**3. 制作方法**

(1)盆内加入粳米粉、糯米粉、白糖、清水各150g拌匀搓散。取出米粉的1/4待用,剩余的米粉与熟红豆拌匀。

(2)拌匀的红豆粉倒入笼内铺平(0.3cm厚),豆沙分散地放在上面,并均匀地撒些糖板油丁。将剩余的红豆米粉全部倒入铺平,再把没有拌过红豆的米粉铺在上面,再在上面放些蜜枣、核桃肉和其他果料(要放得整齐美观),即成松糕生坯。

（3）松糕生坯上洒些清水，入笼上锅蒸约7min至糕变为透明时，将剩下的糖板油丁放在糕粉面上，继续蒸2min，即可成熟。取下，倒在板上。另取一块板，将松糕翻转，正面朝上即成。

（4）蒸时要用沸水旺火速蒸，蒸至表面光滑为宜。

**4. 风味特点**

松软甜香，肥而不腻，冷食、热食均可。

## 二十七、阜宁大糕

阜宁大糕，又名“玉带糕”，产于江苏省盐城。阜宁大糕历史悠久，清朝乾隆皇帝巡视阜宁时，曾尝过此糕，极为赏赞，特御笔赐名为“玉带糕”。

**1. 原料配方**

上等糯米2000g，白糖2000g，香油（或花生油）2000g，青梅100g，黄丁100g，桂花50g，金橘饼75g，青红丝50g，白芝麻150g，蚕豆适量。

**2. 制作工具与设备**

炒锅，筛子，粉碎机，模具，案板，蒸笼，切片机。

**3. 制作方法**

（1）洗米。将糯米用温水淘洗，存放一天。

（2）炒米。将糯米放在铁锅里，大火爆炒，木耙不停翻动米粒，米表面呈现淡黄色即可。

（3）粉碎。炒好的米冷却后，进粉碎机加工成细腻的米粉。

（4）润粉。成堆的米粉与浸泡得胖胖的蚕豆拌合，让米粉吸收蚕豆里的水分，使之渐渐湿润。为了使其吸收均匀和达到一定的含水量，每天要用铣翻动粉堆四五遍，需翻四五天。

（5）熬糖。将南方产的白糖放在清水锅里烧沸腾，再用旺火熬。然后掺进适量的香油，搅拌均匀，冷却后便成雪花膏状。

（6）打捶。将湿润的米粉与雪花膏状的糖油装进铁桶里搅拌捶打，便成为柔润的糕料。

（7）过筛。糕料放入眼儿如针尖一样细小的筛子，用手来回擦动，从筛底漏下的糕料十分疏松。

(8)成型。将疏松的糕料装入模具里,使之成为长条形糕体,糕的表面加入芯子,再放进沸腾的水里炖,使之熟透。芯子的原料有青梅、金橘等。

(9)回糕。炖后的糕进入笼里蒸,使糕体收紧。

(10)焐糕。将糕抹上面粉,使之不互相粘结。再码成糕堆,用棉被盖紧封实。焐三四天,增强其柔韧性。

(11)切片。焐好的糕用切片机切成薄薄的长方形糕片,即可。

**4. 风味特点**

色白、片薄,滋润细软、口味香甜,营养丰富、老幼皆宜。

## 二十八、嵌桃麻糕

**1. 原料配方**

炒熟糯米粉2500g,芝麻粉2000g,绵白糖5000g,核桃仁500g。

**2. 制作工具与设备**

筛子,模具,案板,蒸笼,烤盘,烤箱。

**3. 制作方法**

(1)湿糖拌粉。制作前先将糖用水润湿、拌透,然后将湿糖、芝麻粉、糯米粉拌均擦透。再用筛子将糕粉全部过筛。

(2)嵌桃炖制。先把糕粉的1/2放入糕模内,压平糕粉,把核桃仁排在糕粉上,每模四排,核桃仁嵌好后再加入另一半糕粉,复压实,按平糕面。将糕模放入锅上水蒸或汽蒸,约7min。炖制时汽量一定要掌握得当。炖制后参照雪片糕方法回汽。将回汽后的糕体切成4条放入木箱静置,隔日后切片。

(3)切片烘烤。把长方形糕条切成糕片,厚度为1.5mm,每条糕切100片。糕片厚度可视具体重量而定,大则厚,小则薄。切片后把糕片整齐摊平在烤盘内,炉温为130~140℃,烤5min后出炉。

(4)冷却包装。烤制后的水分只有2%左右,极易受潮,因此,糕冷却后,要及时包装封口。

**4. 风味特点**

色泽浅黄,糕粉细腻,内嵌核桃仁呈蝴蝶状,麻香纯正,入口脆酥。

## 二十九、荤油米花糖

**1. 原料配方**

蒸熟糯米 2200g，饴糖（制糖浆用）1750g，绵白糖 625g，干玫瑰花 50g，熟猪油（油炸用）1000g。

**2. 制作工具与设备**

筛子，案板，刀，盆，笊篱，油锅。

**3. 制作方法**

（1）油炸：油温升到 170℃左右，将熟糯米倒入锅内，浮上油面后立即用笊篱捞起，滤去浮油，摊开冷却。

（2）制糖浆。先熬糖，将白糖和饴糖放入锅内，加适量清水混合熬，待温度达 130℃左右起锅。

（3）上浆。把油酥过的米粒放在锅内搅拌均匀，起锅装入盆内。

（4）压制成型。撒上干玫瑰花、熟芝麻，再抹平，摊紧，压制成型。

（5）包装。用刀切块，包装为成品。

**4. 风味特点**

色泽淡黄，松脆爽口，香甜纯正。

## 三十、雪角

**1. 原料配方**

面粉 1000g，饴糖 150g，植物油 1000g，糖豆沙馅 220g，糖粉 50g。

**2. 制作工具与设备**

筛子，案板，油炸炉。

**3. 制作方法**

（1）先调制水油面团及油酥面团，用小包酥方法包酥。

（2）将包酥的面团擀成椭圆形，厚约 2mm，包馅后将皮对折，捏口，再将皮边卷进，使成双边，然后折捏两角使向两侧延伸呈眉毛状。

（3）待油温升至 160℃左右时，将生坯逐只轻放入油炸炉，炸至金黄色，捞出滤油。

（4）迅速摊开冷却，再撒上定量的白糖粉，基本冷却即可装箱。

**4. 风味特点**

色泽浅黄,酥层清晰,酥松爽口,滋味纯正。

## 三十一、炸食

**1. 原料配方**

面粉 2500g,熟猪油 150g,绵白糖 850g,鸡蛋 750g,植物油 1000g(油炸用),小苏打 2g。

**2. 制作工具与设备**

筛子,模具,案板,笊篱,油炸炉。

**3. 制作方法**

(1)松酥面团调制。先将绵白糖、油脂、蛋液加入适量的水搅拌均匀,再放入面粉、疏松剂继续搅拌均匀。要求面团略硬一些。

(2)成型。将面团擀成 0.8cm 厚薄均匀的面片,用专用模具刻成三角、螺丝、万字等多种形状。

(3)油炸。油炸炉内油温升到 170℃左右,将生坯投入,待浮起油面后,用笊篱不断翻转,呈金黄色时立即捞起。

(4)冷却、装箱:起锅后,迅速滤去浮油,摊开冷却后装箱。

**4. 风味特点**

色泽金黄,微孔均匀,松酥爽口,香甜纯正。

## 三十二、枇杷梗

**1. 原料配方**

米粉 400g,饴糖 200g,蒸熟面粉 40g,白砂糖 70g,饴糖 70g,绵白糖 160g,植物油 125g,炒糯米粉 35g。

**2. 制作工具与设备**

筛子,擀面杖,轧皮机,案板,笊篱,油炸炉。

**3. 制作方法**

(1)煮底糖浆。在白砂糖、饴糖中加水适量,放在锅内煮开,再加入 7% 左右的米粉,调成糊状,并用铲刀不停地翻动,以防粘锅焦化。

(2)米粉面团调制。在剩余的米粉中加入底糖浆,经充分搅拌形成软硬适度的米粉面团。

(3)成型。将调好的米粉面团分块,用轧皮机滚压成厚8mm左右的米粉面片,再经机械切条。手工成型时,用擀面杖将面团擀薄,切成宽约8mm,长约3cm的均匀条状。

(4)油炸。油炸炉油温加热到180℃,为了防止沸油溢出和生坯在油炸炉里黏结,将生坯倒在笊篱内慢慢倒入油炸炉中,生坯遇高温迅速膨胀,浮出油面,这时用笊篱不停地搅动,使生坯受热均匀,色泽一致,待呈金黄色时,捞出油炸炉,掌握油炸炉的温度,是炸好枇杷梗的基本条件。另外,制品坯的起发程度,一般与糯米浸泡时间和粉质含水量多少有关。如果浸泡时间不足,米粉含水量低,底糖浆要增加,饴糖比例要加大;反之,浸泡时间过长,米粉含水量过高,则底糖浆和饴糖比例要减少。

(5)熬面糖浆。砂糖中加入适量的水,加热使糖充分溶解,再加入饴糖熬煮,熬至120℃左右即可。

(6)上浆、拌糖。面糖浆中放入桂花,浇在炸好的枇杷梗坯上拌和,再加绵白糖拌和,使枇杷梗表面均匀地粘一层绵白糖。

(7)冷却、包装。上浆、拌糖结束后,让制品冷却一下,筛去表面的余糖后包装。

**4. 风味特点**

色泽浅黄或金黄,松脆爽口,肥甜纯正,造型别致,形似枇杷的梗子。

## 三十三、蒸夹心蛋糕

蒸夹心蛋糕又称夹心蛋糕,苏式传统蒸蛋糕品种。三角形,上下两层海绵状,有弹性,夹馅有玫瑰、果酱、薄荷、豆沙等几种,风味各异。

**1. 原料配方**

特制面粉250g,白砂糖250g,鲜鸡蛋500g,糖猪油丁50g,糖玫瑰花50g,薄荷粉50g,糖豆沙50g。

**2. 制作工具与设备**

搅拌机,案板,模具,蒸笼。

**3. 制作方法**

(1)将鲜鸡蛋与白砂糖搅打充气至体积比原来增加1.5倍左右。

(2)加入面粉调成糊状。

(3)将1/2蛋糕糊分别注入四种模内蒸熟,把调制好的四种馅料铺上,再注入另外1/2的蛋糕糊蒸熟。

(4)取出后脱模即成。

**4. 风味特点**

色泽浅黄,口感绵软,香甜纯正。

## 三十四、金钱饼

金钱饼又名泽钱饼,因饼面有较清晰花纹,形似古币而得名。

**1. 原料配方**

特制面粉2500g,砂糖2000g,素油1500g,小苏打10g,蒸熟面粉1500g,白芝麻(面料)1750g。

**2. 制作工具与设备**

压面机,上麻机,案板,模具,筛子,烤箱。

**3. 制作方法**

(1)糖浆熬制:将所配砂糖加30%水,烧开溶化,稍冷却。

(2)拌料。将烧好的糖浆与油脂充分拌均匀,再加入面粉和小苏打搅拌均匀擦透。

(3)成型。将调制好的面团分成若干小块(以操作方便为准),在压面机内挤轧成0.5cm左右的薄皮坯。轧薄的皮坯之间用熟粉夹层,重叠四层,用直径3cm左右的铁皮圈擀压成形,成形后多余的边角皮坯可再搅入下一料皮坯中。

(4)上麻。将擀成的饼坯用方眼筛筛除多余熟粉。在上麻机或上麻盘内先撒上湿芝麻,铺匀后倒入饼坯,开机或拉动上麻盘上麻,待饼坯两面粘上足量芝麻后,用方眼筛筛去多余的芝麻。芝麻的水分含量控制在能勉强粘上饼坯,水分不宜过多。

(5)排盘。将上足芝麻的饼坯逐个排列在烘烤盘中,每个间隔1cm左右。

(6)烘烤。放进240℃左右炉中,烘烤8min左右。

(7)冷却。待形态固定即可离火,冷却至室温。

(8)包装。包装时要封好口,以免制品受潮,保持口感松脆。

**4. 风味特点**

色泽金黄,脆香酥松,芝麻香味浓郁。

## 三十五、桂花百果蜜糕

**1. 原料配方**

糯米粉500g,绵白糖350g,糖桂花20g,水190g,香油25g,青梅丁25g,松子仁25g,核桃仁25g。

**2. 制作工具与设备**

案板,模具,刀,擀面杖,盘,蒸笼。

**3. 制作方法**

(1)将糯米粉、绵白糖、糖桂花混合均匀,分次加水190g,拌匀后,揉搓,过筛,上笼蒸熟。

(2)蒸熟的粉料加少许的香油、青梅丁、松子仁(焐油后切碎)、核桃仁(开水烫后去衣,焐油后切碎)揉匀即可。

(3)将粉团擀成长方块,低温静置4h后,切成所需要的块状装盘。

**4. 风味特点**

色泽浅白,口味甜润,口感软糯。

## 三十六、糯米椰蓉粉团

**1. 原料配方**

糯米粉225g,大米粉150g,椰蓉15g。

**2. 制作工具与设备**

案板,模具,模具,蒸笼。

**3. 制作方法**

(1)将糯米粉、大米粉搅拌均匀后,分次加入适量的开水烫制,淋冷水揉成团。

(2)切剂,揉成团(手上可适量地粘一些水揉),按扁包入椰蓉收口,搓圆。

(3)滚粘上糯米(糯米用冷水泡透后,去掉冷水,用开水烫,烫完后,开水倒掉),然后上笼蒸10min。

**4. 风味特点**

色泽浅白,甜润软糯,具有椰蓉的清香。

## 三十七、双馅团

**1. 原料配方**

糯米粉150g,大米粉100g,水150g,黑芝麻35g,糖50g,豆沙50g。

**2. 制作工具与设备**

案板,模具,筛子,蒸笼。

**3. 制作方法**

(1)黑芝麻用小火炒熟,压碎,按1:3的比例加入白糖搅拌均匀,成芝麻糖馅心。

(2)糯米粉、大米粉搅拌均匀后,分次加入水150g,揉搓均匀,过筛。

(3)上笼蒸熟后,加油和少许冷开水,揉光、揉匀,下剂,按成中间厚的圆皮,包入豆沙馅心后收口,按扁。

(4)按成中间厚边上薄的圆皮,包上芝麻馅心,收口后揉圆即可。

**4. 风味特点**

色泽浅白,甜润软糯,具有豆沙和芝麻的香味。

## 三十八、炸麻花

**1. 原料配方**

面粉1000g,干酵母12g,泡打粉12g,白糖300g,油100g,水450~500g。

**2. 制作工具与设备**

案板,模具,油炸炉。

**3. 制作方法**

(1)将干面粉倒在案板上加入干酵母、泡打粉拌合均匀,扒个凹塘。

(2)将水、糖,放入盆内顺一个方向搅拌,待糖全部溶化后放入豆油,再搅拌均匀,倒入面凹塘内快速掺合在一起,揉成面团,稍饧,反复揉三遍(饧 10min 揉一遍)最后刷油,以免干皮。

(3)待面发起,搓长条,摘成等量小剂,刷油稍醒即可搓麻花。

(4)先取一个小剂搓匀,然后一手按住一头一手上劲,上满劲后,两头一合形成单麻花形,一手按住有环的一头一手接着上劲,劲满后一头插入环中,形成麻花生坯。

(5)油炸炉内放油,烧至 170℃时,将麻花生坯放入,炸至沸起后,翻个炸成棕红色出锅即成。

**4. 风味特点**

色泽棕红,口感酥脆,味甜香浓。

## 三十九、姜堰酥饼

**1. 原料配方**

特制二等面粉 500g,熟火腿丁 50g,熟笋丁 75g,熟鸡脯丁 35g,虾仁 25g,香葱 15g,味精 1g,精盐 3g,白糖 10g,姜汁 5g,白酒 10g,熟猪油 1000g。

**2. 制作工具与设备**

案板,模具,擀面杖,刮刀,油炸炉。

**3. 制作方法**

(1)将熟火腿丁、熟笋丁、熟鸡脯丁、虾仁、香葱、味精、精盐、白糖、姜汁、白酒、熟猪油等制成馅。

(2)面粉加熟猪油和热水和成面团,揉匀。

(3)另取面粉,加熟猪油拌成油酥面搓圆。

(4)将面团拍扁,包上油酥,收口朝上。

(5)然后擀制成两块等大的圆片,取一片放上馅心,刮平,再将另一片对齐合上,周边压实制成饼坯。

(6)将饼坯放入油炸炉,用熟猪油以170℃炸至金黄色即成。

**4. 风味特点**

圆凸金黄,旋纹美观,酥脆爽口。

## 四十、青团

**1. 原料配方**

糯米粉500g,豆沙馅心400g,青汁200g(麦青或青菜汁),香油100g。

**2. 制作工具与设备**

案板,湿布,蒸笼。

**3. 制作方法**

(1)糯米粉加少许开水拌和,再掺加青汁,反复揉搓至粉团光滑,软硬适中,色彩均匀后,搓成长条,摘成剂子(大小自定)。

(2)成型。每剂包入豆沙馅,捏拢收口,搓成球状,即成青团生坯。

(3)成熟。蒸笼内垫湿布,生坯放入,旺火、沸水蒸约15min,熟后取出在青团上涂些香油即可装盘食用。

**4. 风味特点**

色泽翠绿,口感软糯。

# 第八章　广式糕点

## 一、鸡仔饼

广州名饼鸡仔饼，原名“小凤饼”，据说是清咸丰年间广州西关姓伍的富家有一名叫小凤的女工所创制，其成为名饼却在半个世纪之后，广州河南成珠茶楼因中秋月饼滞销，制饼师傅急中生智，把制月饼的原料按小凤饼的方法制作，并大胆地用搓烂的月饼和猪肉、菜心混合为馅料，再调以南乳、蒜茸、胡椒粉、五香粉和盐，制作出甜中带咸、甘香酥脆的新品种“成珠小凤饼”来，因其异味香脆而受到顾客青睐。小凤饼形状像雏鸡，故又称鸡仔饼。

### 1. 原料配方

面粉250g，花生仁5g，葵花子5g，白芝麻5g，核桃仁5g，冰肉10g，蛋黄1个，山羊糕粉15g，碱水5g，清水50g，白糖50g，糖稀200g，麦芽糖50g，胡椒粉5g，盐5g，色拉油50g。

注：冰肉是将肥肉用大量的白糖与适量的烧酒拌匀，腌数天制成，因肥肉熟后呈半透明状而得名。

### 2. 制作工具与设备

案板，模具，擀面杖，碗，烤箱。

### 3. 制作方法

（1）花生仁炒香切碎，白芝麻入锅炒香，葵花子、核桃仁切碎放入碗中。

（2）再加入白芝麻、山羊糕粉、花生碎、冰肉、胡椒粉、盐，拌匀，备用。

（3）面粉放入碗中，加入白糖、糖稀、麦芽糖、色拉油、碱水、清水，揉匀，备用。

（4）揉成光滑的面团，搓成条，摘成40g一个的面剂。

(5)擀薄,放入馅料,对折起来,捏紧剂口,放入鸡仔饼模型中,用手压实,然后将模印轻轻敲打,鸡仔饼即脱模而出,表面刷上一层蛋黄液。

(6)放入烤箱中,用上220℃、下200℃的炉温烤15min左右即可。

**4. 风味特点**

色泽金黄,口味清爽,咸中带甜,口感酥脆。

## 二、杏仁饼

杏仁饼是从绿豆饼发展而来的,主要原料是绿豆粉,只因外观像杏仁,所以才叫杏仁饼。

清光绪末年间,香山县(现中山市)有一书香世家,家道日落,经济日紧。时值其母寿辰,正为招待亲友的开支发愁,其家的婢女名潘雁湘,生性聪明、好学、平时练得一手制糕点的好手艺,她采用绿豆粉、用糖腌制过肥猪肉片,精心制作了绿豆夹肉饼,敬奉给老夫人,饼入口甘香松化,嚼之,肥而不腻,有杏香,贺寿者共食,赞声不绝。后来,食者提笔写了一幅字:"齿颊留香"。从此,绿豆饼便出了名,并改名为"杏仁饼"。

**1. 原料配方**

绿豆粉350g,糖粉200g,植物油(或酥油)150g,水50g,肉片100g,烤香的杏仁碎50g。

**2. 制作工具与设备**

案板,模具,木棍,烤盘,烤箱。

**3. 制作方法**

(1)肥肉片用砂糖和少许酒腌制一夜,使用前先用水烫熟沥干。

(2)绿豆粉、糖粉和油先拌匀,再加入水拌至无粉粒便是饼料,同时将杏仁粒加入拌匀便是杏仁饼料。

(3)饼模内先填入一半的粉料,放入肉,再填入另一半粉料,刮去多余的粉料,并用手心压实,用木棍轻敲几下,把饼小心倒出饼模。

(4)接着将杏仁饼放在烤盘上(用烤架效果更佳),用150℃烤约25min即可。

**4. 风味特点**

色泽金黄，入口甘香松化，肥而不腻。

## 三、盲公饼

**1. 原料配方**

绿豆粉350g，大米粉200g，熟糯米粉150g，花生仁150g，芝麻75g，肥肉120g。

**2. 制作工具与设备**

案板，模具，烤箱，筛子。

**3. 制作方法**

（1）冰肉制法。将肥肉切成条状煮熟，放入冷水内5min，取出晾干，用白砂糖腌制1个星期。腌制过程中发现湿糖，要及时换糖。用时切成小薄片。

（2）将炒熟的花生仁和芝麻磨成粉末。

（3）将绿豆粉、大米粉、熟糯米粉，放在案板上拌匀，拨成圆圈，将熟猪油、糖粉放入，加清水搅拌溶化，再加入芝麻、花生粉末，拌匀后把绿豆粉、米粉徐徐拨入搓成粉团。

（4）取粉团搓成小圆粒，用手掌轻轻压扁，放入饼模内，加一块冰肉在中央，然后把模四周的粉料合拢包着冰肉，再压平，取出放置在筛子上。

（5）50℃温度烘40min左右，加温至70℃烘到饼的表面呈黄色，发出芳香气味，便可取出。

**4. 风味特点**

色泽金黄，麻香浓郁，甜而不腻，造型美观。

## 四、阳江炒米饼

**1. 原料配方**

大米粉350g，熟绿豆粉150g，猪油150g，白砂糖300g，花生粉150g，椰蓉120g。

**2. 制作工具与设备**

炒锅,案板,模具,烤箱。

**3. 制作方法**

(1)将大米粉放入炒锅,炒香炒散。

(2)与熟绿豆粉、猪油、白砂糖、花生粉等一起拌匀搅透,搓成条,摘剂,按压成皮。

(3)包入椰蓉等馅心,填进雕刻着花纹图案的木模夯实后取出。

(4)放入烤箱以180℃,烤制8min即可。

**4. 风味特点**

色泽微黄,口感甜而不腻,入口酥香。

## 五、西樵大饼

**1. 原料配方**

面粉500g,白砂糖350g,猪油50g,鲜酵母3g,食粉0.25g,碱水适量。

**2. 制作工具与设备**

案板,模具,饼盘,烤箱。

**3. 制作方法**

(1)先把面粉350g,清水200g,鲜酵母3g混合,待发起后加入白糖350g成为面种,发酵1~2天才使用,最后在面种中加入面粉150g、猪油、食粉、碱水搅匀,成为面团。

(2)将面团搓成扁圆形,放入已撒上面粉的饼盘内,再在饼面上撒上面粉,入炉用180℃烘烤10min。

**4. 风味特点**

色泽雪白,入口绵软香滑。

## 六、光酥饼

**1. 原料配方**

精面500g,白糖250g,臭粉20g,小苏打5g,泡打粉15g,发泡剂5g,水150g。

**2. 制作工具与设备**

筛子,案板,模具,烤箱。

**3. 制作方法**

(1)面粉和泡打粉混合过筛开窝,白糖加水煮溶冷却。小苏打、臭粉和发泡剂放进窝里,倒进糖液擦匀至起泡,调成面团。

(2)用擀面杖擀成薄片(用压面机滚压成薄片更佳),摆平于案上,用圆筒模盖出饼坯,放进烤盘,表面上撒上白糖。

(3)入炉烤制10min。炉温要求在150℃至160℃之间,烤饼时中途不能打开炉门。

**4. 风味特点**

膨松洁白,口味微甜,口感酥脆。

## 七、芝麻饼

**1. 原料配方**

熟面粉2300g,白砂糖1000g,饴糖300g,猪油400g,白芝麻1500g,小苏打5g,白糖粉150g、籼米粉(防粘用)50g。

**2. 制作工具与设备**

筛子,案板,模具,擀面杖,烤盘,铁皮箱,烤箱。

**3. 制作方法**

(1)碎粉。先将熟面粉压细筛匀。另将籼米粉与糖粉拌匀过筛。

(2)制坯。熟面粉放在案板上,使成盆形。将小苏打、熟猪油放在其中,另将砂糖加水烧成糖浆倒入,乘热搅拌均匀。待冷却后用擀面杖压成薄面皮。再用空心圆形马口铁皮模子擀成银元形的生坯,筛去浮粉。

(3)上麻。将芝麻放在筛子里,适当拌湿,倒入饼坯,将筛子拉动。待生坯两面粘满芝麻时筛去芝麻浮屑。

(4)烘焙。将生坯依次排在烤盘中,进炉烘焙,炉温为150~200℃。

(5)保藏。须用铁皮箱密封,防止回潮。

**4. 风味特点**

色泽金黄，香甜松脆，饼薄、芝麻足、天然香味浓郁。

## 八、巧克力松饼

**1. 原料配方**

低筋面粉120g，可可粉20g，泡打粉4g，鸡蛋2个，细砂糖140g，蜂蜜20g，牛奶40g，无盐黄油120g。

**2. 制作工具与设备**

筛子，案板，打蛋器，模具，烤盘，烤箱。

**3. 制作方法**

(1)将低筋面粉、泡打粉、可可粉混合过筛。

(2)将无盐黄油放入碗中用热水融化。

(3)将烤箱预热至190℃。

(4)将鸡蛋打入碗中，用打蛋器打散

(5)在鸡蛋中加入细砂糖，充分拌匀。

(6)加入蜂蜜、牛奶拌匀，加入黄油拌匀。

(7)加入低筋面粉、泡打粉、可可粉等拌匀。

(8)倒入模具中，入烤箱，190℃，烤制20～25min。

(9)出炉放凉后，撒上糖粉。

**4. 风味特点**

色泽金黄，口味微甜，口感膨松。

## 九、椰蓉饼

**1. 原料配方**

高筋面粉300g，椰蓉80g，黄油50g，牛奶各50g，白砂糖30g，面包糠15g，酵母5g，精盐2g，鸡蛋2个。

**2. 制作工具与设备**

筛子，案板，擀面杖，打蛋器，烤盘，烤箱。

**3. 制作方法**

(1)黄油在室温下放软，加入白砂糖、精盐搅拌均匀，慢慢倒入蛋液，并不停地搅拌，再加入椰蓉和牛奶搅拌均匀制成馅料。

（2）面粉内加入酵母水和成面团，放于温暖处静置，使其发酵。

（3）将发酵好的面团切成均等的大剂，擀成薄片，包入馅料卷成卷，撒上面包糠。

（4）放入温度为200℃的烤箱中烤约15min即成。

**4. 风味特点**

色泽金黄，口感松软，具有椰蓉的清香。

## 十、牛舌饼

**1. 原料配方**

面粉2500g，酵面500g，食碱15g，芝麻酱50g，精盐50g，油50g，花椒粉1g。

**2. 制作工具与设备**

筛子，案板，擀面杖，饼铛。

**3. 制作方法**

（1）盆内加面粉、酵面、清水、食碱和成半发面团，略饧。

（2）面团揉匀后摘成约100g一个的面剂，逐个擀成长面片，抹上油、精盐和少量芝麻酱、花椒粉，卷成筒状，两头捏紧，封好边，再擀成长圆形，即成牛舌饼生坯。

（3）饼铛上火，将牛舌饼坯放入，待两面烙至微黄，再放入铛下的火道中烤熟。

**4. 风味特点**

色泽焦黄，暄软咸香。

## 十一、咸饼

**1. 原料配方**

低筋面粉270g，盐3g，水150g，小苏打2g，酵母3g，蛋50g。

**2. 制作工具与设备**

擀面杖，筛子，案板，烤箱。

**3. 制作方法**

(1)面粉,小苏打粉过筛,将盐置入。

(2)酵母先溶于水,倒入(1)中,奶油隔水融化后稍置冷却后加入,揉成光滑面团。

(3)将面团擀成0.2cm的薄片,用模型压出造型,放在烤盘上,用叉子刺洞,表面刷上蛋液,撒上少许盐和芝麻,静置5~10min。

(4)放入预热过的烤箱,以185~190℃中上层烤约10~12min至上色,出炉放凉即可。

**4. 风味特点**

色泽金黄,口感酥脆,口味微咸。

## 十二、绿豆饼

**1. 原料配方**

特制一等面粉850g,绿豆1600g,熟猪油425g,白糖1280g。

**2. 制作工具与设备**

擀面杖,筛子,案板,烤盘,淘箩,大盆,烤箱。

**3. 制作方法**

(1)将绿豆除去杂质,浸水4h,捞起放入锅中,加入5000g水,先用旺火烧沸,后用小火煮约1h,盛入淘箩,下置大盆,用手揉擦绿豆。边擦边放水,搓去豆壳流出细豆沙。水细沙静置盆中后撇去上面清水,将细沙倒入纱布袋,再放入水中,洗出细豆沙,沉淀后,撇去上面清水,将细豆沙倒入布袋扎紧,挤干水分。

(2)炒锅置小火上,倒入细豆沙,加入1250g白糖,焙干盛入盆中成馅心。

(3)取过筛的面粉500g放在案板上,开窝,将30g白糖溶入150g清水,倒入面粉中,搓成团,再放入250g熟猪油搅匀,搓至面团光滑起筋,成水油皮。

(4)取过筛面粉350g放案板上,开窝,放入175g熟猪油搓匀,搓至面团纯滑起筋,成酥心。

(5)将水油皮搓成条,摘成25块面剂,将酥心也分为25块,每块水油皮包入酥心一份,压扁,擀成长条,再卷成圆筒形,每筒揪成两块,压扁后各包入绿豆沙25g,做成直径为6cm的扁圆形生坯。

(6)烧盘扫油,将绿豆饼生坯面向烧盘,收口向上,摆入烤盘,入炉用中火烤至金黄色时,取出烤盘,逐个将绿豆饼翻身,再入炉,稍烧至底部上色即可。

**4. 风味特点**

色泽金黄,酥皮清晰,入口即融、馅心冰甜。

## 十三、芝麻喜饼

**1. 原料配方**

皮料:中筋面粉200g,绵白糖20g,猪油80g,奶粉5g,水80g。

馅料:肥猪肉120g,冬瓜糖150g,橘饼40g,猪油50g,烤熟白芝麻30g,椰子粉35g,咸蛋黄6个,麦芽糖50g,糯米粉120g,绵白糖100g,蒜蓉20g。

表面装饰料:烤熟白芝麻60g左右。

**2. 制作工具与设备**

搅拌机,筛子,案板,刀,刷子,烤箱。

**3. 制作方法**

(1)将外皮材料放搅拌机内搅拌,30min后拿出,松弛30min左右。

(2)冰肉的做法。肥肉切丁用开水余烫后沥干水,用3大匙白糖、白兰地酒(最好是玫瑰露酒)搅拌均匀,冷藏一周后取出用水冲净。用白糖腌制的肉称冰肉,而这样用酒和糖腌制后的肥肉味道更香。

(3)芝麻和椰子粉分别用炒锅炒香炒黄。

(4)咸蛋黄喷些黄酒用烤箱烤熟后切丁;同时,橘饼和冬瓜糖用热水泡软后切丁。

(5)麦芽糖、糯米粉拌匀后再依次加入冰肉丁、芝麻椰子粉、咸蛋黄丁、橘饼丁和冬瓜糖丁搅拌均匀。

(6)面皮和馅各分成四份,包好后,一面刷上水,沾上芝麻。

(7)烤箱预热180℃烤12min后翻面,再续烤12~15min即可。

**4. 风味特点**

色泽金黄,口味甜香,酥脆可口。

## 十四、桂花饼

**1. 原料配方**

面粉720g,酥油120g,核桃仁60g,酵母15g,白砂糖180g,桂花6g,食碱1g,香油50g,花生油100g。

**2. 制作工具与设备**

面盆,筛子,案板,擀面杖,烤盘,刷子,烤箱。

**3. 制作方法**

(1)将120g面粉干炒成熟面粉备用。

(2)同时将另外的面粉放入盆内,放入酵母、水,和成较硬的面团,饧发,备用。

(3)将饧发好的酵面放在案板上,放入食碱,中和酸味,揉匀揉透,备用。

(4)将熟干面放入盆内,加入糖、桂花、香油、核桃仁拌匀,即成馅料。

(5)将面团擀成长方形薄片,抹一层熟酥油,卷成卷,搓成长条,分成大小均匀的面剂,将面剂按扁后,包入馅料,收口按扁,放入烤盘。

(6)将烤盘上的饼刷一层花生油,放入烘炉,用中火烤,炉温200~220℃,烤约8min,至饼面呈金黄色,即可食用。

**4. 风味特点**

色泽金黄,外酥内松,口味甜香。

## 十五、蛋黄桂花饼

**1. 原料配方**

面粉450g,冻猪油195g,清水125g,绵白糖250g,葵花子125g,冬瓜糖50g,青红丝12.5g,熟面100g,桂花糖50g,鸡蛋黄2个。

**2. 制作工具与设备**

面盆，筛子，案板，擀面杖或酥槌，烤箱。

**3. 制作方法**

(1)皮面。取面粉250g过筛，倒在案上开窝，加入冻猪油60g、清水125g，混合擦匀后，再掺入面粉擦匀擦透，摔至光滑，稍饧待用。

(2)酥心。将面粉200g过筛，倒在案上开窝，加入冻猪油110g，掺入面粉。擦匀擦透放一旁待用。

(3)馅心。将绵白糖、冬瓜糖(切成碎粒)、青红丝(洗去浮色)、葵花子(挑去杂质)、桂花糖(用开水泡一下)、熟面一起拌匀，最后加入猪油拌匀即行。

(4)成型。将皮面放在案上，用手揌成中间稍厚的圆片，包入酥心面团成大圆球形，放在案上轻轻揌扁，用擀面杖或酥槌擀成长方形薄片，将两端无酥处切下，放在面片的面上，再擀薄卷成圆卷。于圆卷的合缝处轻轻揌扁揪剂(剂个头大小按需要定)，包入桂花糖馅成圆球形，用手轻巧地将圆球揌成饼。

(5)放在烤盘里，刷抹蛋黄液，入炉用180～200℃的炉温烤20min左右，饼身稍硬即熟。

**4. 风味特点**

色呈金黄，桂花香浓，外酥内松。

## 十六、口酥饼

**1. 原料配方**

猪油115g，绵白糖100g，盐2g，蛋液30g，臭粉3g，小苏打3g，碎花生仁60g，低筋面粉200g。

**2. 制作工具与设备**

面盆，保鲜袋，筛子，案板，烤箱。

**3. 制作方法**

(1)猪油、绵白糖和盐放入钢盆中搅打至呈乳白色，加入蛋液搅打均匀，再加入臭粉和小苏打拌匀为蛋糊。

(2)将低筋面粉过筛于案上，筑成粉墙，加入拌匀的蛋糊中，加入碎花生揉匀成面团,盖上保鲜袋,松弛20~30min再分割成4份。

(3)将每份面团搓成厚度1.5cm的小圆饼,排于烤盘中,放入烤箱,以175℃炉温烤20~25min至表面金黄即可。

**4. 风味特点**

色泽金黄,口味香甜,口感酥脆。

## 十七、莲蓉饼

**1. 原料配方**

莲蓉75g,澄粉面团100g。

**2. 制作工具与设备**

面盆,模具,案板,蒸笼。

**3. 制作方法**

(1)面团揉匀,摘成20g一个的小剂子,用两手拇指将面剂按压至中间呈窝状。

(2)取15g莲蓉馅料放入面窝中央。

(3)用左手托住面剂,右手将将面剂边缘捏起。

(4)放入饼模中,用手按平,按至饼面平整、光滑,将饼模口朝下倒出饼坯。

(5)放入蒸笼中,用旺火蒸4min即可。

**4. 风味特点**

色泽浅白透明,口感软糯,莲香突出。

## 十八、德庆酥

德庆酥是广式名点,原产于广东省德清县,是在桃酥中添加芝麻、花生等原料制成。

**1. 原料配方**

熟面粉350g,猪油120g,白糖粉400g,鸡蛋60g,熟芝麻35g,熟花生50g,小苏打2g,泡打粉4g。

**2. 制作工具与设备**

擀面杖,模具,案板,烤盘,烤箱。

**3. 制作方法**

(1)将熟花生去皮,与熟芝麻用擀面杖研成碎屑。

(2)将碎屑掺入面粉拌和过筛,倒在台上中间开塘,在塘中加入糖粉、鲜蛋、猪油、小苏打、泡打粉和适量的水,用手将各料搅匀捏成较松散的面团。面团不宜过干或过湿,若过干了,粉粒间黏结力弱,烘焙时不能包裹住疏松剂释放的气体,成品僵小而难于成形;如过湿了,坯料与模板要黏结,在烘焙时易变形,也难以保持成品的表面光洁与花纹清晰。

(3)将适量面团放入模具,压紧,刮平,脱模。

(4)烘烤炉温应当保持150℃,待表面凸起、呈金黄色即可出炉。

**4. 风味特点**

色泽淡黄,松酥甘香。

## 十九、千层酥

**1. 原料配方**

特制一等面粉500g,猪油175g,白糖150g,水130g,香油15g,红绿丝15g。

**2. 制作工具与设备**

面盆,擀面杖,案板,刀,油锅。

**3. 制作方法**

(1)先将200g特制一等面粉加猪油100g拌均,制成酥面备用。再把300g特制一等面粉倒入盆内,加75g猪油用手搓开,再倒入冷水和硬扎软,制成皮面备用。

(2)将皮面与酥面上案,各揪成10个剂子,然后逐个用皮面剂包入酥面剂,用小擀面杖擀成30cm长,6cm宽的薄片(越薄越好),然后用刀在面片中间顺长划成两半,面上抹匀香油,逐个在手指上盘卷成圆形,然后再将露酥的一端翻出,下温油锅炸7~8min捞出撒上白糖,中间撒一点红绿丝即成。

**4. 风味特点**

色泽金黄,酥层清晰,口感酥脆、香浓甜美。

## 二十、如意酥

### 1. 原料配方

面粉 600g,猪油 250g,澄沙馅 250g,白糖 350g,蛋液 50g。

### 2. 制作工具与设备

面盆,擀面杖,刷子,刀,盘,案板,油炸炉。

### 3. 制作方法

(1)取面粉 300g 倒在案板上,加 150g 猪油拌匀,拌成干油酥。

(2)把剩余面粉 300g 倒在案板上,扒个坑,加 100g 猪油、200g 温水和成水油酥,揉匀,饧 10min。

(3)把干油酥包入水油酥内,稍按。用擀面杖擀成长方形薄片,稍刷些水,在上面均匀地铺上澄沙馅。然后从上、下两端向中间对卷成双筒状。靠拢后,把空隙用蛋清粘住,用刀横切成 1.7cm 长的小段。

(4)待油烧至 150℃热时,将生坯用漏勺托着放入油炸炉内炸制。待酥浮出油面,熟后托出;沥干油,放入盘内。

(5)在油勺放入 250g 白糖和少许水,在火上熬制糖浆,待熬到拔丝火候时,均匀地倒在炸好的酥段上,再撒上少许白糖即成。

### 4. 风味特点

色泽金黄,甜香酥脆。

## 二十一、莲蓉酥

### 1. 原料配方

皮料:高筋面粉 75g,低筋面粉 1235g,绵白糖 45g,常温下猪油 55g,水 65g。

酥料:低筋面粉 180g,常温下猪油 90g。

馅料:莲蓉馅 1000g。

### 2. 制作工具与设备

面盆,擀面杖,案板,保鲜膜,烤盘,烤箱。

**3. 制作方法**

(1)高筋面粉、低筋面粉、绵白糖、常温下猪油、水拌匀,揉成表面光滑不粘手的面团(即为水油皮)。

(2)低筋面粉、常温下猪油拌匀,揉成面团,分割成 16 等份(即为油酥)。

(3)将做法(1)的水油皮以保鲜膜裹覆,静至松弛 20min。

(4)将松弛好的油皮面团分割成 16 等份,压扁后将分好的油酥面团包起来,捏紧接口,即成油酥皮。

(5)将油酥皮用擀面杖擀长,然后卷起来,再往长的方向擀,仍然擀长,再卷起来. 如此,将所有的油酥皮擀完,覆盖保鲜膜,再静置松弛 20min。

(6)将做法(5)中松弛好的油酥皮全部擀成圆片,包入馅料收口后压扁成饼状,放入烤盘。

(7)表层喷淋上适量清水,放入已预热至 200℃ 的烤箱内,烤约 20min,至表面上色即可。

**4. 风味特点**

色泽金黄,外酥内松,口味香甜,具有莲蓉的清香。

## 二十二、椰蓉酥

**1. 原料配方**

低筋面粉 90g,椰蓉 80g,黄油 70g,糖粉 50g,鸡蛋 1 个,泡打粉 2g。

**2. 制作工具与设备**

面盆,擀面杖,案板,油纸,烤盘,烤箱。

**3. 制作方法**

(1)室温软化后的黄油加泡打粉及糖粉一起打发。

(2)过筛后的低筋面粉加入后拌匀。

(3)将椰蓉加入拌匀后加入打散的蛋液。

(4)和好的面团静置 20min 后分成若干等份。

(5)搓圆后压扁放在铺了油纸的烤盘上。

(6)烤箱预热至180℃,中层烘烤8min左右。

**4. 风味特点**

色泽金黄,口感酥脆,具有黄油的香味。

## 二十三、佛手酥

**1. 原料配方**

面粉500g,豆沙馅500g,猪油200g,白糖25g,蛋液75g。

**2. 制作工具与设备**

面盆,擀面杖,案板,烤盘,烤箱。

**3. 制作方法**

(1)用一半面粉、猪油、水和成水油皮。

(2)用另一半面粉、猪油和成酥油面。

(3)用大包酥油法擀成长方形,卷成筒状,揪成小剂,包上豆沙馅,捏成鸡蛋形,将坯子大的一头按扁,用刀切出五个手指状,并将其中四个手指弯回,留下一个,制成佛手状。

(4)将坯子中间略向回收拢,捏成手形,刷上蛋液,最后在手掌上点一个红点。

(5)入烤箱烘烤,上温200℃,下温180℃,烤至表面起硬壳,呈淡黄色即好。

**4. 风味特点**

色泽金黄,口感酥脆,造型美观。

## 二十四、菊花酥

**1. 原料配方**

面粉350g,鸡蛋2个,草莓果酱150g,吉士粉25g,白糖35g,盐2g。

**2. 制作工具与设备**

面盆,擀面杖,案板,盘,油炸炉。

**3. 制作方法**

(1)鸡蛋、面粉、吉士粉加少许盐一起揉成面团。

(2)将面团擀成饺子皮,折成扇形,用刀切成丝。

(3)将切好的鸡蛋面丝用筷子夹住下油锅炸成淡黄色的菊花形放在盘子里。

(4)菊花酥整体撒上一些白糖,中心部点上草莓酱即可。

**4. 风味特点**

造型美观,口感香酥,色泽艳丽。

## 二十五、腰果酥

**1. 原料配方**

低筋面粉 250g,泡打粉 2g,腰果适量,鸡蛋 1 个,苏打 2g,食盐 2g,植物油 110g,糖粉 110g。

**2. 制作工具与设备**

面盆,擀面杖,案板,烤盘,烤箱。

**3. 制作方法**

(1)糖粉和植物油搅拌混合。

(2)鸡蛋打成鸡蛋液,取 2/3 的鸡蛋液与做法(1)混合,搅拌成稠状。

(3)将所有粉类和盐过筛后,再加入做法(2)中,搅拌成面团。

(4)取面团 25g,用手揉成圆球状后,放入烤盘上,用手轻压面团表面。

(5)嵌入腰果,再把剩下的 1/3 的鸡蛋液扫在半成品的表面。

(6)烤箱 180℃ 预热 10min 后,将做好的半成品放进烤箱,以 180℃,烤 20min 左右至表面金黄色,取出。

**4. 风味特点**

色泽金黄,口感酥松,口味香浓。

## 二十六、莲蓉甘露酥

**1. 原料配方**

面粉 500g,白糖粉 150g,白砂糖 150g,鲜蛋 100g,猪油 220g,臭粉 0.1g,糖浆 50g,清水 250～400g,莲蓉馅 500g。

**2. 制作工具与设备**

擀面杖,案板,烤盘,烤箱。

**3. 制作方法**

(1)先将面粉过筛,放在案板上围成圈,中间放入清水、臭粉、白砂糖、白糖粉、糖浆、猪油混合后,然后拌入面粉和匀,即成甘露酥皮。

(2)以甘露酥皮包莲蓉馅,皮与馅的比例为2∶1,包成圆形,放进饼盘,扫第一次蛋浆。

(3)待干后再扫第二次蛋浆后入烤箱,用180℃,烤至金黄色,饼呈山形,有裂纹,即成莲蓉甘露酥。

**4. 风味特点**

色泽金黄,油润香滑,松化可口,具有莲蓉香味。

## 二十七、淋糖擘酥

**1. 原料配方**

皮料:面粉1000g,鲜蛋500g,香兰素1.5g,清水约450g,柠檬黄0.005g。

酥料:面粉500g,板油1.5g。

馅料:椰蓉150g,炼奶100g,白糖粉300g。

淋面料:白糖粉250g。

**2. 制作工具与设备**

擀面杖,案板,冰箱,刀或牙边镂,刷子,烤盘,烤箱。

**3. 制作方法**

(1)水油面的调制。将面粉过筛,置于案板上围面圈,中间放入蛋(留些扫面用)、香兰素、柠檬黄、清水(约250g),混合后拌入面粉,搓至起筋纯滑不粘手,放入冰箱冻成硬块(约2h)。

(2)酥心的调制。将面粉与板油一齐搓至均匀,放进冰箱冻1h左右。

(3)馅料的调制。将椰蓉、炼奶、白砂糖充分混合即成馅料。

(4)糖粉条的调制。将白糖粉放进15g的沸水中,将其搅稠备用。

(5)成型与烘烤。将已冻硬的水油面皮、酥心分别用擀面杖擀成薄块,将酥心包皮后擀成长方形薄块,折三折,再擀成长方形,如此反复三次,再将两端向中间折入,然后放进冰箱冻 1 ~ 2h,取出用擀面杖擀成约 5cm 厚的长形薄块,用刀切成方形,或用圆形牙边镂镂边,折成三角形,包入馅料,刷上蛋浆。

(6)入炉用中火(炉温 150 ~ 160℃)烤至金黄色,出炉冷却后,在擘酥面撒上糖粉条即成。

**4. 风味特点**

色泽金黄,皮层飞酥,入口甘香,椰香味浓。

## 二十八、蛋酥

**1. 原料配方**

鸡蛋 1 个,糖 25g。

**2. 制作工具与设备**

电动打蛋器,案板,锡纸,烤盘,烤箱。

**3. 制作方法**

(1)鸡蛋用电动打蛋器低速搅打 3min。

(2)分次放入 25g 糖,用电动打蛋器低速档和高速档间隔打,直到沾在打蛋器上蛋液不容易落下。

(3)打好的蛋液用小勺摊在铺了锡纸的烤盘上,一个一个排好。

(4)烤箱预热至 160℃,烤盘入烤箱,烤 10min。

**4. 风味特点**

色泽浅褐,口感松酥,口味微甜。

## 二十九、一口酥

**1. 原料配方**

面粉 1800g,熟面粉 850g,白糖 650g,猪油 800g,芝麻 300g,鲜葱 250g,花椒粉 10g,味精 2g,食盐 2g。

**2. 制作工具与设备**

案板,擀面杖,烤盘,烤箱。

**3. 制作方法**

(1)调制水油面。用1500g面粉和350g猪油,调制成面团。调面团时,用少量的开水调成较硬的面团,然后多次加冷水,使成软硬合适、滋润细腻的面团,备用。

(2)制酥心。将猪油、面粉,混合搅拌擦匀成酥心。

(3)制馅心。先将鲜葱洗净,剁细;将芝麻300g炒熟去壳,制成芝麻圆子(用猪油和饴糖拌合,加白糖、熟粉搅拌而成);将花椒制成花椒面。然后用蒸熟的面粉、白糖、猪油、食盐、味精和已处理好的鲜葱、芝麻圆子、花椒面搅拌成馅心。

(4)包馅。采用大包酥擀皮吃酥。将水油面扯成4g重的小块,包进制好的酥心料4g,捏成小球形。

(5)烘烤。将生坯置于烤盘中,进炉烘烤,炉温掌握在160℃左右,烤5~8min成熟出炉。

**4. 风味特点**

色泽浅黄,小圆球形,酥松油润,甜咸适口,具有鲜葱、椒盐和芝麻香味。

## 三十、玫瑰海参酥

**1. 原料配方**

面粉300g,玫瑰花100g,鸡蛋100g,白砂糖150g,猪油(炼制)50g,泡打粉适量。

**2. 制作工具与设备**

擀面杖,案板,烤盘,烤箱。

**3. 制作方法**

(1)将面粉过筛后放在案板上,中间挖成坑状。

(2)坑内放入鸡蛋、白糖、猪油、泡打粉及少许清水和成面团。

(3)将面团出条下剂子,用擀面杖擀压成皮,逐个包入玫瑰心馅,做成海参形,再刷上蛋浆。

(4)放入盘内,以180℃,烤制成熟即成。

**4. 风味特点**

色泽金黄，外酥内软，口味微甜，且玫瑰香味浓郁。

## 三十一、香妃酥

**1. 原料配方**

皮料：中筋面粉120g，猪油35g，水45g，绵白糖（糖粉）10g。

酥料：低筋面粉80g，猪油40g。

馅料：低筋面粉50g，糖粉40g，黄油30g，椰蓉45g，盐1g，蛋30g。

装饰料：椰蓉30g。

**2. 制作工具与设备**

擀面杖，案板，保鲜膜，面筛，刷子，烤盘，烤箱。

**3. 制作方法**

（1）油皮。中筋面粉过筛和白糖拌匀，加入35g猪油和45g水，和成油皮面团，覆保鲜膜松弛10min。

（2）酥皮。低筋粉过筛，加入40g猪油，擦成酥皮面团，覆保鲜膜松弛5min。

（3）开酥。将油皮面团揉透，酥皮面团擦匀，分别以油皮：酥皮为5∶3的比例下剂。

（4）油皮擀开包入酥皮，收口处捏紧，且收口朝上，顺势擀成椭圆形，由一端开始卷成卷状，覆保鲜膜松弛10min。

（5）顺势略压扁，再擀开成椭圆形，从上向下卷起（此步卷起的卷状会比第一次短、胖），收口朝下、覆保鲜膜松弛10min。

（6）制馅。黄油软化后加过筛的糖粉，搅打油、糖相融后分两次加蛋液（留少许蛋清刷表皮），至油、蛋、糖完全相融，加入45g的椰蓉、盐、低筋面粉拌匀，分成10个内馅，搓圆备用。

（7）将松弛好的饼皮两端往中间压扁，层次面朝上。先由中间向上、下，其次左右擀成皮包馅，收口捏紧，收口朝下整理成圆形、覆保鲜膜松弛15min。

（8）略压扁擀成椭圆形，互相交叠3折为枕头形，收口朝下，摆于烤盘中，松弛20min。

(9)表面刷蛋清或清水,沾满椰蓉,入烤箱中层180℃,烤制25min。

**4.风味特点**

色泽金黄,口味甜香,口感酥脆。

## 三十二、鲍鱼酥

**1.原料配方**

面粉500g,鲍鱼粒50g,笋粒35g,马蹄粒35g,精盐3g,味精0.5g,猪油350g,鲍鱼汁50g。

**2.制作工具与设备**

擀面杖,案板,油炸炉。

**3.制作方法**

(1)将鲍鱼粒、笋粒、马蹄粒同炒匀,然后加入鲍鱼汁调味后制成鲍鱼馅。

(2)取一部分面粉加入猪油拌和搓成酥心,余下面粉加入猪油、清水拌成面皮,将酥心及酥皮各切件用面皮包上酥油心逐件擀成圆形。

(3)先取一张面皮放入鲍鱼馅,再取一张覆盖在上面四周捏紧,卷成鲍鱼形状。

(4)以150℃油温慢火养熟,炸至金黄色取出沥干油即成。

**4.风味特点**

色泽金黄,形似鲍鱼,皮脆馅鲜。

## 三十三、翡翠酥

**1.原料配方**

皮料:菠菜汁900g,熟咸蛋黄8只,澄面600g,无水酥油250g,麻油15g。

馅料:鳕鱼粒75g,鲜虾粒50g,清水笋粒35g,香菇粒15g,整个鲜虾50个,猪皮冻50g,盐5g,味精3g。

**2.制作工具与设备**

擀面杖,案板,冰箱,刀,油炸炉。

**3. 制作方法**

（1）面团制作。将澄面加上烧开的菠菜汁，制作成面皮，再加上无水酥油，咸蛋黄搓匀成翡翠面团。

（2）馅心制作。将馅料中的各种原料炒熟成带汤的馅，放入冰箱冷藏凝冻再切块。

（3）将翡翠面团搓条、下剂，包入馅心，上面以虾仁点缀装饰，下油炸炉炸熟即可。

**4. 风味特点**

色泽浅绿，口感膨松，口味咸鲜。

## 三十四、金钱酥

**1. 原料配方**

特制一等面粉 250g，熟猪油 20g，绵白糖 20g，食用红色素 0.005g，蛋清 15g。

**2. 制作工具与设备**

擀面杖，案板，刀，油炸炉。

**3. 制作方法**

（1）面粉 100g 加猪油 50g 擦成干油酥。

（2）取面粉 150g 加水 50g，猪油 20g 和成水油面，包入干油酥。

（3）用叠酥方法制成酥坯。用刀划成 10 条 20cm 长、2.5cm 宽的长条酥皮；酥皮一边涂上蛋清，在食指上卷齐，底端涂上蛋清，后将酥层向外翻成平面，按成圆饼状即成生坯。

（4）入油炸炉炸熟后捞出滤油，趁热将染过色的绵白糖放在顶部，隔纸压实。

**4. 风味特点**

形似金钱，层次丰富，口感酥脆。

## 三十五、莲蓉酥角

**1. 原料配方**

皮料：高筋面粉 1000g，猪油 200g，清水约 300g。

酥料：高筋面粉400g，猪油200g。

馅料：莲蓉1500g。

**2. 制作工具与设备**

美工刀，擀面杖，案板，油炸炉。

**3. 制作方法**

(1)水油面团的调制。先将高筋面粉过筛去杂物后，放在案板上围成圈形，中间放入猪油200g、清水约300g搅匀后投入高筋面粉，搓到纯滑有筋，不沾手，即成水油面。

(2)酥心面团的调剂。将高筋面粉、猪油混合擦匀即成酥心。

(3)然后将水油面用擀面杖擀平，包入酥心，擀成大片后再三折擀平，用美工刀裁成正方形片(5cm×5cm)，包入莲蓉馅心，对折成角坯。

(4)油炸炉预热160℃，将半成品放入炸至金黄色。

**4. 风味特点**

色泽金黄，口味微甜，层次清晰，口感酥脆。

## 三十六、鲜肉玉带酥

**1. 原料配方**

面粉500g，猪肉(肥瘦)300g，玉兰片150g，葱汁5g，姜汁5g，盐8g，料酒15g，味精2g，猪油(炼制)150g，色拉油150g。

**2. 制作工具与设备**

美工刀，擀面杖，案板，油炸炉。

**3. 制作方法**

(1)150g面粉加75g猪油揉成油酥面。

(2)将350g面粉入75g猪油及适量清水，揉成水油酥皮。

(3)将熟猪肉、玉兰片剁碎，加入葱汁、姜汁、盐、味精、料酒顺一个方向搅匀。

(4)油酥面和水油酥皮分别下剂子，水油酥皮包入油酥面。

(5)用小开酥方式制成皮，包入鲜肉熟馅做成椭圆形饼，花纹在面上。

(6)放入油炸炉炸制成熟即成。

**4. 风味特点**

色泽金黄,外酥内嫩,口味咸鲜。

## 三十七、雪花三角酥

**1. 原料配方**

面粉500g,鸡蛋300g,白砂糖150g,色拉油150g,香兰素0.5g。

**2. 制作工具与设备**

搅拌机,案板,烤盘,烤箱,油锅。

**3. 制作方法**

(1)将鸡蛋、白糖、香兰素放入搅拌机桶内搅打起泡,再加入面粉和匀。

(2)再倒入刷了油的烤盘,刮平。

(3)放入烤箱内烤至成熟后取出,待冷却后切成三角形。

(4)将鸡蛋去壳搅打成蛋浆,把三角糕放入蛋浆内滚一圈,取出后放入油锅内炸至金黄。

(5)捞出沥油装盘,冷却后撒上糖粉即成。

**4. 风味特点**

色泽雪白,口味甜润,外酥内松。

## 三十八、崩砂

**1. 原料配方**

面粉5000g,白砂糖2500g,花生油150g,南乳250g,食盐100g,臭粉10g,味精10g,碱水50g,清水1000g,花生油4500g,酵母4g。

**2. 制作工具与设备**

擀面杖,案板,刀,油炸炉。

**3. 制作方法**

(1)先将面粉500g,酵母4g,清水300g制成酵种。

(2)将其余4500g面粉放于案板围成圈形,中间放入白糖、臭粉,加入清水搅匀后,加入南乳(擦烂)、食盐、味粉、碱水混和,然后拌入酵种调制成面团。

(3)用擀面杖擀成薄片长形，扫上花生油(扫油时要注意边缘的粘合处不要扫油，只可扫清水)。

(4)扫好油、水后便将薄片卷成长筒形，用刀切成4片(中间2片不要切断)，然后把4片的一端捏合成蝴蝶头，将4片向左右分成蝴蝶形。

(5)油炸时先用猛火炸至呈黄色时即用慢火，再炸至金黄色。

**4. 风味特点**

色泽金黄，呈蝴蝶形，入口香酥。

## 三十九、笑口枣

**1. 原料配方**

低筋面粉500g，发酵粉10g，小苏打3g，臭粉3g，食用油15g，水175g，白糖250g，白芝麻35g。

**2. 制作工具与设备**

擀面杖，案板，面筛，油炸炉。

**3. 制作方法**

(1)先溶糖水备用，面粉过筛备用。

(2)面粉放在案板上，中间开一窝塘，投料，包括了小苏打、发酵粉和臭粉。加上糖水搅匀，揉成面团，然后静置约20min。

(3)将面团搓成条，摘成剂子，每剂为30g，逐个搓成圆球，撒上芝麻。再搓一次，然后静置15～20min。

(4)油炸炉的油加热至170℃，下入半成品，炸至上浮，捞起沥油即可。

**4. 风味特点**

香甜暄酥，十分可口。

## 四十、沙翁

沙翁又称炸蛋球、沙壅、冰花蛋球、琉璃蛋球，是源自中国的油炸甜食之一，流行于中国广东、河南等地，又传至琉球群岛。现时各地沙翁或略有不同，但都是使用鸡蛋、油及面粉混合而成的面团炸起后在外加糖而成。

**1. 原料配方**

面粉 500g，白糖 120g，发酵粉 15g，鸡蛋液 75g，酵面 120g，食碱水 15g，植物油 1000g。

**2. 制作工具与设备**

擀面杖，案板，油炸炉。

**3. 制作方法**

（1）将 500g 面粉加入发酵粉、白糖、鸡蛋液、酵面、食碱水与适量清水和成面团，揉透揉匀后，用湿布盖上饧 15min。

（2）将发酵膨胀的面团分成 20 份，搓圆压成椭圆形。

（3）油炸炉内加植物油，烧至 170℃ 时，下入沙翁生坯，炸至呈金黄色时，捞出控净油。

（4）趁热放入盛有白糖粉的盘中，反复滚动沾满糖粉即成。

**4. 风味特点**

色泽褐黄，表面酥脆，内里松软，蛋味香浓。

## 四十一、咸蛋散

**1. 原料配方**

高筋面粉 250g，白糖 12g，蒜蓉 12g，色拉油 12g，鸡蛋 25g，腐乳汁 8g，盐 5g，黑芝麻 7g，水 75g。

**2. 制作工具与设备**

擀面杖，案板，刀，油炸炉。

**3. 制作方法**

（1）将所有材料揉成面团，饧 15min。

（2）面团分成 4 份，擀成薄片，再切成长条。

（3）长面条从中间切开，交叉穿过成蛋散状。

（4）放入油锅炸至金黄即可。

**4. 风味特点**

色泽金黄，咸中带甜，质地松脆。

## 四十二、九江煎堆

**1. 原料配方**

皮料：糯米粉1000g，芝麻50g，花生油1000g，清水2000g。

馅料：苞谷1500g，糖橘饼500g，白砂糖1000g，花生仁400g，清水2000g。

**2. 制作工具与设备**

擀面杖，案板，模具，油炸炉。

**3. 制作方法**

(1)皮的制法。将一半糯米粉、清水搅成糊状，即成生浆。另将一半糯米粉、沸水拌成糊状，冷却后与生浆拌匀，浓度滴珠状，即成脆浆皮。

(2)馅料的制法。先将苞谷放于容器，中间挖一凹塘，加入切碎的糖橘饼、花生仁。然后将砂糖煮沸成糖浆，冷却后倒进容器与苞谷、花生仁、橘饼等充分拌匀，压实加盖，静置3～4h，使苞谷米黏变韧，擦成圆形，再放入扁圆形的木印或扁圆形的模具里压成扁的馅。

(3)炸法。把馅坯放入脆浆里，蘸上浆，取出撒上芝麻和花生仁，即放进170℃左右的油锅中炸，先炸有芝麻的一面，至淡黄色时，翻转炸另一面，约炸20min，炸至金黄色即成。

**4. 风味特点**

色泽金红，外壳完整，皮有蜂窝，甘香松酥。

## 四十三、炸油条

**1. 原料配方**

高筋面粉150g，温水75g，植物油35g，盐3g，糖15g，泡打粉3g，干酵母3g。

**2. 制作工具与设备**

擀面杖，案板，保鲜袋，刀，油炸炉。

**3. 制作方法**

（1）将面粉等各种材料依次放入面盆中，拌和均匀。

（2）面团和好后，取一保鲜袋，倒一点油，搓匀，将面团放入，袋口打结，静置，发至2倍大，取出（用手指沾面粉戳个小洞，不回缩即好）。

（3）轻放案板上，用拳头轻轻将面团摊开成薄面饼（或用擀面杖轻轻擀开），切成2cm宽，15cm长的面坯，留在案板上，盖保鲜膜，二次发酵，10～20min，1小份上面抹水（少量的足够粘起两片面片的就可以了），取另一小份放其上，用筷子压一条印。

（4）下油炸炉炸至金黄色，捞出沥干油即可。

**4. 风味特点**

色泽金黄，外酥内软，口味咸香。

## 四十四、广式生煎包

**1. 原料配方**

面粉500g，五花猪肉300g，大葱15g，姜6g，精盐5g，味精3g，食碱2g，香油100g，猪油50g。

**2. 制作工具与设备**

擀面杖，案板，面盆，平底锅。

**3. 制作方法**

（1）将葱姜洗净切成末待用。

（2）将猪肉洗净，切成末放入盆里，加入精盐、味精、葱末、姜末、香油，调拌均匀，即成馅料。

（3）将面粉放入盆内，放入酵母、水，和成较硬面团，饧发。

（4）将饧发好的酵面放在案板上，放入食碱，揉匀揉透，分成大小均匀的剂子，擀成圆皮。

（5）将圆皮放在手中，装入肉馅，捏成雀笼形，即成包子生坯，备用。

（6）将平锅底抹上一些猪油，烧热后码入包子生坯，加少量凉水加盖焖煎。

(7)两手随时转动平锅,使火候均匀,大约10min,见包子底呈金黄色,即可。

**4. 风味特点**

色泽浅白,鲜香味美,口感暄软。

## 四十五、奶油开花包

**1. 原料配方**

面粉750g,白糖300g,熟猪油100g,牛奶375g,泡打粉3g。

**2. 制作工具与设备**

擀面杖,案板,蒸笼。

**3. 制作方法**

(1)把面粉750g倒在案板上,中间挖一个凹塘,再把白糖、熟猪油、牛奶、泡打粉放入,用双手迅速搅拌均匀,此时由于糖溶化,所以面团软烂、粘手,可边揉边用括板铲,并在案板上撒少许干面粉,一直搅拌到糖全部溶化,面团光滑为止。

(2)把酵面搓成长条并摘成剂子,随后把剂子用手掌揿一下,包入糖板油丁,随即上笼,放在旺火沸水锅上蒸约12min左右,见包子开花即成。

(3)面粉、糖、泡打粉的比例必须恰当,面粉中加糖、泡打粉后不能多揉,否则不能开花。

**4. 风味特点**

色白,入口甜肥,口感松软。

## 四十六、莲蓉包

**1. 原料配方**

面粉1000g,酵面150g,白糖100g,食碱3g,泡打粉5g,熟猪油15g,莲蓉馅750g。

**2. 制作工具与设备**

擀面杖,案板,蒸笼。

**3. 制作方法**

(1)面粉500g,加酵面、清水和成面团,静置发酵,至半发酵时,加食碱、泡打粉、白糖揉匀,饧15min,再反复揉面,饧2~3次,至面团光滑柔软。

(2)面粉500g,加熟猪油搓匀成酥心面团。

(3)取小酵面1小块为剂,包入酥面1小份,擀成长形,卷成筒状,静置5~6min,再如法复擀1次成扁圆形面皮,包入莲蓉馅心,于顶端划一个"十"字形。

(4)蒸锅预热,将莲蓉包生坯入笼用旺火蒸至熟透即可。

**4. 风味特点**

面皮光亮,层次分明,松软爽韧,甜香可口。

## 四十七、薯泥包

**1. 原料配方**

高筋面粉350g,糖25g,盐3g,酵母3g,紫薯1个,牛奶150g,全蛋液35g,黄油25g。

**2. 制作工具与设备**

擀面杖,搅拌机,案板,保鲜膜,刷子,锡纸,烤网,烤盘,烤箱、蒸笼。

**3. 制作方法**

(1)紫薯洗净,切成小段,放入蒸笼蒸熟。

(2)蒸熟的紫薯去皮,取90g熟紫薯放入搅拌机中,并加入牛奶,搅打成紫薯泥,备用。

(3)先放紫薯泥、全蛋液,然后放入细砂糖、盐、高筋面粉和酵母。启动搅拌机低速揉面,揉成面团后放入室温软化的黄油,继续执行揉面程序,直至面团光滑。

(4)取出发酵好的面团,将面团按扁排出内部气体,平分为八等份,分别滚圆后排放在烤盘上,盖上保鲜膜放在温暖湿润处进行第二次发酵,发酵至原来的2~2.5倍大。

(5)发酵好的面团表面刷全蛋液,撒上黑芝麻。

(6)烤箱预热至170℃,中层,烤15min左右。为防止烘烤过程中成品表面上色太重,可以在半成品表面烤上色后在上面加盖一张锡纸。

(7)出炉后,放在烤网上冷却即可。

**4. 风味特点**

薯香甘甜,馅心细滑,松软爽口。

## 四十八、奶黄包

**1. 原料配方**

高筋面粉550g,牛奶700g,酵母粉6g,鸡蛋5个,黄油90g,盐5g,白糖280g,澄粉100g,吉士粉40g。

**2. 制作工具与设备**

擀面杖,案板,微波炉,烤盘,烤箱,刷子,垫纸托。

**3. 制作方法**

(1)高筋面粉250g、牛奶250g、酵母粉3g,搅拌成团后,先冷藏12h。

(2)然后将冷藏好的面团,加入牛奶100g、鸡蛋1个、黄油50g、盐5g、白糖80g、高筋面粉300g、酵母粉3g,揉到光滑可以拉成薄膜,并发酵到2倍大。

(3)发好的面团分割成每个50g的剂子,滚圆松弛10min。

(4)奶黄馅制作。需鸡蛋4个、澄粉100g、吉士粉40g、牛奶250g、糖200g、黄油40g。黄油加糖打散,再加入全部材料拌匀,进微波炉高火5min,隔1min搅拌一次,即可。

(5)取一个小面团擀成长条,包入40g奶黄馅。滚成长条,再从左至右卷成花卷形。

(6)垫纸托装入烤盘,放在温暖湿润的地方进行第二次发酵。

(7)体积增大近一倍后,表面刷牛奶,撒些酥脆,预热烤箱至180℃。

(8)进烤箱,放中下层,上、下火烤20min后,出炉放凉后即可。

**4. 风味特点**

色泽洁白，奶香扑鼻，口感暄软。

## 四十九、粉果

粉果又称“娥姐粉果”，是广州传统糕点。其皮与形状较虾饺略大而不一定是半月形，馅却有虾肉、鲜猪肉、叉烧、笋肉、冬菇等，风味与虾饺不同；与虾饺另一不同点是，粉果可以隔水蒸，也可以用油煎炸，为煎粉果。

**1. 原料配方**

澄粉500g，蟹黄100g，虾仁500g，笋肉250g，猪肉泥500g，芫荽50g，水发冬菇100g，白酱油15g，淀粉275g，黄酒5g，精盐25g，白糖10g，香油5g，上汤25g，猪油25g，胡椒粉1g，味精2g。

**2. 制作工具与设备**

擀面杖，案板，蒸笼，木棍，锅，碟子，盘。

**3. 制作方法**

(1)将虾仁用少许淀粉拌匀，下沸水锅汆熟捞起，切成细粒。

(2)将锅放火上，倒入上汤，笋肉、冬菇、肉泥和盐、白酱油、白糖、味精、香油、黄酒、胡椒粉烧透后，用火收干汤汁，加淀粉勾芡出锅，即成馅心。

(3)将澄粉、水淀粉、盐一起放入锅，连锅放入热水内烘热，掺入沸水将澄粉烫熟，并用木棍搅匀，倒在刷过油的案板上揉匀，搓成长条，摘成50个面剂，一个个擀成窝形皮子，再捏成深窝形，放入蟹黄和芫荽叶两片，再放入做好的馅心约30g，然后将口子对折捏牢、剪齐饺边，放入抹过油的碟子内。

(4)上蒸笼蒸3～4min出笼装盘即成。

**4. 风味特点**

色泽鲜艳透明，口味咸鲜，口感软糯。

## 五十、油角

**1. 原料配方**

低筋面粉250g,鸡蛋1只,猪油(植物油)10mL,白砂糖40g,水100mL,椰蓉馅150g。

**2. 制作工具与设备**

擀面杖,案板,模具,油炸炉。

**3. 制作方法**

(1)将低筋面粉、鸡蛋、猪油(植物油)、白砂糖、水等材料混合揉成面团,松弛30min。

(2)把面团等分,擀薄,用圆模刻出圆形。

(3)包上椰蓉馅料,两边对折,收好边,用手指沿边一路轻轻地锁边,捏成麻绳状。

(4)油加热到筷子放下去会起泡时放入油角生坯,炸时要经常翻动,以免炸焦。

(5)炸至金黄色沥油即可。

**4. 风味特点**

色泽金黄,口感酥脆,馅心鲜美。

## 五十一、豆沙麻球

**1. 原料配方**

糯米粉250g,澄粉75g,糖75g,白芝麻35g,豆沙馅150g。

**2. 制作工具与设备**

擀面杖,案板,油炸炉。

**3. 制作方法**

(1)热水倒入澄粉中,混合均匀,揉成软面团。

(2)将糯米粉中加入糖混合均匀,再加入上面的澄粉团,加水适量揉成稍软的面团。

(3)揉成长条,分成若干小剂子。

(4)将小剂子按扁包入适量豆沙馅,包好揉圆。

(5)将两手少沾点水,揉几下麻团,使其表面沾上水,增加黏性。

(6)放入芝麻堆里滚上芝麻,再拿出来揉实,把芝麻揉进麻团。

(7)油炸炉中放油,烧至150～170℃热,放入生坯,炸至表面金黄即可。

**4. 风味特点**

色泽金黄,外酥里松,具有芝麻的香味。

## 五十二、伦教糕

伦教糕的制作起源于广东顺德县伦教镇,已有数百年的历史。由于其品质、风味特殊,特别在夏天为广大消费者所喜爱,目前生产已很普遍。

**1. 原料配方**

大米干浆750g,白糖600g,鸡蛋清50g,已发酵的籼米团75g。

**2. 制作工具与设备**

擀面杖,案板,湿布,蒸锅,蒸笼。

**3. 制作方法**

(1)把白糖加清水上锅熬成糖水,加入鸡蛋清搅拌,用净纱布滤去杂质,熬煮沸后,徐徐冲入大米干浆内搓匀,待冷后,加入已发酵的籼米团适量搓匀,加盖,饧10h左右。

(2)蒸笼内垫上湿布,将糕浆倒入蒸笼内摊平,锅内水烧开,放上蒸30min熟透即可。

**4. 风味特点**

糕体晶莹雪白,表层油润光洁;内层小眼横竖相连,均匀有序;口味甜冽而清香。

## 五十三、九层咸糕

**1. 原料配方**

大米500g,精盐3g,酱油10g,味精2g,碱2g,虾米10g,葱花5g。

**2. 制作工具与设备**

擀面杖,案板,蒸笼。

**3. 制作方法**

(1)将大米浸泡,磨成稀浆。

(2)清水煮沸,冲入稀浆内,迅速搅匀,制成半生半熟糊浆,加入精盐、酱油、味精,并将碱水搅溶后一同加入,搅匀。

(3)取糊浆入笼,以旺火蒸八成熟,再依此法,共蒸制九层,待蒸至熟透后,将葱花和炒过的虾米撒在糕面上,稍凉,切块即可。

**4. 风味特点**

色泽洁白,层次分明,软滑鲜香。

## 五十四、清水马蹄糕

**1. 原料配方**

马蹄粉 250g,白糖 150g,马蹄丁 150g,蜂蜜 25g,清水 1600g。

**2. 制作工具与设备**

擀面杖,案板,碗,盆,刀,蒸笼。

**3. 制作方法**

(1)将马蹄粉和 400g 清水混合成生浆。

(2)将 1200g 清水和白糖、蜂蜜煮成糖水。

(3)将煮沸的糖水缓缓冲入盛有生浆的盆中,边冲边搅拌,混合成生熟浆。

(4)将马蹄丁放入生熟浆中一起搅拌均匀。

(5)生熟浆倒入大碗里,在大碗的底部涂上一层色拉油,以方便冷却后取出。

(6)把装有生熟浆的大碗放到蒸笼里,大火蒸 20min。

(7)蒸好的马蹄糕放凉后,倒出切块即可食用。

**4. 风味特点**

色泽浅白,口味微甜,口感爽脆。

## 五十五、泮塘马蹄糕

**1. 原料配方**

马蹄 750g,牛奶 500g,马蹄粉 250g,麦淀粉 50g,白糖 500g,鸡蛋 3

个，熟猪油100g。

**2. 制作工具与设备**

擀面杖，案板，模具，蒸笼，煮锅。

**3. 制作方法**

(1)去皮后的马蹄切成小丁（大约小指尖大小，也可以再切小一些）。

(2)马蹄粉放入容器，冲入一杯凉水，搅拌均匀成马蹄粉汁，放一旁备用。

(3)加1000g水到锅里，再将白糖加入，把水烧开，至白糖全部溶化，关火。

(4)将兑好的马蹄粉汁再次搅拌一下，然后冲入煮好的糖水里，慢慢搅拌成浓稠的糊状。

(5)再将马蹄丁加入，拌匀。

(6)模子事先刷上一层植物油，将马蹄糊倒入模具，并用塑料刮板刮平表面，放入蒸笼，大火蒸制20min取出放凉，再放到冰箱冷藏至冰透即可取出，脱模，切小件即可。

**4. 风味特点**

晶莹通透，入口清甜爽滑，且带有马蹄清香之味。

## 五十六、金黄马蹄糕

**1. 原料配方**

马蹄粉500g，砂糖750g，马蹄肉250g，色拉油50g。

**2. 制作工具与设备**

擀面杖，案板，模具，刷子，蒸笼。

**3. 制作方法**

(1)马蹄粉加水搅拌至没有粉粒，制成生粉浆。

(2)马蹄肉切粒，放入生粉浆中，拌匀。

(3)砂糖炒至金黄色，加水煮至溶化，制成糖水。

(4)把热糖水加入生粉浆中，搅拌均匀，制成马蹄粉浆。

(5)在模具中刷一层油，防止粘底。

(6)把马蹄浆倒入模具,抹平。

(7)旺火蒸约40min,放凉后切块即成。

**4. 风味特点**

色泽微黄,透明晶莹,口感爽脆软糯。

## 五十七、莲蓉蒸蛋糕

莲蓉蒸蛋糕是广式蒸蛋糕代表品种。通常带纸杯出售。

**1. 原料配方**

低筋面粉150g,糖60g,黄油60g,鸡蛋2个,盐1g,牛奶60mL,泡打粉1g,莲蓉100g,葡萄干50g。

**2. 制作工具与设备**

搅拌机,案板,勺子,刮刀,烤盘,烤箱。

**3. 制作方法**

(1)分次加糖打发黄油。

(2)往打发的黄油里加打散的蛋液。蛋液也要分三四次逐渐加入,加一次打匀再加一次。

(3)筛入粉类、泡打粉和盐,用刮刀切拌均匀,加入牛奶再拌匀,不要划圈。

(4)在杯子中放入莲蓉15g,用勺子装入蛋糊,并撒上葡萄干,将杯子放入烤盘,送入烤箱,以180℃烤10min即可。

**4. 风味特点**

色泽淡黄,口感膨松,口味微甜,具有奶香味。

## 五十八、三色黏糕

**1. 原料配方**

黍米面(黄米面)5000g,金丝枣1500g,白江豆1500g,杨梅200g,果脯150g,蜜花100g。

**2. 制作工具与设备**

面盆,案板,蒸笼,屉布,竹叶。

**3. 制作方法**

(1)将金丝小枣、白江豆用清水漂洗干净,去掉污染杂质,稍加浸泡,静置1~2h,分别投入锅内预煮沸,待枣皮发红透亮,江豆爆腰膨胀,切忌过火煮烂。而后滤去头遍热水,分别控干备用。

(2)将5000g黍米面盛放在面盆或其他容器中,将30~50℃温水1800g放入面中搅拌均匀,调制成半干半湿的小团,手握时具有松散和黏性,水分含量切勿饱和,稍加冷却,再将煮好的白江豆拌入面团中,均匀为止,盖布湿润待用。

(3)成型。依照蒸笼情况,以铝笼为例,将粗眼细纱布铺在笼上,在屉布上层垫一层煮过的竹叶,然后,依黍米面—红枣的顺序,分4~6层等量填充在蒸笼之中,用手沾凉水在糕面上紧密压实后,适其厚度用急火蒸沸60~90min,熟透出锅。

(4)去掉屉布和竹叶,扣在洁净平滑的案板上,稍加整理冷却后,黏糕表面分别可放些杨梅、果脯、蜜花点缀一下。

**4. 风味特点**

色泽鲜艳,枣竹清香,富有营养。

## 五十九、萝卜糕

**1. 原料配方**

稻米500g,白萝卜1000g,腊肉(生)100g,腊肠25g,虾米50g,白砂糖30g,盐15g,味精5g,胡椒粉5g,香菜20g,小葱15g,植物油15g。

**2. 制作工具与设备**

面盆,案板,方盘,蒸笼。

**3. 制作方法**

(1)将大米(稻米)浸泡90min,洗净,磨成干浆(约2000g),加清水250g拌成稀浆,放在盆里。

(2)萝卜洗净,去皮,刨成细丝。

(3)腊肉(腊肥肉)、腊肠切成细粒;虾米洗净用油炒香;香菜、葱洗净,分别切碎。

(4)萝卜丝用清水500g煮至透熟,然后熟萝卜丝内加入腊肉、白糖、精盐、胡椒粉、味精拌匀,乘滚沸倒入稀浆内搅拌成为糕坯。

(5)取方盘一个,轻抹一层油,将糕坯倒入,搪平,放入蒸笼。

(6)旺火烧沸水锅,放入蒸笼,蒸约20min。

(7)将腊肠、虾米撒在糕面上,续蒸10min。

(8)再将香菜、葱撒入,利用余热蒸一会儿,取出晾凉,分切成小块即可。

**4. 风味特点**

色泽浅白,口感松软,口味鲜美。

## 六十、香蕉糕

**1. 原料配方**

糯米粉500g,白砂糖粉1000g,熟猪油50g,食用香蕉油0.005g。

**2. 制作工具与设备**

面盆,案板,模具,蒸笼。

**3. 制作方法**

(1)将糯米炒熟、磨成细粉。

(2)以冷开水溶解糖粉,加入熟猪油搅拌均匀。

(3)加入糯米粉、香蕉油拌匀,搓成软滑有韧性的粉团。

(4)将粉团搓成直径2.5~3cm的长条,再切成长约8cm的条块。

**4. 风味特点**

色泽洁白,清甜爽口,切口平整,具有香蕉味。

## 六十一、广东年糕

年糕又称“年年糕”,与“年年高”谐音,寓意着人们的工作和生活一年比一年提高。

**1. 原料配方**

糯米粉1800g,籼米粉300g,片糖2000g,花生油50g,榄仁25g,红枣100g。

**2. 制作工具与设备**

面盆,案板,模具,木棒,竹叶,刷子,蒸笼。

**3. 制作方法**

(1)先将片糖用清水煮成糖浆备用。

(2)把糯米粉、籼米粉混合均匀,倒入沸水1000g搅成熟浆。再在熟浆中逐步加进糖浆搅拌均匀后放在大蒸笼中,每个蒸笼放浆厚约3~4cm,用猛火大约蒸1h,倒在案板上,用木棒槌搓至匀滑,便可分成每个重50~100g的糕坯,放在有竹叶垫底的铁模具内。

(3)在糕面刷油粘上榄仁、红枣,翻蒸约20min。

**4. 风味特点**

色泽鲜明,带红糖色,入口香甜软滑。

## 六十二、百果油糕

**1. 原料配方**

面粉500g,活性干酵母5g,泡打粉3g,白糖50g,猪油50g,各种果料150g,红枣30只。

**2. 制作工具与设备**

面盆,案板,模具,碗,盘,蒸笼。

**3. 制作方法**

(1)将面粉、酵母、泡打粉调制成酵面。

(2)将各种果料分别加工处理成小料。

(3)在模具里用果料摆设图案,再把软面剂子压入碗内,小心勿破坏图案。

(4)将模具放入蒸笼,用旺火、沸水,足汽蒸约25min。

(5)取出晾凉,扣入盘内即可。

**4. 风味特点**

暄软甜润,外形美观,具有特殊果料香味。

## 六十三、桂花年糕

**1. 原料配方**

糯米粉500g,籼米粉(干,细)120g,桂花酱6g,白砂糖300g,香油15g,花生油25g。

**2. 制作工具与设备**

面盆,案板,模具,蒸笼,布,线,刷子。

**3. 制作方法**

(1)将糯米粉、籼米粉放入盆内拌匀,加入糖,倒入适量水,拌成松散的糕粉。

(2)蒸笼内刷上花生油,轻轻铺上糕粉,不可压实,放在蒸锅上,用旺火蒸20min左右,见糕粉全部蒸熟,倒在事先浸过水的净布上。

(3)在干净布上淋上适量沸水,隔着布把熟糕粉揉成粉团,按压成厚2cm,长40cm,宽10cm左右的长条,撒上咸桂花。

(4)用线拉制成4块,稍冷,刷上香油,整齐叠块,即可食用。

**4. 风味特点**

色泽美观,香甜松软。

## 六十四、枣酿糕

**1. 原料配方**

红枣1500g,糯米面250g,芝麻250g,白糖100g,青红丝10g,桂花酱10g。

**2. 制作工具与设备**

面盆,案板,模具,蒸笼,擀面杖,竹叶。

**3. 制作方法**

(1)将红枣洗净,煮熟后去核、皮,制成枣泥。

(2)加糯米面和好,搓成长条,制成36个面剂,擀成皮。

(3)芝麻炒熟后压碎,加白糖、青红丝、桂花酱搓匀,分成36份,逐个包入面皮中。

(4)放在模具里压成形,垫上竹叶,入笼蒸熟。

**4. 风味特点**

色泽浅白,甜香味美。

## 六十五、草莓麻糬

**1. 原料配方**

糯米粉 1200g，草莓 50g，红豆馅 150g，开水 200g，椰蓉 25g。

**2. 制作工具与设备**

面盆，碗，保鲜膜，微波炉，案板，模具，蒸笼。

**3. 制作方法**

(1)用红豆馅包裹住草莓做成球作馅心。

(2)糯米粉加开水搅拌至粘稠的粉团，放入涂了油的碗中，覆上保鲜膜，放入微波炉中火加热两分钟。

(3)手上沾冷水，将煮熟的糯米团(呈透明状)做成圆皮，包裹住红豆草莓球。

(4)再将做好的红豆草莓球在椰蓉上滚动，让椰蓉均匀地沾在球外皮即可。

**4. 风味特点**

色泽洁白，口感软糯，口味香甜。

## 六十六、马拉糕

**1. 原料配方**

面粉 250g，白糖 120g，鸡蛋 4 个，泡打粉 3g，葡萄干 25g，枸杞 20g，葵花子 15g。

**2. 制作工具与设备**

面盆，案板，模具，蒸笼，盘。

**3. 制作方法**

(1)将鸡蛋打入盆中，放入白糖、面粉搅合后加入清水 35g 搅匀，细腻无粉粒后再加入清水 15g 左右搅匀，最后放入泡打粉搅匀，即成马拉糕浆。

(2)将砂布放在蒸笼上，将马拉糕浆倒入屉布上摊平，撒入葡萄干、枸杞、葵花子用大火蒸 30min 取出，趁热扣在盘中，食用时切成小块即可。

**4. 风味特点**

色泽浅黄，膨松适度，口味甜香。

## 六十七、玉米甜糕

**1. 原料配方**

玉米粉 500g，白糖 250g，泡打粉 3g。

**2. 制作工具与设备**

面盆，案板，模具，蒸笼，屉布。

**3. 制作方法**

（1）将玉米粉放入盆内，加水搅拌成糊状，加入泡打粉搅拌均匀，静置一段时间使其发酵。

（2）再加入白糖搅匀，将玉米糊摊于蒸笼屉布上。

（3）用旺火蒸 20min 即成糕，凉后切块即可食用。

**4. 风味特点**

色泽浅黄，暄软甜香，营养丰富。

## 六十八、双味糯米糕

**1. 原料配方**

糯米粉 800g，椰浆 250g，红糖 240g，白砂糖 180g，色拉油 40g。

**2. 制作工具与设备**

面盆，保鲜膜，擀面杖，盘，案板，模具，蒸笼。

**3. 制作方法**

（1）糯米粉及色拉油分成 2 等份，其中一份加入红糖和水 250g，另一份加入白砂糖和椰浆，均揉匀。

（2）将红白双色糯米团各擀成厚约 0.5cm 的薄片，将红色糯米团放在白色糯米团上，轻轻压实，自一端卷向另一端。

（3）取 1 张保鲜膜，铺平放入糯米卷包好，并将两端的保鲜膜拧紧，入锅以中火蒸约 20min，取出待凉，撕除保鲜膜，切片排盘即可。

**4. 风味特点**

色泽鲜明，层次清晰，口感软糯，口味甜香。

## 六十九、叉烧蛋球

**1. 原料配方**

面粉500g,鸡蛋250g,叉烧丁200g,精盐3g,味精2g,葱10g,植物油1000g(实耗250g)

**2. 制作工具与设备**

面盆,擀面杖,案板,油锅。

**3. 制作方法**

(1)锅中放600g左右干净的水烧沸后,将面粉边倒入边用擀面杖使劲搅拌,使面粉熟得均匀,并预防粘住锅底,待面粉全部熟后,即将锅端离火口。

(2)将鸡蛋逐只打散分次倒入面中,边倒边搅拌均匀。

(3)拌匀后,将叉烧丁调味,放入葱末拌和,均匀后再用手做成一只只的蛋面球。

(4)锅内放入1000g植物油,用中火烧至170℃时将蛋球放入锅中,炸至金黄色时捞起沥干油即可。

**4. 风味特点**

色泽金黄,口味鲜醇。

## 七十、棉花糕

**1. 原料配方**

籼米粉250g,泡打粉12g,牛奶100g,白糖150g,白醋10g,猪油30g,清水100g,鸡蛋1个。

**2. 制作工具与设备**

案板,模具,盆,保鲜膜,蒸笼。

**3. 制作方法**

(1)将籼米粉过筛,倒入盆中,加泡打粉搅拌均匀。

(2)牛奶、白糖、蛋清放一碗中搅拌均匀后,倒入米粉中继续搅拌。

(3)然后再加入猪油、白醋继续搅拌均匀。

(4)将搅拌均匀的糊状液体倒入抹油的方盆中。

(5)盖一层保鲜膜,在保鲜膜上再抹一层油,上笼旺火蒸12~15min。

**4. 风味特点**

色泽浅白,松软适度,口味清爽。

# 第九章　潮式糕点

## 一、潮州饼

### 1. 原料配方

皮料：面粉1300g，猪油600g，白糖100g。

酥料：面粉500g，猪油500g。

馅料：冬瓜糖350g，白膘肉300g，葵花子200g，白芝麻150g，葱25g，炒熟糯米粉300g，熟猪油300g。

### 2. 制作工具与设备

面盆，擀面杖，案板，烤盘，烤箱。

### 3. 制作方法

（1）制水油皮。将面粉、猪油、白糖等放入面盆中，用开水300g调匀，分割成小块冷却。

（2）制油酥。将面粉、猪油混调擦透即成。

（3）制馅。冬瓜糖切成小粒，白膘肉煮熟切成丁，葵花子炒熟，白芝麻碾成末，葱白切成末，再加入熟糯米粉和熟猪油，用开水混拌成馅。

（4）制坯。制坯分包酥和包馅两个程序。

根据具体情况，采用大包酥、小包酥方法均可。但在包馅时，应将酥块用手掌压薄，取馅料50g包入，压成约1cm厚的饼坯。每只饼坯生重100g，熟重65g，如将用料各增加一倍，即成大型的潮州饼，熟重130g。

（5）烘焙。将生饼坯放入盘内，烘约3～4min取出翻身，烘焙时以中小火为宜，过旺会使饼壳焦化。饼坯翻身后重入炉内烘熟，时间5～10min，须视炉火大小具体掌握。如烘焙大型饼坯，因饼坯较厚，火力可稍为减弱，时间需8～15min。

**4. 风味特点**

色泽金黄,甜香软肥,口味甜润。

## 二、潮式月饼

**1. 原料配方**

皮料:低筋面粉 300g,高筋面粉 200g,白糖 90g,猪油 150g,蛋黄 100g。

酥料:低筋面粉 500g,猪油 280g。

馅料:莲蓉馅 1350g。

**2. 制作工具与设备**

面盆,擀面杖,案板,烤盘,烤箱。

**3. 制作方法**

(1)油皮。所有材料混匀,加水 240g 搅拌至面筋扩展,待用。

(2)油酥。所有材料充分拌透,待用。

(3)用大包酥法将包入油酥的面团擀至均匀厚薄(约 3mm),卷成圆柱形,松弛一会儿。

(4)将松弛好的面皮切分,切面朝上擀薄,包入莲蓉馅心,模具压制成形。

(5)入炉以 180℃烘烤 8 ~ 10min。

**4. 风味特点**

饼皮洁白,入口香酥。

## 三、潮汕朥饼

**1. 原料配方**

皮料:面粉 550g,麦芽糖 90g,猪油 150g。

酥料:低筋面粉 280g,猪油 250g。

馅料:绿豆 650g。

**2. 制作工具与设备**

面盆,擀面杖,案板,竹箩,缸,布袋,手铲,烤盘,烤箱。

**3. 制作方法**

(1)制水油皮。将面粉、猪油、白糖等放入面盆中,加水240g调匀,分割成小块进行冷却。

(2)制油酥。将面粉、猪油混调擦透即成。

(3)制豆沙馅。先把绿豆用清水洗净,锅内放清水煮沸,放入豆和适量食用纯碱,煮沸后,把豆放入竹箩内,把载豆的竹箩放进缸内,用手把豆擦烂,加清水洗去外皮,过清水2~3次,待沉淀后,把豆沙倒进干净布袋里,压干水分,再把豆沙、白糖、猪油一起放进锅中用中火煮沸,边煮边下猪油,用手铲铲至豆沙不粘手时,便成为豆沙馅。

(4)采用小包酥的手法,将油酥包入水油皮中,用擀面杖擀薄,包入豆沙馅压扁。

(5)将生坯放入烤盘,送入烤箱,以180℃的温度烤制8~10min。

**4. 风味特点**

色泽金黄,皮酥薄脆,馅厚润滑,口味清甜。

## 四、腐乳饼

**1. 原料配方**

面粉500g,糯米200g,花生仁35g,芝麻65g,白猪肉50g,蒜蓉20g,腐乳50g,大米酒15g,糖粉20g,小苏打2g,鸡蛋1个。

**2. 制作工具与设备**

面盆,面筛,案板,模具,刷子,烤盘,烤箱。

**3. 制作方法**

(1)把糯米焗熟后磨成粉;把花生仁炒香,碾成粒;芝麻炒香;白猪肉先用白糖腌过,然后切成丁;鸡蛋打散备用。

(2)把花生仁、芝麻、白猪肉丁放在面盆里,加入蒜蓉、整块的腐乳,调入适量的大米酒、糖粉、糯米粉,再加入适量的花生油(或猪油),搅拌均匀,便成为腐乳饼的馅。

(3)面粉加入适量小苏打,用面筛筛过,然后加入油、糖油(糖油即是将白糖放入锅中,加少量水,用慢火溶成),用力搓揉,形成光滑有劲的面团。

(4)将面团揉匀,搓成长条,下成若干个小剂子,逐个将剂子按扁包入馅料,用模具印成形。

(5)饼面再刷上蛋浆,入烤箱以180℃,约焗5min即成。在焗的过程中,中间要拿出来,往焗盘的盘底淋点花生油。

**4. 风味特点**

饼皮薄而不裂,有独特的腐乳蒜头和醇酒的气味,香味浓郁,甜而不腻。

## 五、老婆饼

**1. 原料配方**

皮料:低筋面粉450g,高筋面粉100g,泡打粉7g,鸡蛋1个,猪油10g。

酥料:低筋面粉450g,奶油350g,猪油550g。

馅料:老冬瓜1000g,猪油200g,糖350g,熟葵花子50g,饰面芝麻50g,湿淀粉15g。

**2. 制作工具与设备**

面盆,面筛,案板,模具,刷子,擀面杖,烤盘,烤箱。

**3. 制作方法**

(1)制冬茸馅。冬瓜削皮去子,入笼蒸熟,取出用搅拌机打成茸,再用纱布包住挤去水分,放入有少许猪油的热锅中,加糖不停地翻炒,然后视干稀程度适当勾芡,使其比较浓稠,最后加入熟葵花子、熟芝麻等和匀,起锅晾凉即成冬茸馅。

(2)制皮。皮料加适量的清水揉制而成。

(3)制作酥心。由酥料揉制而成。

(4)包馅。饼皮以小包酥方法制作,取一小块水油皮,包住一小块酥心,按扁后擀成牛舌形,再由外向内卷成圆筒,按扁,叠成三层,最后擀成圆形片,就可以包馅成型了。包好的饼坯也要按成扁圆形,并用刀在上面划上两道小口(主要是为了避免烘烤时因馅心膨胀而破皮)。接着刷上鸡蛋液,撒上零星芝麻。

(4)烤制。入烤箱以180℃,烤约10min即可。

**4. 风味特点**

皮薄馅厚，滋润软滑，味道香甜。

## 六、核桃松饼

**1. 原料配方**

燕麦粉 300g，面粉 100g，核桃仁 50g，鸡蛋 1 个，鲜奶 150g，白糖 150g，泡打粉 3g，色拉油 35g，精盐 2g。

**2. 制作工具与设备**

面盆，面筛，案板，蛋糕纸杯，烤盘，烤箱。

**3. 制作方法**

（1）将燕麦粉、面粉、泡打粉、精盐一起拌匀，再加入白糖拌匀。

（2）将鸡蛋打匀，与鲜奶一起加入面粉内拌匀，再加入色拉油、碎核桃仁拌匀。

（3）把蛋糕纸杯放在烤盘内，将面粉混合物倒入每个纸杯内（约 50g）。

（4）用 180℃烤 3～5min 即可。

**4. 风味特点**

色泽金黄，外表酥脆，香甜可口。

# 第十章　扬式糕点

## 一、眉公饼

### 1. 原料配方

皮料：面粉500g，花生油120g，饴糖60g。

酥料：面粉500g，花生油180g。

馅料：蒸熟面粉60g，糖豆沙1500g，糖油丁180g，葵花子60g，核桃仁60g，花生油120g，糖桂花30g。

### 2. 制作工具与设备

烤盘，擀面杖，印花梳，案板，印章，烤盘，烤箱。

### 3. 制作方法

（1）制水油面团。将花生油和饴糖投入面粉中，用温水先将油和糖拌匀，加粉揉制成团，略饧制一会。

（2）制油酥面团。将面粉和花生油按配方用手掌根擦匀擦透。

（3）将水油面团搓揉成团，按扁，包进干油酥，捏紧，收口朝上。撒上少许干粉，按扁，用擀面杖擀成长方形薄皮。然后将长方形薄皮由两边向中间叠为3层，叠成小长方形。再将小长方形擀成大长方形，用圆模具按下，成小酥皮。

（4）包馅成型。取油酥皮一小块，将馅心包入。把包好馅的饼坯擀成长约6cm的椭圆形状，然后在饼面上斜向约30°按交叉等距地两道梳印花纹，再在饼面中心印上一个红色圆形戳印。

（5）烘烤。将小饼以2cm左右间距放入烤盘，炉温掌握在170℃左右，烘烤时间约为12min，也可用眼观察，视饼身微凸、色泽微黄即可出炉。

### 4. 风味特点

色泽金黄，皮酥馅软，清香纯正。

## 二、五仁双麻饼

### 1. 原料配方

皮料：面粉1800g，花生油200g，饴糖150g。

酥料：面粉600g，花生油300g。

馅料：蒸熟面粉250g，香油300g，绵白糖1300g，碎芝麻200g，糖黄丁150g，糖玫瑰花80g，饰面芝麻400g，瓜子仁100g，核桃仁100g，青梅100g。

### 2. 制作工具与设备

擀面杖，电子秤，案板，烤箱，烤盘。

### 3. 制作方法

（1）制水油面团。将花生油和饴糖投入面粉中，用温水先将油和糖拌匀，加粉揉制成团，略饧制一会。

（2）制油酥面团。将面粉和花生油按配方用手掌根擦匀擦透。

（3）制馅。将馅料混合后，分次加入香油和花生油，搅拌均匀，用手抓馅起团不松散即可。

（4）制酥皮。将水油面团搓揉成团，按扁，包进干油酥，捏紧，收口朝上。撒上少许干粉，按扁，用擀面杖擀成长方形薄皮。两边相对在中线折起反复三次，再分割成小酥皮。也可用小包酥的方式包制。

（5）包馅成型。左手取酥皮一块，按成扁圆状，右手同时抓馅42g放在按扁的酥皮中心。左手托起饼身，收口要紧。包馅要求皮馅分布匀称，封口严密。将饼坯擀成直径7cm的饼，两面沾上芝麻即可。

（6）烘烤。炉温控制在200℃左右，烤制时间约为12min。

### 4. 风味特点

色泽金黄，入口酥香，清香纯正。

## 三、黑麻椒盐月饼

### 1. 原料配方

皮料：面粉750g，饴糖150g，花生油200g。

酥料：面粉500g，花生油250g。

馅料:蒸熟面粉250g,米粉400g,绵白糖130g,饰面黑芝麻200g,葵花子100g,核桃仁100g,糖黄丁100g,花生油900g,花椒粉5g,精盐5g。

**2. 制作工具与设备**

擀面杖,案板,烤箱,烤盘。

**3. 制作方法**

(1)制水油面团。将花生油和饴糖投入特质面粉中,用温水先将油和糖拌匀,加粉揉制成团,略饧制一会。

(2)制油酥面团。将面粉和花生油按配方用掌根擦匀擦透。

(3)制馅。将馅料混合后,分次加入花生油,搅拌均匀,用手抓馅起团不松散即可。

(4)制酥皮。将水油面团搓揉成团,按扁,包进干油酥,捏紧,收口朝上。撒上少许干粉,按扁,用擀面杖擀成长方形薄皮。然后将长方形薄皮由两边向中间叠为3层,叠成小长方形。再将小长方形擀成大长方形,再分割成小酥皮。也可用小包酥的方式包制。

(5)包馅成型。左手取酥皮一块,按成扁圆状,右手同时抓馅42g放在按扁的酥皮中心。左手托起饼身,收口要紧。包馅要求皮馅分布匀称,封口严密。将饼坯擀成直径7cm的饼,一面沾上黑芝麻,另一面贴垫纸。

(6)烘烤。炉温控制在200℃左右,烤制时间约为12min。

**4. 风味特点**

甜中有咸,酥松爽口,有明显芝麻、果料天然香味。

## 四、月宫饼

**1. 原料配方**

坯料:面粉900g,花生油200g,饴糖150g。

酥料:面粉700g,花生油350g。

馅料:蒸熟面粉200g,米粉200g,绵白糖1300g,花生油500g,香油300g,芝麻250g,芝麻粉200g,玫瑰花50g,葵花子50g,核桃仁100g,青梅100g,糖黄丁150g。

**2. 制作工具与设备**

擀面杖,案板,烤箱,烤盘。

**3. 制作方法**

(1)制水油面团。将花生油和饴糖投入面粉中,用温水先将油和糖拌匀,加粉揉制成团,略饧制一会。

(2)制油酥面团。将面粉和花生油按配方用手掌根擦匀擦透。

(3)制馅。将所有馅料混合后,分次加入花生油和香油,搅拌均匀,用手抓馅,起团不松散即可。

(4)将水油面团搓揉成团,按扁,包进干油酥,捏紧,收口朝上。撒上少许干粉,按扁,用擀面杖擀成长方形薄皮。然后将长方形薄皮由两边向中间叠为3层,叠成小长方形。再将小长方形擀成大长方形,用圆模具按下,成小酥皮。

(5)包馅成型。视饼大小确定馅料的用量。馅与酥皮的比例为7∶2。包馅后的饼坯用模或用手揿成扁圆,直径为17cm。将饼坯放入烤盘内使收口处向上,在饼坯身上戳十几个细孔,以防烘烤后饼身凸起。

(6)烘烤。炉温控制在200℃左右,烤制时间约为14min。

**4. 风味特点**

酥松爽口,有芝麻油、果料天然香味,滋味纯正。

## 五、糖江脐

**1. 原料配方**

面粉1000g,花生油80g,白砂糖250g,酵面40g,小苏打40g,糖桂花5g。

**2. 制作工具与设备**

烤盘,和面机,烤箱,案板,刀,糖碗。

**3. 制作方法**

(1)制发酵面团。将白砂糖、油放入和面机内,加70℃左右的热水120g与糖、油搅拌,再把酵面分成小块和面粉一起放入略搅拌后,再逐次加入50~60℃热水160g,充分搅匀拌透。经发酵的面团体积膨胀为原体积2倍,面团剖面有气孔并有酸味时即可。

(2)兑碱。先把小苏打用水溶解,然后逐次加入发酵面团中并在和面机内充分搅拌,同时加入糖桂花。碱液投放量须视面团发酵程度和气温而定。一般搅碱后面团剖面应有均匀圆孔,拍之响声清脆。

(3)成型。将面团分成等份的球状面团。然后以圆心为交点各相距120°切三刀,使球状面团分成六角,每角相隔60°,再用左手指轻顶圆心处,使其凸起,放入烤盘。刀切深度一般以切开面团高度2/3为宜。在烤制前必须让成形后的面团在温湿条件下存放半小时以上,再在面上洒一些凉水方可入炉烤制。

(4)烘烤。炉温约在200℃左右,烤盘放进炉后关好炉门,将在炉火中烧好的糖碗(即用铸铁制成的小方形铁碗)2个放入烟道中,用勺把约150g砂糖倒入烟道孔的糖碗内,并迅速用木塞塞住孔口,这样红色糖烟就熏于糖江脐的表面。烘焖时间约为8min。

**4. 风味特点**

色泽金红,桂花味浓。

## 六、蛤蟆酥

**1. 原料配方**

皮料:面粉1300g,花生油100g,绵白糖200g,酵面100g,糖桂花50g,食碱50g。

酥料:面粉1200g,花生油300g,香油200g,绵白糖600g,糖黄丁100g,芝麻400g。

**2. 制作工具与设备**

烤盘,案板,和面机,烤箱。

**3. 制作方法**

(1)制发酵面团。将白砂糖、油放入和面机内,加70℃左右的热水120g与糖、油搅拌均匀,再把酵面分成小块和面粉一起放入略搅拌后,再逐次加入50~60℃热水160g,充分搅匀拌透。经发酵的面团体积膨胀为原体积2倍,面团剖面有气孔并有酸味时即可。

(2)兑碱。先把食碱用水溶解,然后逐次加入发酵面团中并在和面机内充分搅拌,同时加入糖桂花。碱液投放量须视面团发酵程度和气温而定。一般搅碱后面团剖面应有均匀圆孔,拍之响声清脆。

(3)制甜酥面团。把花生油、香油、绵白糖、糖黄丁投入和面机内搅匀,再将面粉留下100g作防粘用,其余一起放入和面机搅拌,制成甜酥面团。

(4)包制成型。把搅碱后的发酵面团分成五大块,然后每大块用手摘成均匀小块。用发酵面团做皮包甜酥面团,中心对折,使酥皮达24层次,用水刷其表面,均匀撒满芝麻,整齐地放入烤盘内待烤。

(5)烘烤。将烤盘送入200℃左右的炉内烘烤6min出炉。把烘烤后的方酥叠齐再放入60~70℃的温房内温烤8h左右,充分吸去方酥内的水分。

**4. 风味特点**

色泽金黄,入口酥脆,具有桂花、芝麻天然清香。

## 七、脆饼

**1. 原料配方**

皮料:标准粉1650g,绵白糖200g,花生油400g,小苏打100g。

酥料:标准粉800g,绵白糖700g,花生油200g,金橘饼100g,标准粉50g(撒粉),饰面芝麻400g。

**2. 制作工具与设备**

烤盘,擀面杖,案板,烤炉。

**3. 制作方法**

(1)制发酵面团。将面粉放在案板上挖坑,加上白糖、花生油和小苏打加水揉制成团,揉光略饧制。

(2)制甜酥面团。将所有原料混合,面团擦匀揉透。

(3)包制。将发酵面团搓揉成团,按扁,包进甜酥面团,捏紧,收口朝上。撒上少许干粉,按扁,用擀面杖擀成长方形薄皮。

(4)成型。将包好酥的面团擀成长方形,两边对折,略擀平再对折,擀成长16cm、宽4cm的方形生坯。将生坯排列整齐,在饼坯面刷水,撒满芝麻压实,再将饼坯身倒置芝麻面向下放在操作台上,涂上花生油,洒水少许。

(5)烘烤:采用传统的立式桶炉烤制而成。200℃左右,烘烤15min,让其烘干成熟。

**4. 风味特点**

酥层清晰,入口酥脆,滋味纯正。

## 八、扬式京果

**1. 原料配方**

皮料:糯米粉250g,饴糖250g。

糖浆料:白砂糖700g,饴糖50g。

装饰料:白砂糖500g,炒粳米粉250g,清油适量。

**2. 制作工具与设备**

油锅,刀。

**3. 制作方法**

(1)将糯米粉与水调成饼坯,同时将饴糖加水溶化煮沸。

(2)将饼坯投入糖浆,待其上浮,即与糖浆搅成糊状,再将余下糯米粉倒入糖浆糊内,充分搅拌成团,再分块,压成薄皮,切成条坯,投入油中炸制。

(3)待条坯上浮且膨胀成圆条状时,捞入用砂糖、水、饴糖熬成的糖浆料中,待浆料裹匀,捞出,撒上糖粉和炒粳米粉即可。

**4. 风味特点**

色泽洁白,油润甜脆。

## 九、雪片糕

**1. 原料配方**

炒熟糯米粉2500g,花生油100g,绵白糖2500g,面粉100g。

**2. 制作工具与设备**

烤盘,切糕机,糕模,面筛,铁片,模方,铜板,蒸锅。

**3. 制作方法**

(1)湿糖。在制糕前一天将糖用水溶化再加油拌匀,然后每隔一段时间再拌和一次，放在缸内待用。俗称印糖。

(2)模制。把米粉和湿糖按 1∶1.1 比例称出，擦匀拌透取出过筛。从中取出部分糕粉留作面料。把糕粉装入模内，上面加上面料，用一齿形铁片划匀糕面，再用模方压实，最后用带把的光滑铜板按平。

(3)汽蒸。把糕模放入长方形蒸锅内汽蒸 8min 左右(蒸汽量不可过大，否则影响糕的色泽)，待糕体四周与模微微离开，出现白边，即可将糕倒出放在木板上，待蒸下一锅时将木板搁在糕模上回笼蒸一次，称为回汽。把回汽后的糕分切成 3 块长方条形糕体，并在糕面上用面粉锯一次糕面，然后面对面叠起放入木箱内，盖上布，静置 24h 后切片。

(4)切片成形。将糕条排列在切糕机上，切成片，不可过厚。

**4. 风味特点**

色泽洁白，糕粉细腻，香甜味正，细腻易化。

## 十、花糕

**1. 原料配方**

面粉 200g，玉米面 30g，糖 20g，泡打粉 5g，小苏打 1g，酵母 3g，葡萄干 50g，红枣 10 颗。

**2. 制作工具与设备**

面筛，蒸锅，大碗，保鲜膜，6 寸模具。

**3. 制作方法**

(1)面糊调制。将面粉、玉米面、糖、泡打粉混合均匀，酵母溶于温水中，将所有原料混合成稍有流动性的面糊，盖上保鲜膜放在温暖处发酵 1h 成两倍大，表面有明显气泡生成。

(2)将小苏打溶于适量清水里，将面糊倒入发好的面糊中，搅拌均匀，将面糊倒入铺好油纸的模具中，盖上保鲜膜，二次发酵 1h 至两倍大，表面撒上葡萄干、红枣。

(3)水烧开上屉，大火蒸 15min 即可。

**4. 风味特点**

糕质细腻，纯甜，清香。

## 十一、董糖

**1. 原料配方**

熟标准粉 1600g，绵白糖 4000g，白芝麻 3200g，饴糖 1600g。

**2. 制作工具与设备**

和面机，面筛，擀面杖。

**3. 制法方法**

（1）制酥心。把芝麻碾碎，与糖及熟面粉一起倒入和面机内充分搅拌均匀，隔日后继续搅拌一次，然后用筛将酥心全部过筛，待用。

（2）制糖皮。把饴糖放入锅内加温，待饴糖浓缩至原重的 7/10 左右，挑起糖浆呈片状时，挂下即可。糖皮要求有良好的延展性，以保证包心时不黏不硬。

（3）包心成型。把糖皮用容器盛好，把酥心放在操作台中间。摘一块糖皮轻搓成长条，在操作台上铺一层酥心，将糖皮放在酥心上，用擀面杖擀成长方形，半边放上酥心，然后将这半边糖皮折起，用擀面杖轻压，如此再折起另半边。折好后将皮心略微延伸，再放酥心包皮压紧，如此共包折 10 次。

（4）当包心条延伸一定长度不便操作时可以从中间切断。一般要求一份糖包十份酥心。将包心完毕的长条用三根长木板在其上、左、右三面同时压平，使长条变成长方条，最后用刀分切成均匀小块，块形大小可视要求而定。

**4. 风味特点**

色泽浅白或黄，芝麻香味，细腻爽口，入口易化。

## 十二、芝麻姜汁糕

**1. 原料配方**

炒熟糯米粉 350g，白砂糖 250g，熟芝麻 150g，姜汁 100g，水 50g。

**2. 制作工具与设备**

糕盆，案板，刀，笼屉。

**3. 制法方法**

(1)将砂糖加水熬制成糖浆,糯米粉、姜汁加入糖浆拌匀擦透成糕料。

(2)把1/4糕料铺入糕盆作糕面,剩余糕料加芝麻拌匀,放入糕盆铺平、按实、开条后,连糕盆入锅隔水蒸,熟后趁热将糕坯磕在木架上,稍冷后回汽。

(3)经一昼夜缓慢冷却,切片包装即成。

**4. 风味特点**

色泽洁白,软润爽口,芝麻香浓郁。

## 十三、潮糕

**1. 原料配方**

粳米粉3000g,糯米粉2000g,绵白糖2200g。

**2. 制作工具与设备**

刷子,面筛,案板,蒸锅。

**3. 制作方法**

(1)湿粉。将原料全部拌匀,再加水适量,拌成糕粉。先将粉全部过筛,分成10份,每份1笼。每份先筛出1/10留作制糕面用。

(2)装笼。把糕粉均匀筛入蒸笼内,再将糕面粉筛在最上层,用刷子把糕面掸开,动作要轻巧,以保证糕粉在蒸笼内留下充分孔隙,便于蒸透。糕粉放置时间不能过长,否则糕粉胀发,蒸后会呈颗粒状。

(3)开块。粉筛好后用一薄长片刀将糕粉在笼内划成长5cm、宽3cm的糕片待蒸。

(4)蒸制。将糕片排列整齐,放在笼内,蒸10min,糕坯白色变深,手按有弹性、不下陷,即熟。

**4. 风味特点**

色泽洁白,香甜绵软,细腻爽口。

## 十四、扬式桃酥

### 1. 原料配方

蒸熟面粉2400g,花生油500g,香油500g,绵白糖1100g,小苏打5g,饴糖100g,臭粉5g。

### 2. 制作工具与设备

和面机,桃酥机,烤盘,烤炉。

### 3. 制作方法

(1)制甜酥面团。把绵白糖、饴糖、小苏打、臭粉过筛一起放入和面机内,加微量水在机内搅拌均匀,再加入油,最后加入面粉充分搅拌,时间约为15min,气温高时可适当减少搅拌时间,但必须搅透。制成甜酥面团饧制10min备用。

(2)制坯成型。将搅拌好的甜酥面团分次放入桃酥机内,经桃酥机滚压、印模、脱模、入盘、传送进炉,形成桃酥生坯。

(3)烘烤。将装有桃酥生坯的烤盘送入炉内,炉温为180~200℃,时间一般为8min,烤制时炉温不可过高,否则桃酥表面会出现"堆边"、"焦边"和桃酥酵化程度不够,达不到应有体积,产生夹生现象等;温度过低则会出现桃酥表面花纹不清,色泽发暗,成品僵硬等问题。

(4)冷却装箱。把烤制后的桃酥自然冷却或风冷后,理齐装箱,及时封口,不使受潮。

### 4. 风味特点

色泽金黄,香甜适口,口感酥化。

## 十五、千层油糕

### 1. 原料配方

特制二等面粉650g,酵种500g,生猪板油300g,白砂糖800g,红丝35g,食碱5g,熟猪油150g。

### 2. 制作工具与设备

铁锅,蒸锅,擀面杖。

**3. 制作方法**

(1)将猪板油去膜,切成8mm见方的丁,用白砂糖150g拌匀,腌3天制成糖板油丁。

(2)用沸水50g化开食碱,加入酵种,揉匀后摘成核桃大小的块。将面粉500g放案板上,中间扒窝,一面徐徐倒入20℃左右的温水450g,一面将酵种块与面粉揉成生面筋状。当可拉成韧性较强的长条时,再揉成面团,静置10min左右,取面粉50g撒在案板上,放上面团,翻滚几下。

(3)待面团不粘手时,用擀面杖擀成长约2m、宽约33cm、厚约3mm的长方形面皮,边擀边撒面粉100g,防止粘结。然后在面皮上涂抹一层熟猪油,均匀地撒上白砂糖650g,再铺上糖板油丁。然后自右方向左卷叠成16层的长方形,用两手托起将其翻身,横放在案板上,用擀面杖轻轻压一遍防止擀时脱层。再用擀面杖自面团中心压向四边,边压边擀成长约1m、宽约27cm的长方形,再将左右两端各折回一点压紧。对叠折回后用擀面杖压成边长约33cm的正方形油糕坯。

(4)取直径约47cm的蒸笼一只,垫上湿布,两手捧入糕坯并平糕面,均匀地撒上红丝,盖上蒸盖,置沸水锅上旺火蒸约45min。

(5)将千层油糕端出,倒竹席上晾凉,用刀修齐四边,切成相等的40块菱形糕。食用时再上笼复蒸。

**4. 风味特点**

糕呈半透明状,色泽美观,绵软甜润,层次清晰。

## 十六、素枣糕

**1. 原料配方**

糕粉:炒熟糯米粉500g,绵白糖500g,香油40g。

夹心:炒糯米粉1000g,绵白糖1500g,糖桂花50g,金橘饼50g,香油300g。

**2. 制作工具与设备**

铁锅,模具,筛子,刀,纸。

**3. 制作方法**

(1)制糕粉。将炒熟糯米粉用糖和油拌匀擦透过筛待用。

(2)制夹心。把水烧沸,金橘饼切成细末,再将夹心料全部倒入沸水中调制。至成团时改用小火,并将香油从锅四周淋下,不断搅动,防止粘锅焦底。搅透后出锅略冷,待用。

(3)成型。将糕粉一分为二,一份作底,一份作面。把一份放入长30cm、宽15cm的木模内划平压实,称1kg夹心均匀铺上。再放上另一份糕粉划平,压实。在糕粉入模前在模上垫一张纸,以便划块后易提起。

(4)截块。用刀将大块切划成长4cm、宽1cm的长块即可。

**4. 风味特点**

色泽金黄,入口有桂花、金橘清香,口感细腻绵软。

## 十七、黄桥烧饼

**1. 原料配方**

面粉500g,精盐15g,酵母10g,饴糖12.5g,猪板油125g,葱100g,芝麻35g,食碱5g,熟猪油135g。

**2. 制作工具与设备**

案板,擀面杖,烤盘,烤箱。

**3. 制作方法**

(1)将面粉250g加酵母加温水,揉成面团让其发酵,待发酵后兑入碱水,面团无酸味即可待用。

(2)其余面粉加熟猪油和成干油酥,加上葱末精盐拌匀,将猪板油去膜切成细丁与葱花精盐拌匀。

(3)把酵面搓成长条,摘成二十只剂子,每只剂子包入干油酥,擀成9cm长,6cm宽的面皮,左右对折后再擀成面皮,然后由前向后卷起来,用掌心平拍成直径5.4cm的圆形面皮,铺上猪板油丁,再放一点葱油酥封口朝下,擀成直径7.5cm的小圆饼,上面涂一层饴糖,撒上芝麻装入烤盘,烤五分钟后,调换方向再烤,让其充分烤透。

**4. 风味特点**

色彩金黄,外酥里嫩,葱香味浓郁,油而不腻,营养丰富。

## 十八、盒子酥

**1. 原料配方**

特制一等面粉700g，绵白糖225g，红枣450g，熟猪油1500g（约耗500g）。

**2. 制作工具与设备**

案板，擀面杖，油锅。

**3. 制作方法**

（1）将红枣制泥，加熟猪油、绵白糖做成枣泥馅心。

（2）面粉加清水、熟猪油制成水油面团，搓成细条，摘成大小相同的面剂22个。

（3）将面粉、熟猪油制成油酥面团22个。

（4）将水油面团揿扁平，分别包入油酥面团。擀制起酥，包入枣泥馅心，沿一边皮从下向上翻捏成麻花状。

（5）将生坯放入120℃油锅中炸至酥坯浮起，外形出现层次时，稍炸，捞出即成。

**4. 风味特点**

色泽麦黄，层次分明，酥香松甜，肥而不腻，入口酥化。

## 十九、翡翠烧麦（咸味）

**1. 原料配方**

面粉500g，荠菜1000g，冬笋100g，火腿100g，精盐适量，脂油丁80g，白糖50g

**2. 制作工具与设备**

案板，擀面杖，蒸笼。

**3. 制作方法**

（1）制馅。首先，将荠菜去老黄叶和根，洗干净焯水后捞出放入冷水内过凉取出，挤干水分剁成茸，放入盆内撒上白糖和盐，拌匀。然后，将冬笋、火腿分别切成小指甲片，倒入荠菜内加入脂油丁拌匀即可。

（2）包制成形将面粉用开水烫熟，略凉，揉匀，搓条，下剂（6只/

50g),按扁,用擀面杖擀成荷叶边,金钱底的圆皮子,(直径约6cm),将馅心包入皮内,用手拢起,不收口,即成烧麦生坯。

(3)蒸制。入屉,沸水、旺火足汽蒸5~6min就可。

**4. 风味特点**

碧绿如翡翠,鲜嫩爽口。

## 二十、翡翠烧麦(甜味)

**1. 原料配方**

面粉500g,青菜叶1000g,白糖300g,猪油250g,盐2g。

**2. 制作工具与设备**

案板,擀面杖,蒸笼。

**3. 制作方法**

(1)制馅。青菜洗干净,焯水,捞出入冷水浸凉挤干水分,剁成蓉。拌入适量的糖、盐、猪油搅拌均匀,备用。

(2)制皮。面粉用开水汤透,凉了揉匀搓条,下剂,用擀面杖擀成荷叶边、金钱底的圆皮子(直径约6cm)。

(3)包制成形。将馅心包入皮内,用手拢起,不收口。可用拢上法,拢成白菜形。

(4)蒸制。上笼,沸水、旺火蒸5~6min。

**4. 风味特点**

色泽碧绿,甜肥而不腻,口味清香。

# 第十一章　宁绍式糕点

## 一、吉饼

**1. 原料配方**

皮料：标准面粉 400g，饴糖 300g，花生油 30g，小苏打 4g，饰面芝麻 50g。

馅料：熟面粉 150g，砂糖 20g，橘饼 20g，桂花 10g。

**2. 制作工具与设备**

筛子，案板，印模，擀面杖，烤盘，烤箱。

**3. 制作方法**

（1）面团调制。先将所有原料计量称重，将面粉过筛，小苏打和面粉混合均匀。面团挖个坑，中间放入饴糖、油拌和成团，略为饧制一段时间后切成小块待用。

（2）制馅。将熟面粉、砂糖拌匀，再放入橘饼、桂花拌透分块待用。

（3）包馅。将皮擀圆、馅搓圆包成饼坯，馅料包正、包严，成扁圆形，顶部盖上红印，撒上少量芝麻。

（4）烘烤。装盘烘烤，炉温为 230 ~ 250℃，烤制 8 ~ 10min 出炉后冷却即可。

**4. 风味特点**

色泽金黄，口感松软，具有果仁香味。

## 二、苔菜月饼

**1. 原料配方**

皮料：特制面粉 300g，标准面粉 250g，花生油 150g，饴糖 50g。

酥料：特制面粉 300g，花生油 125g。

馅料：熟面粉 425g，砂糖 650g，麻油 25g，糖桂花 50g，苔菜粉 75g。

**2. 制作工具与设备**

电子秤，案板，烤盘，烤箱，和面机，擀面杖。

**3. 制作方法**

(1)制油酥面团。将特制面粉放在案板上，然后放花生油和面粉和匀，再用掌根擦匀擦透，然后分团备用。

(2)制水油面团。依次放入花生油、饴糖，再加适量开水拌匀，最后放入特制面粉继续搅拌，待调拌均匀后，分块备用。

(3)制馅。先放糖、油，再加适量水搅拌，然后放入熟面粉、苔菜粉、糖桂花，拌匀为止。

(4)包酥。将水油面团搓揉成团，按扁，包进干油酥，捏紧，收口朝上。撒上少许干粉，按扁，用擀面杖擀成长方形薄皮。然后将长方形薄皮由两边向中间叠为 3 层，叠成小长方形。再将小长方形擀成大长方形，顺长边由外向里卷起，卷成筒状。卷紧后搓成长条，摘成 20 个剂子。

(5)包馅。包入馅心，按成扁鼓形，盖上红印。

(6)烘烤、装盘。在炉温 250 ~ 270℃ 炉中烘烤 8 ~ 10min，熟后冷却装箱。

**4. 风味特点**

色泽金黄，酥松油润，香味浓郁，具有苔菜鲜味。

## 三、苔菜千层酥

**1. 原料配方**

皮料：标准面粉 500g，糖粉 180g，花生油 150g，小苏打 5g。

馅料：标准面粉 200g，糖粉 75g，花生油 180g，苔菜粉 40g。

装饰料：熟面粉 150g，糖粉 80g，饴糖 30g，芝麻 100g。

**2. 制作工具与设备**

筛子，案板，擀面杖，烤盘，烤箱。

**3. 制作方法**

(1)和面。标准面粉过筛，然后将糖粉、油、筛好的小苏打加入，用温水调合,拌匀拌透,略为醒制即可。

(2)制馅。在过筛的标准面粉中放入糖粉、苔菜粉、油拌成面团。

(3)包馅。将皮面和馅料用刀分成均匀小块,包成饼坯。

(4)擀坯。将饼坯撒上面扑,用擀面杖擀成长方形薄片,两端折拢,擀薄,再折拢,再擀薄,反复多次,擀成二十几层约长 7cm、宽 5cm 的薄饼坯,刷上饴糖,撒上芝麻,装盘烘烤。

(5)烘烤。烘烤时炉温一般在 230℃左右,烤制 10min。

**4. 风味特点**

色泽金黄,酥松可口,咸甜俱全。

## 四、祭灶果

**1. 原料配方**

糯米粉 650g,芋艿浆 400g,白砂糖 150g,饴糖 260g,饰面芝麻 100g。

**2. 制作工具与设备**

筛子,案板,蒸锅,擀面杖,油锅,竹匾。

**3. 制作方法**

(1)制粉坯。将糯米淘净,用清水浸 6 ~ 7h 后把水沥干,然后轧粉过筛,用适量开水与米粉拌透后蒸制。

(2)磨芋艿浆。把芋艿洗净,去皮,然后磨成浆。

(3)制坯。将蒸熟的粉坯用木棍用力搅拌,至不烫手时,掺入芋艿浆,然后再用力搅拌,拌匀为止。再把拌好的粉坯在面板上摊开,厚薄要均匀,待坯子晒至半小时,用刀切成 1.5 ~ 2cm 左右的正方形小块,再在日光下晒得有硬性、韧性即可。

(4)油炸。先在 60℃左右的油锅内浸泡,泡至果坯周边发白时,把坯移入另一热油锅内慢慢加热升温,待果坯胀到成品的 2/3 大时(成品圆形,直径 5cm 左右),再在 60℃的油锅内炸制,至果坯完全膨胀即成。

(5)成型。将白砂糖、饴糖在锅内煮沸,把炸好的果坯倒入拌和,取出,再倒入装有芝麻的竹匾内,沾上芝麻即成。

**4. 风味特点**

色泽浅黄，松酥香甜。

## 五、苔菜占子

**1. 原料配方**

标准面粉350g，苔菜粉150g，食盐3g，小苏打5g，花生油1000g。

**2. 制作工具与设备**

案板，擀面杖，油炸炉。

**3. 制作方法**

（1）拌粉。将所有粉料拌匀揉制。

（2）成型。将面团搓成条，旋转成长铰链状，不弯不散，不松绞，大小长短均匀。

（3）油炸。以150℃油温炸制，出锅时适当升温，略为膨胀即可。

**4. 风味特点**

色泽油绿，内部酥脆，鲜咸油脆。

## 六、白果糕

**1. 原料配方**

白果100g，糯米粉200g，白糖80g，蜜饯10g，色拉油10mL，核桃仁10g。

**2. 制作工具与设备**

案板，刀，蒸笼。

**3. 制作方法**

（1）白果剥去果皮、果心，跟核桃仁、蜜饯一起切成细粒，加白糖、糯米粉、色拉油调匀，加入适量清水揉成糊状。

（2）将做好的果糊修正成正方形，装在盘里上笼蒸20min至熟。

（3）取出切成小方块即成。

**4. 风味特点**

果香浓郁，松软香甜。

## 七、松仁糕

**1. 原料配方**

皮料:蒸熟面粉 350g,白砂糖 350g。

馅心:蒸熟面粉 500g,白砂糖 180g,桂花 50g,松子仁 50g,花生油 500g。

**2. 制作工具与设备**

筛子,案板,刀,金属筛,木板。

**3. 制作方法**

(1)制馅。将白砂糖、松子仁、花生油、桂花、熟面粉、适量温开水拌匀即可。

(2)擀制。将馅心分块在案板上擀成厚约 1cm 的薄片。

(3)上皮料。把白砂糖和蒸熟面粉搓透,在擀开的馅心上刷少量冷开水,再把搓好的饰料用金属筛均匀地筛到馅心上。用木板压平,盖上一张纸。再用同样的方法将另一面上好,盖纸和木板,放置 2h。

(4)成型。将糕用刀切成长 4cm、宽 1.5cm 长方块,盖上红字印即可装箱。

**4. 风味特点**

色泽浅白,软润细腻,具有松子香。

## 八、豆酥糖

**1. 原料配方**

糖粉 1000g,黄豆粉 1000g,熟面粉 500g,饴糖 800g,花生油 35g。

**2. 制作工具与设备**

铁锅,擀面杖,刀,面筛。

**3. 制作方法**

(1)拌粉。黄豆粉、熟面粉、糖粉混合拌匀,然后过筛。

(2)煮糖。将饴糖、油下锅熬制,即成老糖(熬好的饴糖)。取出放在传热的容器内,放在热水里,保持老糖的温度。

(3)制糖。将黄豆、熟面粉和糖粉的混合粉用锅炒热,取出少量撒在操作台上，然后放上老糖，表面再撒上热粉，用擀面杖擀成方形。将热粉放入其中，再将老糖两面相互对折，用擀面杖擀薄，然后再放热粉，如此重复折叠三次，最后用手捏成长条，顺直，切成四方小块，然后用木条挤紧压实即可。

**4. 风味特点**

色泽浅黄，酥松易溶，具有黄豆香味。

## 九、乌饭糕

**1. 原料配方**

糯米 500g，红糖 200g，白糖 100g，山楂粉 50g，芝麻 35g，红丝 10g，葵花子 20g。

**2. 制作工具与设备**

轧糕机，刀，木框，平底锅。

**3. 制作方法**

(1)把糯米淘净蒸熟，放入轧糕机中，将红糖、白糖、山楂粉倒在上面，加沸水轧成饭块。

(2)倒入木框，用力将饭块揿实，等冷却后拆木框，用刀直切成等方块，完整地移至另一块木板上，刷上麻油，撒上芝麻、红丝、葵花子即成。

(3)食用时，将糕放入平底锅内煎贴后即成。

**4. 风味特点**

香味浓郁，外脆内软，香甜可口。

## 十、苔生片

**1. 原料配方**

糯米粉 500g，糖粉 500g，花生仁 125g，芝麻 75g，苔菜 35g，花生油 35g。

**2. 制作工具与设备**

铁盘，刀，蒸锅，烤箱。

**3. 制作方法**

(1)搓粉。根据糯米粉和糖粉不同的干湿程度,拌匀搓透。花生仁事先要用水泡透,沥干水分后用糖粉拌匀。

(2)炖糕。取拌好的花生仁,均分成三堆,第一堆打底,在铁盘上摊平揿实后,放上第二堆粉,同样揿实摊平,再将剩余的花生仁放入,最后放上第三堆粉、摊平揿实。操作时用力要均匀,四周高低相等。然后用刀开条,要求大小一致,不偏斜。

(3)蒸糕。将切过条的糕连同铁盘一起蒸制,蒸糕时一定要蒸透。

(4)切片。把蒸过的糕切片,装盘。

(5)烘烤:炉温为230~250℃,烘烤10min左右至米黄色可收片包装。

**4. 风味特点**

色泽米黄,咸里透鲜,松脆适中,具有苔菜和花生仁香味。

## 十一、宁式云片糕

**1. 原料配方**

糯米粉450g,白砂糖500g,熟猪油50g,清水125g,柠檬酸10g。

**2. 制作工具与设备**

粉筛,蒸笼,模具。

**3. 制作方法**

(1)制糖砂。白砂糖用清水溶解后煮成糖浆,煮时加入柠檬酸,煮至120℃,熄火,搅拌成糖砂,加进熟猪油,拌匀备用。

(2)把过筛的糯米粉,放操作台上围成圈,中间放入糖砂,拌匀。

(3)把粉装入模具,压实,面上覆盖一张白纸,放在蒸笼里蒸15min,以增加粉的粘结度。

(4)糕坯脱膜后晾凉,取出切成薄片。

**4. 风味特点**

清甜细腻,酥香软滑,清香怡人。

## 十二、和连细糕

### 1. 原料配方

白糖粉450g,熟面粉240g,炒熟糯米粉250g,熟猪油10g。

### 2. 制作工具与设备

印模,面筛。

### 3. 制作方法

(1)拌粉。白糖粉、熟猪油加少量冷开水拌透,加入熟面粉搅拌均匀,过筛。

(2)成型。在拌好的粉中加入炒熟糯米粉搓匀搓透,然后放入木模板内,压实,使其在模内粘结,然后用刮刀刮去多余的粉屑,再将模内的印糕敲出即为成品。

### 4. 风味特点

色泽浅黄,香甜清香,糯软适口。

## 十三、可可奶层糕

### 1. 原料配方

马蹄粉500g,白糖1000g,可可粉25g,鲜奶1250g

### 2. 制作工具与设备

面盆,方盘,筛子,蒸锅。

### 3. 制作方法

(1)糊浆调制。将一半马蹄粉放入面盆中,倒入鲜奶250g,搅至马蹄粉溶化,然后用筛子过滤,成为奶粉浆。

另将剩余的马蹄粉250g、可可粉放入另面盆中,加入清水500mL,搅拌至马蹄粉、可可粉溶化,然后用筛子过滤称为可可粉浆。

将剩余鲜奶倒入锅中,加入500g糖,用小火煮制白糖溶化,随即端离火位过滤,稍凉与奶粉浆混合,成为甜奶浆,然后将甜奶浆加热至稀糊状。

将剩余清水与500g白糖煮成糖水,端离火位过滤,稍凉后与可可粉浆混合,端回火位煮成糊状后端离火位待用。

(2)生坯成型、熟制。在方盆里刷一层油,倒入四分之一可可糊上笼用中火蒸约6min,再倒入四分之一奶糊再蒸6min,两种糊交替各倒4次,共蒸8次即成,晾凉后切块。

**4. 风味特点**

色泽美观,口感细滑,香甜可口。

## 十四、龙凤金团

**1. 原料配方**

糯米150g,粳米250g,红豆100g,白砂糖100g,猪油75g,橘饼10g,葵花子15g,玫瑰花10g,青红丝35g,桂花35g,松花粉15g。

**2. 制作工具与设备**

布袋,蒸笼,模具,筛子。

**3. 制作方法**

(1)将糯米、粳米掺和在一起,入水中浸泡半天,带水磨成粉(即水磨粉)。

(2)将粉浆装入布袋,榨压出水分,再粉碎后摊在湿屉布上,放沸水锅上蒸20~30min,成熟粉。

(3)用手将粉用力揉透成大粉团。

(4)将红豆煮烂,用筛子擦去外皮备用;另将炒锅上火,放入猪油烧热加入红豆沙、白糖,炒匀炒透,最后加入碎橘饼、葵花子、玫瑰花、青红丝拌匀成馅。

(5)捏成五等份的团形,在每个粉团中间挖一孔,嵌入适量的馅子,然后搓圆,并放木模印中稍按,最后滚上松花粉,即成团坯。

(6)再把团坯放屉布上,放锅内蒸15min即成。

**4. 风味特点**

香甜可口,绵软细腻。

## 十五、宁波猪油汤团

**1. 原料配方**

白糯米1000g,猪板油200g,白糖1000g,黑芝麻600g,糖桂花 2.5g。

**2. 制作工具与设备**

案板,筛子,铁锅。

**3. 制作方法**

(1)馅心调制。将黑芝麻淘洗干净、沥干,炒熟后碾成粉末,用筛子筛取黑芝麻末 500g 备用。同时,将猪板油去膜,剁成蓉,加入白糖 500g、黑芝麻末 500g 拌匀搓透即成馅。分成 100 个剂子,待用。

(2)粉团调制。将糯米 1000g 淘洗干净,浸泡至米粒松脆时,加水磨制成米浆,装入布袋后压干待用。然后将压干粉浆加热水 100g,揉匀揉透后摘成 100 个小剂待用。

(3)生坯成型。取小剂一个,用手捏成酒盅形,填入馅心 10g 收口后搓成光滑的圆球形即可。

(4)制品熟制。取水锅置旺火上,加水烧沸,下入制品生坯,煮至上浮后,点 2~3 次清水煮至成熟即可起锅装碗。

**4. 风味特点**

洁白光亮,皮薄馅多,入口流馅,油而不腻,香甜可口。

## 十六、玫瑰水绿豆糕

**1. 原料配方**

白糖粉 2200g,绿豆粉 2000g,糯米粉 700g,香油 2500g,豆沙馅 1500g,玫瑰 100g。

**2. 制作工具与设备**

筛子,案板,糕模,刷子,蒸笼。

**3. 制作方法**

(1)制馅。首先加工绿豆粉,将绿豆洗净,煮至开花,晒干、去皮后碾成粉;然后制豆沙馅,将绿豆煮熟,轧成糊,再加糖水煮,煮到适当时候加入玫瑰及少许麻油,拌和即成。

(2)制粉。将白糖粉用香油拌匀;加入绿豆粉,最后加糯米粉拌匀。

(3)成型。准备好糕模,将拌好的绿豆粉筛至模内,中间加豆沙馅,然后再筛入糕粉,刮平表面,脱模至蒸板上。

(4)蒸制。上蒸笼蒸熟即可(蒸时要控制火候和时间,时间太长会散开,时间短则硬底)。

(5)装箱。出锅冷却后即可装箱,装箱时在糕面上刷一遍香油。

**4. 风味特点**

色泽黑绿,油润光亮,酥软甜香,味美爽口。

## 十七、玉荷糕

**1. 原料配方**

白糖600g,熟菱粉600g,熟猪油500g,熟黑芝麻粉1000g。

**2. 制作工具与设备**

案板,印模,擀面杖。

**3. 制作方法**

(1)拌料。将白糖粉、熟菱粉、熟猪油拌匀为面料。然后将糖粉、熟黑芝麻粉、熟猪油拌匀为底料。

(2)成型。先把面料填入刻有荷花花纹的印模内,压实,压平。然后填入底料,用擀面杖压紧、刮平后敲动,使糕坯出模。再在糕中心略涂红色即可。

**4. 风味特点**

色泽玉白,粉质细腻,香甜润软,油而不腻。

## 十八、宁式砂仁糕

**1. 原料配方**

糕粉2500g,绵白糖2500g,饴糖280g,猪油350g,砂仁粉220g。

**2. 制作工具与设备**

案板,模具,烤箱,锡盆。

**3. 制作方法**

(1)拌粉。各种原料混合拌匀即可。

(2)装模、划片。拌好的粉装入锡盆内,装粉厚为6.5cm,装粉后用糕镜压实按平。划片时,横、竖按1cm距离切块。

(3)蒸制、烘烤。糕模炖入开水锅内,约炖5min取出。稍冷倒在盘上待烘。

(4)烘盘入烘箱用70~80℃焙干,冷却后即可。

**4. 风味特点**

色泽浅白,均匀不碎,质松香酥,具有砂仁辛香味。

## 十九、桂花糕

**1. 原料配方**

糯米粉1800g,绵白糖500g,黄桂花200g。

**2. 制作工具与设备**

木模具,竹丝帘,铁丝筛。

**3. 制作方法**

(1)制糕粉。把糯米粉加一半绵白糖一起拌匀成糕粉。

(2)制糕心。取另一半绵白糖与桂花擦匀即成。

(3)制糕坯。先用一块正方形有洞孔的木板,放上竹丝帘,再垫上一层糕布。并在木板四周装上活动木框。以上准备妥当后,可用铁丝筛将糕粉均匀地筛入木框内。待糕粉近半框时,另将糕心均匀筛入。然后用余粉把木框筛满,刮平,用刀划成长方形小块。除去活动木框,成为一板糕坯。

(4)蒸糕。糕坯制成后,连板一起装入蒸格,每格约装5板,放在灶上蒸约10min即熟。最后,用刀划成长方形小块即成。

**4. 风味特点**

色泽洁白,清甜芳香,柔软滑润,适口性好。

## 二十、烧阳酥

**1. 原料配方**

皮料:糕点粉750g,猪油200g。

酥料:糕点粉400g,猪油200g。

馅料:豆沙馅8000g,糖渍板油580g,植物油50g。

**2. 制作工具与设备**

面盆,案板,烤盘,烤箱。

**3. 制作方法**

(1)制皮。先将猪油和温水放入面盆内搅拌,然后加入糕点粉搅拌,使充分吸水,最后揉制成软硬适宜的筋性面团,形成水油面团。

(2)擦酥。将糕点粉和猪油充分搅拌均匀,用掌根擦匀擦透,形成干油酥。

(3)制馅。将糖渍板油切成小丁,加到豆沙馅中充分搅拌均匀然后分成块。

(4)成型。将水油面团搓揉成团,按扁,包进干油酥,捏紧,收口朝上。撒上少许干粉,按扁,用擀面杖擀成长方形薄皮。擀平,多次折叠,然后擀成薄片,切成长方形,包入馅料,四边向里面裹,最后表面刷上油即可。

(5)烘烤。将生坯放入180℃的烤箱烘烤10~15min,高温短时待馅心糖渍板油受热融化,酥皮呈乳白色而松发即可。

**4. 风味特点**

皮薄松脆,细腻香甜,油润爽口。

## 二十一、三酥饼

**1. 原料配方**

皮料:面粉1000g,花生油125g,饴糖240g。

酥料:面粉500g,花生油25g。

馅料:熟面粉1000g,生籼米粉800g,花生油600g,糖粉550g,黑芝麻屑300g,精盐15g。

**2. 制作工具与设备**

筛子,烤箱,擀面杖,烤炉。

**3. 制作方法**

(1)调制皮料。按配方比例将面粉1000g,花生油125g,饴糖240g,水等混合后和面粉揉制成团,形成水油面。

(2)调制干油酥。将面粉和花生油用手掌擦制成团即可。

(3)制馅。先将馅料中除生籼米粉外的其他原料拌匀;然后把生籼米粉蒸熟,烘干,过筛后拌入。

(3)包酥。将水油面团搓揉成团,按扁,包进干油酥,捏紧,收口朝上。撒上少许干粉,按扁,用擀面杖擀成长方形薄皮。将皮料擀成0.7cm厚,再卷成长条,分量切成小坯,包酥时应将面头切口向内折入,用手略按后,再包入馅料,擀压成饼状。

(4)熟制。烘烤温度为180℃,烤制20min即可。

**4. 风味特点**

色泽金黄,口感松脆,内部滋软,甜咸适口,香味浓厚。

## 二十二、绍兴烧蛋糕

**1. 原料配方**

特制面粉750g,鸡蛋1000g,白砂糖1200g,植物油150g,松子仁30g,饴糖40g。

**2. 制作工具与设备**

搅拌机,模具,烤箱。

**3. 制作方法**

(1)将蛋去壳后与砂糖、饴糖一起放入搅拌机中搅打,蛋液发泡体积膨胀至原来的2倍以上,慢慢加入特制面粉拌匀成糊状,再加入植物油、松子仁拌匀。

(2)将料糊注入涂油的模中,装八分满。

(3)送入烤箱,烘烤温度为180℃,烤制25min即可。

**4. 风味特点**

色泽褐黄,松软细腻,蛋香浓郁。

## 二十三、豆沙卷蛋糕

**1. 原料配方**

鸡蛋20个,低筋面粉800g,糖650g,牛奶720g,油540g,豆沙150g,白醋5g。

**2. 制作工具与设备**

搅拌机,油纸,烤盘,烤箱,胶铲。

**3. 制作方法**

(1)蛋清打制粗泡,加入 550g 糖高速打至干性发泡,蛋泡比较小,提起打蛋器时蛋清呈弯曲的尖角即可。

(2)蛋黄加剩余的 100g 糖用手动打蛋器搅匀,筛入低筋面粉用胶铲搅拌均匀。

(3)分三次把打发的蛋清混匀到面糊当中。

(4)烤盘铺好油纸(油纸要盖住烤盘并露出边缘),倒入面糊,振动几下烤盘,把里面的气泡振出来。

(5)烤箱预热 175℃,烘焙 10min,转 150℃烘焙 15min。

(6)取出烤盘,倒扣,揭掉油纸,涂上豆沙,卷起,晾凉切块即可。

**4. 风味特点**

糯香软绵,蛋香浓郁,松软可口。

## 二十四、孟大茂桂花香糕

**1. 原料配方**

粳米 4000g,糯米 1000g,红小豆 500g,红糖 2500g,玫瑰 250g,青梅 100g,冬瓜糖 100g,熟芝麻 75g,松子仁 50g,葵花子 50g,核桃仁 50g,蜜橘皮 50g,青丝 50g,红丝 50g。

**2. 制作工具与设备**

刀,模具,刮板,木板,小铁抹子,蒸笼。

**3. 制作方法**

(1)将粳米和糯米洗净,用清水泡胀,控去水分,上石磨磨成米粉。

(2)将松子仁、葵花子、核桃仁、蜜橘皮、青红丝切成碎末。将红小豆洗净、晾干、磨成干面,与红糖、玫瑰酱、熟芝麻和剁碎的青红丝搓匀成豆沙馅。

(3)将铺好屉布的箅子放在案子上,上面再摆上厚约 3.3cm 的长方形木模。然后将糯米粉均匀地撒入。撒至米粉占木模厚度的 1/3 时,把豆沙馅均匀地撒上。撒至木模只剩 1/3 厚度时,将糯米粉再撒入。撒好后,用木刮板把米粉与模子刮平,再用小铁抹子抹出光面,用刻有细直纹的木板按压出直纹,撒上切好的多种小料,再用刀将糕干生坯切成40块。

(4)拿去木模,将糕干生坯上蒸锅蒸约30min。见糕干没有生面、豆沙馅裂开时即熟。

**4. 风味特点**

粉质细腻,松酥可口,香味纯正,甜度适宜。

## 二十五、桂花炒米糕

**1. 原料配方**

炒糯米粉400g,绵白糖600g,糖桂花250g。

**2. 制作工具与设备**

筛子,擀面杖,印模,刮板,烤箱。

**3. 制作方法**

(1)将绵白糖过筛(粗粒用擀面杖擀碎),加入炒粳米粉、糖桂花拌匀,搓至糖粉充分溶合即可。

(2)将糕粉倒入木制印模内(模内需敷少量干粉),用力按压,使其在模内粘结,然后用刮板刮去多余粉屑,刮平后将米糕敲出,放进低温烘房稍置即可。

**4. 风味特点**

色泽玉白,甜味纯正,口感软糯。

## 二十六、糖酥饺

**1. 原料配方**

糯米500g,白糖100g,菜籽油1000g。

**2. 制作工具与设备**

布袋,案板,油炸炉。

**3. 制作方法**

(1)将糯米浸泡24h,洗净,加清水用磨磨成稀浆,装入布袋吊干水分,放入50g白糖和热水拌匀,揉和成团。

(2)将糖粉团分成20份,捏成长牛舌形(宽约3cm、长约8cm)的扁片,制成饺子形。

(3)把饺子形生坯放入175℃热的油炸炉内,炸至金黄色至熟。

(4)捞出装盘,撒上白糖即成。

**4. 风味特点**

色泽金黄,外酥内糯,香甜可口。

## 二十七、枣仁酥

**1. 原料配方**

皮料:中筋面粉500g,猪油60g,糖适量。

油酥面:中筋面粉500g,猪油240g。

馅料:枣泥馅350g。

**2. 制作工具与设备**

擀面杖,案板,油炸炉。

**3. 制作方法**

(1)制水油面团。将猪油和水投入中筋面粉中,用温水先将油和糖拌匀,加粉揉制成团,略饧制一会。

(2)制油酥面团。将面粉和猪油放在案板上用掌根擦匀擦透。

(3)包酥。将水油面团搓揉成团,按扁,包进干油酥,捏紧,收口朝上。撒上少许干粉,按扁,用擀面杖擀成长方形薄皮。然后将长方形薄皮由两边向中间叠为3层,叠成小长方形。再将小长方形擀成大长方形,顺长边由外向里卷起,卷成筒状。卷紧后搓成长条,摘成20个剂子。从中间切开,切口朝下,擀成薄圆形。

(4)包馅成型。取油酥皮一小块,中间放枣泥馅,捏成枣形。

(5)入温油锅内炸制成熟即可。

**4. 风味特点**

色泽金黄,层次清晰,口感酥脆,枣香纯正。

## 二十八、沙丰糕

**1. 原料配方**

鸡蛋500g,白砂糖500g,面粉250g,蜜饯80g,豆沙220g。

**2. 制作工具与设备**

擀面杖,搅拌机,蒸笼。

**3. 制作方法**

(1)洗蛋。将鸡蛋用清水洗净。

(2)打蛋液。将蛋液和糖放入搅拌机中搅打。待糖蛋混合液发白起泡,体积增大2/3时,继续搅打至湿性发泡,下入面粉拌匀。

(3)成形蒸制。先将豆沙擀成30cm×30cm×0.8cm薄片备用。用木制小蒸箱,箱底垫竹帘和白细布,按制品规格将蛋糊1/2倒在垫布上摊平,入蒸灶蒸制,先是开盖蒸,到蛋液结薄衣时加盖,蒸至八成熟时加入豆沙薄片,再将剩余1/2蛋液倒在豆沙上摊平,用同样方法蒸制。在蛋液结成薄衣时放上蜜饯。到蛋糕全部蒸熟出箱,撕下垫布。

(4)成品不能叠,销售时可整块装盒,也可用刀开块。

**4. 风味特点**

色泽金黄,甜而柔润,口感松软。

## 二十九、猪油豆沙蛋糕

**1. 原料配方**

面粉200g,白砂糖400g,鸡蛋500g,红豆沙150g,糖猪板油丁75g,玫瑰花15g。

**2. 制作工具与设备**

圆模具,蒸笼,打蛋器。

**3. 制作方法**

(1)先将豆沙铺成0.3cm薄片,用铁制圆筒扣出直径2cm小圆片备用。

(2)鸡蛋去壳打入蛋桶内,加入白砂糖搅打至蛋液体积膨胀一倍,加面粉调成糊状。

(3)将蛋糊入圆形模内,先开盖蒸,到蛋液结成薄衣时加盖蒸,蒸至八成熟放入圆薄片豆沙,再蒸至基本成熟,放玫瑰花和糖猪板油丁,直至蒸熟即成。

**4. 风味特点**

色泽浅黄，松软细润，入口香甜。

## 三十、朝笏香糕

**1. 原料配方**

白粳米 1000g，白砂糖 350g，糖桂花 50g，香料 10g。

**2. 制作工具与设备**

筛子，蒸糕箱，刀，切糕机。

**3. 制作方法**

（1）制粉。把粳米淘洗干净，沥干水。再加 3% ~5% 的水摊开，摊凉 10 ~16h，使含水量到 26% 左右。然后粉碎，过 0.4mm 筛。

（2）和糖。将糖筛于粉料中拌匀，放置 2 ~5h，使糖粉溶解。

（3）搓粉。将糕粉搓匀，盛入烘粉箱。

（4）烘粉。烘粉需视气温高低与粉质潮湿程度确定，在冬季气温较低时需将烘粉箱放入烘房，温度以 60℃ 为宜，其余季节可以不烘。

（5）加香擦拌。将部分烘好的粉加入糖桂花和香料，拌匀搓透，然后过筛，除去杂质，成为桂花粉。

（6）成型。用 30cm ×30cm ×6cm 木箱，底铺上竹帘、箱板纸和白细布，将糕粉倒入半箱，铺上一层薄桂花粉，再将糕粉倒入，平箱为止，用划刀弄平。用划糕刀分成二段，入切糕机切成 40 段。

（7）烘糕。需用圆形无盖火缸，分二次烘。第一次以 100℃ 的温度烘 6 ~7min；第二次将糕反过来，用 80 ~90℃ 的温度再烘 8 ~9min。至糕体成朝笏形后起炉。待糕全部冷却后，加盖储存。

**4. 风味特点**

色泽棕黄，形如朝笏，形硬而质松，入口香甜。

## 三十一、松子糕

**1. 原料配方**

糯米 1000g，白砂糖 1000g，松子仁 150g，香油 15g。

**2. 制作工具与设备**

筛子,粉碎机,刀。

**3. 制作方法**

(1)制粉。先将糯米过筛,筛去碎粒,淘洗干净,将水沥干,然后将白砂糖用旺火炒热,放入糯米,不时炒动。炒到糯米呈圆形,不用开花,即可。炒完后过筛,冷却后,用粉碎机碾成细粉。

(2)溶糖。将白砂糖加水溶化成糖浆水,至糖全部溶解后,冷却使用。

(3)和糖成型。先在案板上涂上香油,将松子、糖浆水和入糕粉,糖浆水宜分次逐步放入,边放边拌,至质地软糯,有光泽,即可切成薄长方条形。

**4. 风味特点**

色泽浅白,口味糯软,具有松子香。

## 三十二、异香花生糕

**1. 原料配方**

皮料:糯米粉 500g,花生酱 150g,熟花生仁 75g,白糖 250g,黄油 40g,鸡蛋 1 个,面包屑 100g,色拉油 2000mL。

**2. 制作工具与设备**

蒸锅,不锈钢方盆,油锅。

**3. 制作方法**

(1)糊浆调制。将黄油蒸化,熟花生仁切粒,两者与白糖、水、花生酱拌匀,再与糯米粉调成厚糊,倒入抹过油的不锈钢方盆。

(2)生坯熟制。将方盆上笼蒸 45min,冷却后切成菱形块装盘。也可将糕切成条,蘸上蛋液,滚上面包屑,入油锅中炸至金黄色即可。

**4. 风味特点**

色泽金黄,软糯香甜,具有浓郁的花生香味。

## 三十三、桂花炒米糕

**1. 原料配方**

炒糯米粉 400g,绵白糖 600g,糖桂花 30g。

**2. 制作工具与设备**

擀面杖，印模，薄片。

**3. 制作方法**

（1）擦粉。将绵白糖过筛（粗粒用擀面杖擀碎），加入炒糯米粉、糖桂花拌匀，搓至糖粉充分溶合即可。

（2）模压成型。将糕粉倒入木制印模内，用力按压，使其在模内粘结，然后用薄片刮去多余粉末。刮平后将米糕敲出，放进烘房低温烘制。

**4. 风味特点**

色泽浅白，细腻均匀，甜味纯正，具有米香和桂花香味。

## 三十四、绍兴香糕

**1. 原料配方**

白粳米 750g，白砂糖 240g，糖桂花 30g，香料 15g。

**2. 制作工具与设备**

案板，筛子，蒸笼。

**3. 制作方法**

（1）先把白粳米淘洗干净，用适量水浸泡 10～16h，使米粒胀透，磨成细粉过筛。

（2）将过筛的细米粉与砂糖拌和，闷 2～5h，使糖溶化。再用筛过细，以 60～100℃的炭火烘烤。但不宜过干，以免飞散损失。然后拌入香料，入模切成片，蒸 30～40min。

（3）取出后用 80～100℃的文火烘烤 12～15min，使水分蒸发。再以 100～120℃的炉火烘烤 6～8min，翻转再烘烤 5～7min 即为成品。

**4. 风味特点**

质地细腻，入口酥散，香甜松软。

# 第十二章　沪式糕点

## 一、高桥薄脆

### 1. 原料配方

面粉1000g，砂糖粉600g，猪油150g，鸡蛋200g，黑芝麻50g，小苏打4g。

### 2. 制作工具与设备

筛子，擀面杖，模具，烤盘，烤箱。

### 3. 制作方法

（1）将面粉和小苏打过筛后放在案板上，面粉挖坑，放入糖粉、鸡蛋搅至乳白色，加水，继续搅拌使糖溶化，最后加入油、芝麻，再充分搅拌，待乳化后，和入面粉调成软硬适度的面团。

（2）取一块面团，擀成约1.6mm厚的长方形薄片，撒上面扑，继续擀制，最后用直径6.7cm的圆铁模压切下，逐个放入烤盘。

（3）烤箱预热180℃，加热8～10min，烤成金黄色出炉，冷却后即可。

### 4. 风味特点

色泽金黄，口感酥脆，口味香甜。

## 二、高桥松糕

### 1. 原料配方

糯米粉1000g，粳米粉1000g，白糖粉1000g，猪油250g，干豆沙500g，熟赤豆400g，糖板油丁500g，各式果料450g，香油50g，糖玫瑰花25g。

### 2. 制作工具与设备

蒸锅，蒸笼，刮板。

**3. 制作方法**

(1)将糯米粉、粳米粉与白糖粉、熟赤豆、糖板油丁一起拌匀。

(2)将笼屉内侧刷一层香油,把拌好的糕粉铺在上面。先铺满笼屉高度的2/5,取预制的干豆沙分成10块,将其中5块均匀地放在糕的四周,另5块均匀地放在糕的中部。然后将笼屉空出部分铺满糕粉,刮平,再在糕面上薄薄铺一层糕粉,并将各种果料与玫瑰花、糖板油丁摆成各种图案。

(3)待蒸锅内水沸后上屉,用旺火蒸,汽要足。接近蒸熟时揭开笼盖,洒些温水后再蒸。蒸至糕面发白有光泽即可。

**4. 风味特点**

色泽洁白,油润细腻,松而不散,糯而不黏,香甜可口。

## 三、高桥水蒸松糕

**1. 原料配方**

低筋面粉500g,细砂糖200g,黄油45g,白醋2g,泡打粉4g,奶粉15g。

**2. 制作工具与设备**

打蛋器,蛋糕纸托,蒸笼。

**3. 制作方法**

(1)所有低筋面粉、细砂糖、奶粉、水、白醋用打蛋器搅拌均匀。

(2)黄油隔水融化加入(1)中,拌匀后加入泡打粉。

(3)蛋糕纸托内放入面糊八分满,大火蒸10min即可

**4. 风味特点**

色泽洁白,膨松绵软,细滑香甜。

## 四、巧果

**1. 原料配方**

特制面粉2500g,绵白糖500g,饴糖300g,芝麻400g,嫩豆腐200g,食盐3g,植物油1200g。

**2. 制作工具与设备**

漏勺,擀面杖,刀,筛子,油锅。

**3. 制作方法**

(1)水调面团调制。在绵白糖、饴糖、豆腐、精盐中加适量水充分搅拌,然后加入面粉、芝麻仁继续搅拌成水调面团,静置片刻,使面团处于松弛状态。

(2)成型。将面团等分若干块,静置5min左右。案板上撒一些扑粉,用擀面杖先将面团压扁。然后擀至约1mm厚,横向整齐折叠,折叠宽度8cm以内;约在4cm处的中间位置从左到右直线开切一刀,再切段,每段宽3cm以内。在每段折叠连接处打刀眼(即面片中间切两条缝隙),筛去扑粉待油炸。

(3)油炸。油锅油温加热到175℃左右,将生坯倒在漏勺中慢慢放入油锅;不断翻转,待呈金黄色时,立即捞出油锅,即可。

**4. 风味特点**

色泽金黄,入口松脆,具有芝麻香味。

## 五、柠檬蛋糕

**1. 原料配方**

低筋面粉850g,黄油850g,白砂糖600g,鸡蛋600g,柠檬汁150g,柠檬皮屑5g。

**2. 制作工具与设备**

搅拌机,烤盘,烤箱

**3. 制作方法**

(1)黄油软化以后,加入白砂糖,用搅拌机搅打5min左右,将黄油打发,分三次加入打散的鸡蛋,每一次都要等鸡蛋和黄油彻底融合以后,再加下一次。加入柠檬汁和柠檬皮屑。

(2)低筋面粉过筛入碗。用橡皮刮刀翻拌,使黄油、柠檬汁、柠檬皮屑及面粉都混合均匀,成为浓稠的面糊。

(3)把面糊倒入模具,至7min左右。

(4)把模具放入预热好180℃的烤箱,烤25min左右,直到完全膨发起来,表面呈现金黄色即可出炉。

**4. 风味特点**

色泽金黄,口味酸甜,清香绵软。

## 六、朗姆蛋糕

**1. 原料配方**

低筋面粉500g,黄油500g,鸡蛋250g,红糖300g,葡萄干35g,朗姆酒50g,动物性淡奶油25g,椰蓉20g,香草精5g,泡打粉5g,盐5g。

**2. 制作工具与设备**

搅拌机,筛子,橡皮刮刀,烤箱,烤盘。

**3. 制作方法**

(1)葡萄干用朗姆酒浸泡0.5h以上。

(2)黄油软化以后,加入红糖和盐,用搅拌机打发至膨松状态。分两次加入鸡蛋,并搅打均匀,需要等第一次加入的鸡蛋与黄油彻底融合以后,再加第二次。

(3)倒入香草精、动物性淡奶油,并搅拌均匀。面粉和泡打粉混合后筛入黄油混合物里。加入椰蓉以及用朗姆酒浸泡后滤干的葡萄干,一起轻轻拌匀。

(4)用橡皮刮刀翻拌均匀,成为湿润的面糊。

(5)把面糊装入模具,至2/3满。

(6)放入预热好180℃的烤箱,烤12~15min,直到完全膨胀,表面呈深金黄色即可。

**4. 风味特点**

色泽金黄,绵软细腻,酒香味纯。

## 七、奶油栗子蛋糕

**1. 原料配方**

板栗仁200g,淡奶油350g,纯牛奶250毫升,戚风蛋糕坯(8寸)1个,煮栗子6个。

**2. 制作工具与设备**

裱花袋,粉碎机,搅拌机。

**3. 制作方法**

(1)做栗子泥。200g 板栗仁,加水煮至 7 成熟;再加入半盒纯牛奶同煮至软烂,用粉碎机打烂做成栗子泥。

(2)制作夹馅奶油栗子泥。将栗子泥加上 50g 淡奶油,同煮至比较稠的状态,晾凉备用。

(3)制作一个 8 寸的戚风,削去顶部的表皮,锯切成 2 半,夹入第二步做好的栗子馅。

(4)制作裱花用的栗子奶油。300g 淡奶油加上剩余的栗子泥,低速打匀,然后转高速搅打至膨松。

(5)将裱花用的栗子奶油放入裱花袋,进行裱花装饰,放上几个煮栗子。

**4. 风味特点**

色泽褐黄,糕体绵软,栗子香浓。

## 八、蛋白裱花蛋糕

**1. 原料配方**

糕坯:鸡蛋 1000g,面粉 500g,绵白糖 500g,蛋糕油 50g,色拉油 200g。

蛋白浆:蛋清 650g,白砂糖 3000g,琼脂 25g,橘子香精 5mL,柠檬酸 5g,水 1500g

**2. 制作工具与设备**

电子秤,打蛋器,筛子,裱花袋,转台,烤箱,模具。

**3. 制作方法**

(1)制作糕坯。先将鸡蛋和绵白糖打发,入搅拌机,先用慢速搅打 2min,待糖、蛋混合均匀,再改用中速搅拌至蛋糖呈乳白色时,用手指勾起,蛋糊不会往下流时,再改用快速搅打至蛋糊能竖起,但不很坚实,体积达到原来蛋糖体积的 3 倍左右,加入蛋糕油,把选用的面粉过筛,慢慢倒入已打发好的蛋糖中,并改用手工搅拌面粉(或用慢速搅拌面粉)加入少量香草精,拌匀即可。

(2)制蛋白浆。用25g琼脂与水放入锅中煮,过滤后,即加入白砂糖,继续煎熬至能拉出糖丝即可。另外,将蛋清搅打至乳白色后,倒入熬好的糖浆中,继续搅拌至蛋白浆能挺住而不下塌为止,加入橘子香精、柠檬酸拌匀。

(3)蛋糕裱花。将烤好的蛋糕表面焦皮削去,再一剖二,成为两个圆片,糕坯呈浅黄色,内层朝上,其厚薄度根据需要而定。在二层糕坯中间夹一层厚5mm的蛋白浆。舀一勺蛋白浆在糕坯上,用长刮刀将蛋白浆均匀地涂满糕坯表面和四周,要求刮平整。将蛋糕碎边放于30目筛内,用手擦成碎屑,左手托起蛋糕,略倾斜,右手抓一把糕屑,均匀地沾满蛋糕四周,要避免糕屑落到糕面上。

将裱头装入裱花袋中,然后灌入蛋白浆,右手捏住,离裱花3.3cm处,根据需要裱成各种图案。

**4. 风味特点**

色泽褐黄,软绵香甜,奶油细腻,营养丰富。

## 九、奶油裱花蛋糕

**1. 原料配方**

面粉220g,冰鸡蛋500g,白砂糖400g,奶油500g,糖浆25g,朗姆酒15g。

**2. 制作工具与设备**

搅拌器,裱花袋,转台,烤盘,烤箱。

**3. 制作方法**

(1)先将冰蛋和白砂糖搅打至充满细密气泡,加入精制面粉搅拌均匀,经入模、烘烤制成蛋糕坯。

(2)另以奶油与糖浆打制成裱花膏。

(3)将蛋糕坯横切成薄圆片,均匀喷上朗姆酒,涂抹上奶油裱花膏,再经刮面、封边、表面裱花而成。

**4. 风味特点**

糕坯松软有酒香味,油膏膨化清口。

## 十、新侨鲜奶油蛋糕

**1. 原料配方**

低筋面粉220g,玉米淀粉50g,糖粉300g,鲜鸡蛋500g,鲜奶油28g,糖水水果100g。

**2. 制作工具与设备**

打蛋器,裱花袋,模具,烤箱。

**3. 制作方法**

(1)鸡蛋洗净后分离蛋黄和蛋白,分别搅打膨胀。

(2)将过筛的低筋面粉、玉米淀粉和鸡蛋黄拌和,再加入打成泡沫状的蛋白,混合均匀。

(3)入模、送入预热180℃的烤箱,烘烤制成糕坯。

(4)鲜奶油加糖粉一起搅打膨胀,作为裱花酱料。

(5)把蛋糕坯用刀剖成三片,中间夹两层鲜奶油酱料,表面涂抹鲜奶油酱料,然后在面上裱花,再饰以糖水水果等即成。

**4. 风味特点**

色泽洁白,细腻润滑,甜度适中。

## 十一、大理石蛋糕

**1. 原料配方**

绵白糖200g,鸡蛋500g,蛋糕粉500g,黄油500g,泡打粉2g,香精0.005g,可可粉10g。

**2. 制作工具与设备**

搅拌机,烤箱,烤盘,铲刀。

**3. 制作方法**

(1)备料。按上述配方将所需原料计量称重,面粉泡打粉过筛备用。

(2)制糊。将黄油打发加入糖,然后再逐个加入鸡蛋,再将过好粉料一起加入,搅拌均匀。取三分之一的面糊和适量可可粉混合均匀,混合后的面糊再与其他面糊混合,略为搅拌即可。

(3)成型。烤盘刷油,将搅拌好的面糊分层次倒入模具中,七分满即可。

(4)成熟。送入烤箱以185℃烘烤30min使表面呈现金黄即可。

**4. 风味特点**

表面金黄,层次清晰,口感绵柔细腻。

## 十二、糯米夹沙蛋糕

**1. 原料配方**

糯米粉100g,面粉150g,豆沙馅50g,鸡蛋300g,干果料50g,白砂糖150g,香油15g。

**2. 制作工具与设备**

搅拌机,蒸笼,烤模,铲刀。

**3. 制作方法**

(1)在蛋液中加入白糖,用打蛋器连续搅打10min,至蛋液膨胀、起泡、变厚,立即掺入糯米粉和面粉,搅拌成蛋糕糊。

(2)将蛋糊舀入内壁涂有香油的铁模内,糕糊占铁皮模2/5,上笼用旺火蒸5min取出。

(3)铺上豆沙馅,注入蛋糊至满,面缀花色干果料,上笼蒸熟即成。

**4. 风味特点**

色泽艳丽,果料丰富,糕体膨松。

## 十三、百果松糕

**1. 原料配方**

粳米粉250g,糯米粉250g,莲子20g,蜜枣30g,核桃仁20g,猪油(板油)90g,白砂糖250g,玫瑰花3g,糖桂花3g。

**2. 制作工具与设备**

蒸笼,筛子。

**3. 制作方法**

(1)将板油撕去皮膜,切成0.4cm见方的丁,加入白砂糖50g拌和，腌渍7~10天。

(2)糖莲子掰开，蜜枣去核切片，核桃仁切成小块，备用。

(3)将镶粉(粳米粉、糯米粉)与白砂糖200g，清水30g拌匀，用筛子筛去粗粒，备用。

(4)然后放入圆蒸笼内刮平，不能揿实，再将莲子、蜜枣、蜜饯、核桃、玫瑰花及糖板油丁在糕面上排列成各种图案。

(5)入锅蒸制，待接近成熟时，揭开笼盖洒些温水，再蒸至糕面发白，光亮呈透明状时，取出冷却即可。

**4. 风味特点**

色泽白亮，入口松软，甜而爽滑。

## 十四、一捏酥

**1. 原料配方**

面粉500g，白芝麻250g，核桃仁250g，白糖粉750g，熟猪油200g。

**2. 制作工具与设备**

铁锅，木模具。

**3. 制作方法**

(1)将芝麻、核桃仁炒熟后，研成碎屑；面粉用小火炒熟备用。

(2)把芝麻屑、核桃仁屑、熟面粉、白糖粉拌和均匀。

(3)将猪油略加热熔后拌入搓擦，直至能捏成团为止。

(4)将粉团压入木模，脱模而成。

**4. 风味特点**

酥如霜花，清香宜人，油而不腻，甜而适口。

## 十五、香蕉蛋糕

**1. 原料配方**

高筋面粉500g，绵白糖500g，鸡蛋5个，牛奶330mL，碎核桃仁150g，香蕉500g，小苏打5g，色拉油150g。

**2. 制作工具与设备**

搅拌机，烤箱，烤盘，筛子，搅拌器。

(1)计量。按上述配方将所需原料计量称重,面粉、小苏打过筛备用。

(2)制糊。先将香蕉称好与绵白糖一起搅打成泥,依次加入鸡蛋和牛奶继续搅打,再加入过好筛的面粉、小苏打搅拌成糊状,搅打均匀,最后加入碎核桃仁、色拉油即可。

(3)烤制。将烤盘放入180℃的烤盘中烤熟即可。

**4. 风味特点**

色泽深褐,气孔均匀,口感松软细腻。

## 十六、蜂巢蛋黄角

**1. 原料配方**

熟澄面2000g,熟咸蛋黄1000g,猪瘦肉350g,熟猪肥肉150g,生虾肉150g,叉烧肉100g,湿冬菇50g,鸡肝50g,鸡蛋3个,白糖15g,老抽25g,精盐10g,胡椒粉3g,绍酒10g,生抽4000g,香油5g,上汤300g。

**2. 制作工具与设备**

刀,炒锅,案板。

**3. 制作方法**

(1)馅心制作。将原料初加工,将瘦肉、肥肉、叉烧肉、生虾肉、湿冬菇、鸡肝等均匀切成细粒状,鸡蛋打散备用。将生虾肉、鸡肝、猪瘦肉粒分别上浆、泡油。再将炒锅烧热后下入肥肉、瘦肉、叉烧肉、生虾肉、湿冬菇、鸡肝等粒状原料一同炒匀,加入绍酒后再加入上汤及全部调味料烧沸,用湿淀粉勾芡、下入鸡蛋液炒匀,再下包尾油即成,冷却后使用。

(2)面团调制。将熟澄面、熟咸蛋黄搓匀即成。

(3)生坯成型。将面团擀成皮坯,以15g包入馅料5g,做成角形即可。

(4)制品熟制。将生油下锅中烧至160℃,下入蛋黄角生坯,用中小火炸至上浮、呈金黄色蜂巢状即成。

**4. 风味特点**

色泽金黄,外皮酥松,质地松软,口味鲜香。

## 十七、高桥松饼

皮料:特制面粉800g,熟猪油200g,温开水150g。

酥料:特制面粉500g,熟猪油200g。

馅料:红豆500g,白砂糖500g,桂花25g。

**2. 制作工具与设备**

擀面杖,和面机,铁锅,炉子,铁盘,烤箱,筛子,布袋。

**3. 制作方法**

(1)和面。先把猪油和温开水倒入和面机搅拌均匀,加入面粉再搅拌,同时适量加些精盐,以增加面筋强度。

(2)擦酥。把面粉与熟猪油一起倒入和面机内拌匀擦透即成。油酥的软硬和皮面要一致。

(3)制馅。将红豆水洗,去除杂质后,入锅煮烂,先旺火,后文火。然后将煮烂的红豆放入筛子擦成细沙,然后放入布袋,挤干水分成干沙块。再把干沙与白砂糖一起放入锅内用文火炒,待白糖全部溶解及豆沙内水分大部分蒸发,且豆沙自然变黑即已炒好。待豆沙有一定稠度,有可塑性时,再加入桂花擦透,备用。

(4)包酥。取细沙包入皮酥内即成。封口不要太紧,留出一点小孔隙,以便烤制时吸入空气,使酥皮起酥。用手将馅包于生坯内压在2~3cm厚的圆形饼坯。将好好的饼坯放在干净的铁盘内,行间保持一定距离,然后印上“细沙”、“玫瑰”等红色字样,以区别品种。

(5)烤制。进炉时炉温应为160~200℃,饼坯进炉烤制2~3min取出,把饼坯翻过来,然后再进炉烤制10min左右取出,再一次把饼坯翻身后送进炉烤制3~5min即可出炉。

**4. 风味特点**

表面乳黄,四周乳白,入口松酥,口感甜糯。

## 十八、油炸糖糕

**1. 原料配方**

面粉1000g,鲜酵母3g,生油1500g,糖500g。

**2. 制作工具与设备**

案板,擀面杖,铁锅。

**3. 制作方法**

(1)将面粉 950g 倒在案板上,鲜酵母加温水 500g 搅碎调匀后倒入面粉中,搓匀揉透,盖上布静置发酵。

(2)酵面发起后搓成直径 5cm 的圆形长条,擀成长 10cm、宽 3cm 的皮子(要擀得中间薄、两边厚)。用面粉 50g、糖 500g、生油 100g 调和成糖油面,搓成长条,擀扁放在面皮中间,折拢后切成 25g 一只的坯子。

(3)炒锅内放生油,烧至油 180℃时,将坯子放入油锅炸至金黄色,浮出油面后捞出即成。

**4. 风味特点**

色泽金黄,口感酥脆,香甜适口。

## 十九、乌梅糕

**1. 原料配方**

绿豆 1000g,豆沙 500g,白糖 250g,乌梅 125g。

**2. 制作工具与设备**

案板,木框,淘箩,白纸,蒸笼,钵。

**3. 制作方法**

(1)将绿豆用沸水浸泡 2h,放在淘箩里擦去外皮,并用清水将皮漂去。将绿豆放在钵内,加清水上笼蒸约 3h。待熟透后取出,除去水分,擦成绿豆沙。

(2)将乌梅用沸水浸泡 3 ~4min,取出切成小丁或小片。

(3)将制糕木框(约 33cm 见方)放在案板上,衬一张白纸。然后先放上一半绿豆沙铺均匀,撒上乌梅,中间铺一层豆沙,再将其余的绿豆沙铺上压结实。最后把 250g 白糖均匀地撒在浮面。

(4)拆去木框,按 6. 6cm 的宽度切成方块即可。

**4. 风味特点**

绿棕两色相间,口味酸甜,入口酥化,为夏令佳品。

## 二十、扁豆糕

**1. 原料配方**

扁豆500g,绵白糖375g,豆沙200g,红色素0.05g,碱水10g。

**2. 制作工具与设备**

蒸锅,厨刀,笼屉。

**3. 制作方法**

(1)制扁豆沙。将扁豆洗净,用滚开水泡10min,待皮浮动即可将皮剥去,放入大碗内,滴上几滴碱水,上笼蒸至酥烂后取下。冷却后带水用面筛擦成泥,用白布包好压干水分,即成粉泥,放进冰箱冰30min。

(2)制色糖。将一半绵白糖放入碗内,加入红色素染红成玫瑰红色糖。

(3)成型。将扁豆泥两面用布夹住,擀成长33cm、宽20cm的长薄片,平放案板上,拿去布。用刀将扁豆泥对切成两块,其中一块铺上豆沙,再将另一块盖在上面,然后在上面铺上玫瑰红色糖。最后铺上白糖,擀平后形成五层。食用时切成梭子块。

**4. 风味特点**

五色五层,清凉香甜,柔软可口。

## 二十一、猪油细沙包

**1. 原料配方**

面粉600g,老酵面300g,泡打粉5g,食碱10g,红豆沙250g,猪板油50g,绵白糖50g,白砂糖350g,豆油100g。

**2. 制作工具与设备**

蒸锅,擀面杖,案板。

**3. 制作方法**

(1)将赤豆沙、白砂糖、豆油调和成豆沙馅心。

(2)将猪板油丁拌绵白糖腌渍3天左右,做成糖板油丁。

(3)将面粉中加入撕碎的老酵面,再加40℃的水320g揉合成团,静置发酵1～2h。见酵面发起成大酵面时，加入适量碱水（碱与水的比例为1:1），反复揉透，然后再加入泡打粉，继续揉匀。

（4）将揉匀的酵面分摘成每只重60g的坯子20只，用手压成直径为7cm的圆形坯皮，加入豆沙35g，再放糖板油丁5g，包捏成有30条褶的花纹包或圆形包。

（5）将包子生坯放入蒸锅中，然后用旺火足汽蒸约15min即成。

**4. 风味特点**

洁白膨大，外形美观，松软肥甜。

## 二十二、梅花糕

**1. 原料配方**

面粉3100g，老酵面150g，食碱15g，红豆900g，白糖1600g，咸桂花10g，干玫瑰花5g，花生油100g。

**2. 制作工具与设备**

壶，炉子，模具。

**3. 制作方法**

（1）制老酵浆。在制糕前一天，取老酵面150g、面粉1100g，加水1250g在容器内搅成稀浆，加盖发酵。待酵浆发至用勺舀时能顺溜倒下，并无干粉僵块、无韧劲，即成老酵浆。

（2）将干玫瑰花的花瓣、花心掰开，花瓣捻成球形。咸桂花5g、白糖100g加水300g浸泡成桂花糖水。花生油50g掺水50g调和成水油。碱用冷水35g溶成碱水，备用。

（3）红豆、花生油50g、白糖900g和玫瑰花心、咸桂花5g制成湿豆沙馅心（玫瑰花心放入锅内与红豆同煮，咸桂花在煮豆沙时加入）。

（4）老酵浆加碱水15g、白糖10g、桂花糖水100g搅拌，再加水1.9kg搅成稀浆。然后放入面粉2000g轻轻搅拌，至光洁发松，无干粉及僵块时即成新酵浆。

（5）新酵浆装于特制的壶内，壶需敞口以便于下浆。每壶约装1125g。豆沙分为6份，每份约475g。

（6）在炉上放铁板将酵浆倒入糕管，先倒三分之一，并竖转糕模，使蘸浆均匀。然后将豆沙放入每个糕管内,另取白糖 50g 分撒在豆沙上。再用其余的酵浆覆盖在每个糕管的豆沙上,浆上撒些玫瑰花瓣,并从糕模下抽出灼热的铁板盖在糕模上。关闭炉门,小火焖 2 ~ 3min 后,糕已半熟,仍将铁板放回炉面,打开炉门加热,再在糕面撒上白糖 50g、桂花糖水 50g。然后再一次抽出铁板盖在糕模上,关闭炉门,烘 3 ~ 5min即可。

**4. 风味特点**

糕面呈金黄色,蓬松凸出,糕身呈玉黄色,棱角鲜明,犹如梅花怒放。

## 二十三、海棠糕

**1. 原料配方**

面粉 1900g,老酵面 150g,食碱 10g,熟红豆 750g,猪板油 100g,青红丝各 100g,白糖 875g,花生油 75g。

**2. 制作工具与设备**

面盆,模具,炉子,铁盘。

**3. 制作方法**

(1)食碱配成浓度 50% 的碱液备用,花生油 25g 加水 50g 调和成水油备用。熟红豆和白糖各 750g、花生油 50g 制成湿豆沙馅约 2kg。

(2)猪板油去膜后切成 80 粒小丁,加白糖 100g 腌渍 2 ~ 3 天制成糖板油丁。面粉倒入拌面盆内,用冷水拌和成浆状,掺入老酵面,加适量碱水搅匀。至面浆无酸性,色不黄为佳。

(3)海棠酥模具放在特制的炉上烧热,刷上少许水油,将面浆注入模型深度一半左右。在每个模型内放入豆沙 20g,再将面浆注入,盖住豆沙直至模型表面,上面加糖板油丁 1 粒,四周撒些青红丝,烘 5min 后成熟。

(4)在成品上面浇上热糖汁即可。

**4. 风味特点**

呈紫红色,形似海棠,香甜软绵,适宜热食。

## 二十四、百合糕

**1. 原料配方**

鲜百合1500g，绵白糖500g，镶粉（粳米粉、糯米粉各半）725g，蜜枣50g，松子仁50g，薄荷香精0.005g。

**2. 制作工具与设备**

蒸锅，刀，面筛。

**3. 制作方法**

（1）百合洗净除去老瓣，嫩瓣撕去百合衣放入笼内干蒸，蒸至酥烂后取出冷却。

（2）以500g熟百合与500g镶粉的比例，再加少许薄荷香精一同拌匀擦透。静置2～3h后用筛擦过，使百合糕粉均匀疏松。再用500g熟百合、250g干镶粉、500g绵白糖调制成馅心。

（3）取一半百合糕粉做底，铺上馅心，再把其余的一半铺在面上，撒上剁碎的蜜枣、松子仁等即成生坯。

（4）放在旺火沸水上蒸熟，取出晾凉后切成三角形小块。

**4. 风味特点**

色泽洁白，有百合香味，清凉爽口，鲜甜松软。

## 二十五、擂沙圆

**1. 原料配方**

红小豆1000g，糯米500g，粳米100g，芝麻50g，猪板油50g，白糖200g，糖桂花5g。

**2. 制作工具与设备**

锅，筛子，蒸锅，手勺，搪瓷盘。

**3. 制作方法**

（1）首先，将红小豆洗干净，放进锅里加入清水5kg，用旺火煮约1h，使豆胀皮裂成粥状时取出，以磨磨细成糊状，装入布袋中，压干，使之成为干沙块。

然后，将干沙块放在圆竹匾里散擦，在烈日下暴晒，约经2～3天，豆沙成为小粒硬块，放在锅内，以微火焙炒约半小时，使豆沙块分为芝麻状的细腻干沙，取出再磨，磨时要加得少，磨得细。

最后，磨好后再将磨出来的粉用一号细面筛筛过。剩余的豆壳去掉不要，粗粒再磨再筛，就成为黄色的擂沙粉。

（2）将糯米、粳米掺匀，淘洗干净，在凉水中浸12h左右，带水磨成粉，放入布袋中榨干水分，取十分之一上笼蒸，最后加入压干的水磨粉中揉透。

（3）将芝麻炒熟，磨成末，加入猪板油（剥去膜）、白糖、糖桂花拌匀制成馅心。

（4）将揉好的面团揪成面剂，搓圆，捏成酒盅形，把馅心裹入，再封口搓圆。

（5）铁锅置旺火上，放入清水烧沸后，将汤圆逐个下锅，边下锅边用手勺推动，防止汤圆粘锅。

（6）取较大搪瓷盘1只，铺满擂沙粉将煮熟的汤圆捞起，沥去水分，放到搪瓷盘中滚动，使汤团外层粘上豆沙粉，即成擂沙圆。

**4. 风味特点**

清香爽口，粉糯软滑。

## 二十六、桂花糖油山芋

**1. 原料配方**

山芋1000g，明矾10g，白糖180g，桂花10g。

**2. 制作工具与设备**

煮锅，筷子。

**3. 制作方法**

（1）将山芋洗干净，放入溶有明矾的清水中浸3～4h，用刀去黑皮备用。

（2）取锅放进山芋，加入清水，并加盖用旺火煮沸，改用小火煮至山芋能用筷子戳穿，离火，用清水冲洗。

（3）锅内放进白糖以及清水180g，与山芋煮至用筷子蘸糖液能拉出糖丝，撒上桂花，将山芋装碗，糖液平分浇在山芋上即成。

**4. 风味特点**

色泽浅黄，香甜可口，桂花香味浓郁。

## 二十七、麻蓉炸糕

**1. 原料配方**

面粉 700g，芝麻 200g，绵白糖 400g，猪板油 250g，油 1000g。

**2. 制作工具与设备**

擀面杖，盆，锅。

**3. 制作方法**

（1）芝麻淘洗沥干水分，放入锅内用小火炒至芝麻发香，用手一捻就碎时出锅。

（2）将芝麻倒在案板上，用擀面杖碾成粉末状，加入绵白糖、猪板油搓揉成条。再搓成 30 个作为糕馅心的小圆子。

（3）盆里放面粉、沸水 700g，拌匀揉透，然后放入少量油揉透，搓成长条，摘成 40 只作炸糕坯子。

（4）将炸糕坯子按扁，中间放上馅心，收拢捏紧，用手掌再压扁，下油锅里炸至金黄色即成。

**4. 风味特点**

色泽金黄，麻香味浓。

## 二十八、玫瑰斗糕

**1. 原料配方**

糯米粉 500g，红米粉 150g，绵白糖 220g，猪板油 75g，玫瑰花 15g。

**2. 制作工具与设备**

模具，蒸壶。

**3. 制作方法**

（1）制馅。取细糯米粉加绵白糖搅拌均匀，再拌入红米粉至整体呈玫瑰色时，加入玫瑰花，拌匀制成玫瑰馅心。

（2）制糖板油丁。用绵白糖和猪板油制成糖板油丁。

（3）成型。取木质米型模一只，舀米粉于模内，取糖猪油丁两块放于中间。再取馅心放于糖板油丁上,舀粉于四周盖上,用刮刀刮平。

(4)蒸制。取铜蒸壶一个,蒸壶盖中间有出气孔。用棉花做成一棉垫,开同样大的出气孔,放在壶盖上。壶内装半壶水,用旺火烧沸。壶盖上放上模型,至斗糕蒸熟后取出即成。

**4. 风味特点**

色如玫瑰,香味清新,糕体松软可口,馅多味甜。

## 二十九、猪油白果松糕

**1. 原料配方**

镶粉(粳米粉、糯米粉各半)500g,猪板油 90g,糖莲子 4 颗,蜜枣、核桃仁各 2 个,白砂糖 250g,玫瑰花 10g,糖桂花 15g。

**2. 制作工具与设备**

筛子,蒸锅,蒸笼。

**3. 制作方法**

(1)将板油撕去皮膜,切成 0.4cm 见方的丁子,加入白砂糖 50g 拌和,腌渍 7 ~ 10 天。糖莲子破开;蜜枣去核切片;核桃肉切成小块,备用。

(2)将镶粉 500g、白砂糖 200g、清水 30g 拌匀,用筛子筛去粗粒,静置 1 天(至少也需 5 ~ 6h),然后放入蒸笼内(下衬糕布)刮平,不能压实,再将上述干果料、蜜饯、香花及糖板油丁在糕面上排列成各种图案,入锅蒸制。待接近成熟时,揭开笼盖,洒些温水,再蒸至糕面发白、光亮呈透明状时取出冷却即可。

(3)如欲制成红豆松糕或豆沙松糕时,可将豆沙填入糕坯中,或将赤豆煮熟后拌入糕中;如果是豆沙夹馅的,则糕粉中只需要用糖 150g,其他原料不变。

**4. 风味特点**

色泽白亮,口感松软,甜而爽滑。

## 三十、如意糕

### 1. 原料配方

糯米粉 3000g，粳米粉 2000g，白砂糖 1000g，红米粉 15g，香油 25g。

### 2. 制作工具与设备

案板，筛子，蒸锅，和面机。

### 3. 制作方法

(1)拌粉。糯米粉、粳米粉、白砂糖粉充分搅拌均匀，加入冷水 1000g，继续搅拌至粉粒湿润、松散不粘手，静置 30min 左右使糖分渗入粉粒内部。然后过筛使粉粒粗细均匀，疏松不结块。全部糕粉按 3∶7分成两份，将最少的一份糕粉中加入红米粉拌和即成红糕粉，其余为白糕粉。

(2)蒸糕。蒸锅放在旺火沸水锅上，先放入一层白糕粉，待蒸汽上冒、粉呈玉白色时再放入一层粉，反复多次，直至白糕粉全部蒸熟。再用同法将红糕粉蒸熟，然后把糕粉分别放入和面机中，搅拌至有韧性成团为止。

(3)成型。案板用食用油擦一下(防粘)，把熟粉团放在上面，现将白粉团制成宽 66cm、厚 0.3cm 的长方形，再把红粉团制成厚 0.15cm 同样大小的长方形叠在上面，修去边幅，蘸些冷水助粘。随后从宽的两边分别朝里卷拢捏紧，拉成均匀的长条，上面抹些芝麻油，用刀切成小块即可。

### 4. 风味特点

形似如意，红白相间，色泽美观，香味糯绵。

## 三十一、四色方糕

### 1. 原料配方

糯米粉 1000g，粳米粉 500g，白果馅 120g，素菜馅 120g，豆沙馅 120g，鲜肉馅 120g，白糖 400g，红糖 10g，鸡蛋黄 1 个，红米粉 2g。

**2. 制作工具与设备**

筛子,模具,蒸锅,印花板,小木槌,刮刀。

**3. 制作方法**

(1)将糯米粉、粳米粉、白糖倒在拌面缸内,拌匀后,倒入适量冷水,用双手将四周的米粉向中间抄拌,直至粉粒都湿润且松散不粘手。静置30min左右,使糖渗透到粉粒内。

(2)将拌好的粉倒在面筛中推擦,让粉粒漏入筛下的容器中(使粉粒粗细均匀,疏散不结块),即成糕粉。

(3)取糕粉适量均匀分为4份。将红糖放入热锅炒焦后,与少许糕粉,拌和擦匀,即成酱色糕粉;将鸡蛋打碎,倒入少许糕粉拌和擦匀,再用面筛筛松,成黄色糕粉;将红米粉和入少许糕粉,拌和擦匀,即成红色糕粉;将青菜汁(青菜汁可从素菜馅中取)倒入少许糕粉中拌和擦匀,用面筛筛松,成青色糕粉。共制成四色糕粉。

(4)将木框放在特制的模型板上,把糕粉用面筛筛入方框中的模型板上。筛满后,用长条铁皮刀刮平,在上面铺一块湿麻布,将糕粉及木框盖好。把铝蒸垫覆在麻布上,随后把铝蒸垫连同模型板一起倒覆过来,即模型板在上面,方木框在中间,铝蒸垫在下面。用小木槌在模型板上敲几下,使糕粉结实,然后取去模型板,此时在铝蒸垫上面的糕粉就显现出24个方凹形。

(5)方凹形均分为四组,分别放入白果、素菜、豆沙、鲜肉四种馅心,每一方凹中约放馅心20g。随后用面筛在上面筛一层糕粉,用长条铁皮刀刮平。

(6)将酱色糕粉铲起,在印花板上放满,用铁皮长刮刀刮去余粉。然后将印花板倒覆在糕粉上,用小木槌轻击几下,使方木框中粘上酱色。按同样方法,将黄色、红色、青色糕粉印于方框中。

(7)取去方木框,上蒸箱,用旺火沸水蒸5min,取出覆在木板上,冷透即可。

**4. 风味特点**

色泽鲜艳,小巧玲珑,糯润香甜,口味丰富。

## 三十二、桂花卷沙条头糕

### 1. 原料配方

白糯米 3500g，红豆 1500g，绵白糖 2850g，咸桂花 150g，熟猪油 50g，香油 75g。

### 2. 制作工具与设备

案板，筛子，蒸锅。

### 3. 制作方法

（1）磨粉。糯米淘净沥干，过 1h 喷些水。然后磨成粉，用筛子筛取粗皮，得细粉。

（2）蒸糕粉。在糯米粉内加绵白糖 350g 及水 2250g 拌匀，用洁布包裹后置于笼屉内，用旺火足汽蒸 1h，糕粉呈半透明即熟。

（3）制馅。红豆、绵白糖 2250g、咸桂花、熟猪油制成重糖湿豆沙馅心。

（4）制糕皮。在案板上刷层香油，撒上绵白糖 50g，将蒸熟的糕粉倒在上面，稍凉，用双手揉擀成较大的正方形薄皮。随即将四角向中央折拢，翻个身，再照上法揉擀两次。每次翻身均需在案板上刷层香油并撒白糖 50g，使糕粉不粘手。

（5）成型。在案板一边顺长刷香油，撒白糖 100g，将揉好的粉团顺着糖油拉捏成厚薄均匀，宽 13.3cm、厚 3.3cm 的长条块，摊平放直。将制成的豆沙分段捏成直径为 6.7cm 的长圆条，顺次序排在糕盘内，共 25 条；再将每条切成 4 段，每段长 11.7cm；最后在面上刷一层香油，撒上咸桂花即成。

### 4. 风味特点

色泽玉白，皮薄馅多，软糯香甜。

## 三十三、年糕团

### 1. 原料配方

稻米 2000g，黑芝麻 100g，绵白糖 150g。

**2. 制作工具与设备**

案板,蒸锅,蒸笼。

**3. 制作方法**

(1)取黑芝麻炒熟碾碎,与等量绵白糖拌匀制成黑芝麻馅。取稻米洗净,浸没于冷水中,至米粒发胀,捞出用水冲洗。

(2)米、水同量,经碾磨、吊袋制成干粉。将干粉捏碎,过筛后入笼屉蒸至米粉呈玉色即熟。

(3)把熟粉揉至粉团不粘手后,搓成长圆条,摘成坯子,包入黑芝麻馅即成糕团。

**4. 风味特点**

色泽玉白,滑爽可口,韧糯香甜。

# 第十三章　川式糕点

## 一、宫廷桃酥

### 1. 原料配方

面粉100g，细砂糖50g，植物油55g，鸡蛋10g，碎核桃仁30g，泡打粉3g，小苏打3g。

### 2. 制作工具与设备

案板，筛子，烤盘，烤箱。

### 3. 制作方法

(1)将植物油、打散的鸡蛋液、细砂糖在大碗中混合均匀。

(2)将面粉和泡打粉、小苏打混合均匀，过筛。

(3)碎核桃仁倒入面粉中，混合均匀。

(4)在面粉中倒入第一步的植物油、糖混合物，揉成面团。

(5)将大块面团分成小块面团，搓成条，下成小剂，搓成小圆球。

(6)将小圆球压扁，放入烤盘，表面刷一层鸡蛋液。

(7)烤箱预热至180℃，烤15min，表面褐黄色即可。

### 4. 风味特点

色泽褐黄，口味香甜，酥脆可口。

## 二、花生酥

### 1. 原料配方

低筋面粉120g，泡打粉3g，花生酱60g，玉米油40g，绵白糖40g，盐2g。

### 2. 制作工具与设备

案板，筛子，烤盘，烤箱，刮刀。

**3. 制作方法**

(1)花生酱放入碗里,加入玉米油,将两者搅匀,加入糖,搅拌均匀。

(2)筛入面粉和泡打粉,用刮刀搅拌均匀。

(3)用手揉成光滑不粘手的团,将面团分割成12g左右的小球,将小球放入烤盘。

(4)烤箱预热至170℃,放入烤箱中层,烤制15~20min。

(5)烤好后取出晾凉即可。

**4. 风味特点**

色泽金黄,入口化渣,香浓酥脆。

## 三、椒盐金钱酥

**1. 原料配方**

小麦面粉500g,白糖50g,油茶150g,水130g,油脂170g,白芝麻30g,花椒5g,食盐4g,小苏打3g,色拉油50g。

**2. 制作工具与设备**

案板,和面机,筛子,模具,烤盘,烤箱。

**3. 制作方法**

(1)先将白糖碾细后过筛,其他原料也分别过筛备用。

(2)先将油脂、白糖、花椒、食盐、油茶、小苏打和饴糖倒入和面机内,加适量水,搅拌均匀,随即加入面粉搅匀后,立即倒出,不宜多搅,防止起筋。面团不宜久放,久放会使面粉中蛋白质涨润成面筋,产生缩筋现象。

(3)先将盆框架套上盆底,撒一层面粉,将面团边混匀边装入盆内,用擀面杖擀平(约2.5cm厚)。再用刀开成2.5cm×2.5cm的正方形小块,然后取下盆框架,滚沾上芝麻,搓成椭圆形或圆形。

(4)取40cm×60cm的烤盘,先用油抹净,将上了芝麻的生坯粒逐个均匀整齐摆入烤盘内,每盘摆10行,共约150粒。

(5)炉温应控制在150~160℃之间,表面呈深黄色时,即可出炉。

**4. 风味特点**

色泽金黄，酥脆化渣，甜咸适度，香麻适口。

## 四、椒盐猪油桃酥

**1. 原料配方**

面粉 2500g，白糖粉 1250g，猪油（或香油）1250g，小苏打 15g，臭粉 5g，鸡蛋 300g，椒盐 3g。

**2. 制作工具与设备**

案板，面盆，筛子，模具，烤盘，烤箱。

**3. 制作方法**

（1）拌料。将白糖粉、鸡蛋、臭粉、小苏打和椒盐一起放入面盆搅拌 5min 左右，要求搅拌松泡。再下猪油（或香油）搅拌 5min 左右。然后再下面粉，充分拌和。

（2）成型。用铁制的模具穿筒成型。穿筒口可制成圆形、正方形或长方形，使产品形状多样。穿筒戳成的坯子如拇指头大小。

（3）烘焙。炉温 130～160℃，烤制 8～10min，见桃酥呈谷黄色，表面呈现自然裂纹时即成熟。

注：本品配料略加变动，即可成为多种花色。如配料中油料为猪油，即为椒盐猪油桃酥；油料为香油，即为椒盐香油桃酥；配料中加葱汁或葱花，即为葱香桃酥；加桂花或芝麻即为桂花桃酥或芝麻桃酥。

**4. 风味特点**

色泽谷黄，酥脆香甜，略有咸味，具有猪油或麻油清香。

## 五、空心酥

**1. 原料配方**

面粉 2500g，植物油 750g，芝麻 100g，白糖 500g，熟面粉 150g，青红丝 50g，玫瑰 50g，食碱适量。

**2. 制作工具与设备**

案板，筛子，饼鏊。

**3. 制作方法**

(1)和面。锅内加适量清水、植物油烧沸,放入适量的食碱溶解后锅下火。水温不烫手时倒入面粉盆内和成面团,略饧。

(2)制馅。将白糖、熟面粉、青红丝、玫瑰拌匀成馅。

(3)成型。面团搓成长条,按75g一个摘成剂子,揉圆按扁擀开,包入糖馅,收口后擀开,再粘上芝麻按紧,即成饼坯。

(4)成熟。饼坯放在鏊上,烙至两面定型微黄时,再放入炉膛内烤至金黄色鼓起时即成。

**4. 风味特点**

色泽金黄,香酥可口,咸甜适口。

## 六、麻油桂花方酥

**1. 原料配方**

面粉450g,饴糖5g,酵母75g,糖桂花1g,绵白糖100g,食碱3.5g,芝麻30g,熟猪油70g。

**2. 制作工具与设备**

案板,桶炉。

**3. 制作方法**

(1)和面。取面粉350g放入盆中,中间扒窝,放入酵母,倒进温水150g,再把食碱化成碱液,连同绵白糖、糖桂花一起放入,用双手搅匀,揉至面团表皮光亮,静置20min后,摘成大小相等的面剂20个。

(2)制酥心。把面粉100g放在案板上,加上熟猪油搅匀,用双手反复揉搓成油酥,摘成20个酥心剂子。

(3)成型。把饴糖加热水稀释,制成饴糖水。把面剂逐个揿扁,酥心搓匀后放在其上,卷成长卷,再横卷成团,然后揿扁、卷起,如此反复3次,再擀成14cm见方的薄面片,由四边分别向中间折成方形的饼,用手揿一下,刷上饴糖水,撒上芝麻,再用手轻轻拍一下。

(4)把桶炉的火盖上一些炭渣,再盖上瓦片,将饼坯放在右手掌上,左手蘸点水抹在饼坯底面,用右手将饼坯依次排贴在炉壁上,炉口盖上水钵,饼坯呈金黄色时即可出炉。

**4. 风味特点**

色泽金黄,松脆酥甜,桂花香味浓郁。

## 七、梓潼酥饼

**1. 原料配方**

面粉600g,猪油350g,植物油50g,白糖150g,芝麻200g,发面35g,食碱3g。

**2. 制作工具与设备**

案板,擀面杖,刀,烤炉。

**3. 制作方法**

(1)制酥心。称量面粉250g,掏起漩涡,倒入白糖拌和,再加猪油调制成面团,然后分几次加入植物油,用力揉匀,使之成团即成。

(2)和面。剩余面粉放在案板上,中间挖一窝,加温水拌合。然后加发面、食碱,边调和边加植物油,使劲反复地揉捏(约20min),直到手打有空响,手拉有筋丝为宜。皮面和酥坯的干、湿度要相适应。

(3)包酥。将揉好的皮面拉成节子,再将酥坯拉成直径约2cm的细圆条子,将皮面压薄包酥心,再用擀面杖擀长,重叠两下,擀薄并滚卷成筒,横切一刀,深度约为直径的2/3。然后进行翻酥粘上芝麻,擀薄成型(生坯圆形,直径10cm、厚0.3cm,表面纹路清晰)。

(4)摆盘。将成型的酥饼摆上烤盘,在酥饼上均匀地刷上面油(动、植物混合油)。

(5)烘烤。送进烤炉,然后用中火烤1min左右取出,翻面再烤1min左右即成。

**4. 风味特点**

色泽浅黄,光滑明亮,形如满月,酥纹清晰,香而酥脆,入口化渣,余味淡雅。

## 八、酥皮月饼

**1. 原料配方**

皮料:低筋面粉350g,橄榄油50g,温水100g。

酥料：低筋面粉300g，橄榄油300g，糖75g。

馅料：甜南瓜250g，糯米粉35g，奶油50g，糖75g，南瓜子35g。

**2. 制作工具与设备**

案板，微波炉，擀面杖，面筛，烤箱。

**3. 制作方法**

（1）制馅。将南瓜去皮切成小块，放入微波炉高温微波5～6min，取出加入糯米粉、奶油、糖，趁热将南瓜捣成南瓜泥，分成等分，团成团备用。

（2）和面。低筋面粉放入容器中，一边搅拌一边加入开水，将面粉划散以后，分次加入橄榄油，和匀成为光滑的面团，盖上保鲜膜饧15～20min，即成水油面。

（3）制酥心。锅里加入橄榄油烧热，倒入低筋面粉、糖，一边搅拌一边小火炒出香味，放凉后即成酥心。

（4）包酥。将水油面搓条，下成剂子；同时酥心也捏成同样数量的剂子。每一份水油面皮擀制成中间厚，边缘薄的圆片，放上一个油酥心，包起收口成为圆团；然后均匀用力，将圆面团擀制成长椭圆状。

（5）上馅。擀好后卷成一圆筒状；再次擀开后，如折被子一样将南瓜馅折成3折；最后一次擀开成为中间厚边缘薄的面皮，放上一个南瓜馅。

（6）成型。像包包子一样将南瓜馅包好，稍稍按压，收口朝下，整理成型。

（7）烤盘铺锡纸亮面朝下，将所有做好的饼坯放在烤盘里，每个饼坯上先刷一层清水，然后均匀的刷上2层蛋黄液，用南瓜子装饰，烤箱预热180℃，中层烤25～30min即可。

**4. 风味特点**

色泽金黄，表皮酥脆，馅心鲜美。

## 九、葱油酥

**1. 原料配方**

皮料：高筋粉1350g，猪油250g。

酥心：高筋粉650g，猪油350g。

馅心：白糖1000g，芝麻粉300g，瓜糖400g，花生仁150g，花生油250g，糕粉500g，葱400g，食盐10g，鸡蛋2个。

**2. 制作工具与设备**

面盆，擀面杖，碗，案板，烤盘，烤箱。

**3. 制作方法**

（1）将面粉1000g放入盆中，加入猪油250g、热水250g、冷水100g，搅拌均匀后，揉成表面光滑滋润的水油面团，置于案板上，用湿纱布盖上，饧约15min。

（2）将剩余的面粉放入盆中，加入剩余的猪油，揉搓均匀后，即成油酥面团。

（3）大葱洗净，切成葱花，再用洁净纱布包住，挤出葱汁，然后将葱汁装入盆中，加入熟面粉、白糖、精盐、精炼油、熟芝麻及熟碎花生仁，拌和均匀后，即成馅心料。

（4）鸡蛋磕入碗中，搅打均匀成蛋液。

（5）将水油面团在案板上压扁擀开，再将油酥面团包入水油面团中，将面团用擀面杖擀成椭圆形片，折叠几次后，擀成0.3cm厚的面皮。

（6）将拌和好的馅心料压成片状，铺在面皮的一半上，再将面皮的另一半折过来盖在馅心上，然后用擀面杖将包好馅心的面皮压至厚薄均匀，再用刀将面皮切成长12cm、宽5cm的条。

（7）在表面刷上鸡蛋液，撒匀剩余的熟芝麻，即成葱油酥生坯。

（8）将生坯放入刷油的烤盘中，入180～200℃的烤箱中烘烤约7min，取出晾凉即成。

**4. 风味特点**

香味沁浓，甜中带咸，酥松滋润，爽口宜人，皮薄馅多，剖面酥层清晰。

## 十、大月光

**1. 原料配方**

面粉1000g，猪板油100g，各种馅心750g。

**2. 制作工具与设备**

案板,擀面杖,烤盘,烤箱。

**3. 制作方法**

(1)用1/3面粉加沸水烫制后,加入猪板油擦成茸状,制成酥心;另将剩余面粉分次加入清水揉制成柔软的水油皮面团。

(2)用小包酥的方式包入面粉与猪板油擦制而成的油酥心,经擀开、卷回、对折再擀开、再卷回的方式制成富含层次的酥皮坯子。

(3)略静置后包入事先制好的各种馅心。

(4)皮与馅的比例一般对半开,包好后用铁圈模具框上,按平,垫上白纸,在饼面中央印上品种名称的红印。

(5)入炉在140℃的烤箱中烘烤成熟。

**4. 风味特点**

色泽洁白,香甜酥软,咸甜适中。

## 十一、冬瓜饼

**1. 原料配方**

皮料:面粉900g,熟猪油250g,水400g。

酥料:面粉800g,熟猪油4kg。

馅料:瓜糖1250g,白砂糖750g,香油250g,糕粉400g。

**2. 制作工具与设备**

案板,擀面杖,烤盘,烤箱,筛子。

**3. 制作方法**

(1)制水油面。面粉过筛,将熟猪油加水搅溶后,下面粉混合搅拌,水要视搅料的干湿程度分次加入,让水分逐渐掺入面粉。搅拌约15min,即成水油面。

(2)制酥心。面粉过筛,将熟猪油搅融后,下面粉,搅拌10min左右,和匀,即为油酥心。

(3)包酥。按皮60%、酥40%的比例分块包酥。

(4)制馅。将白砂糖、瓜糖(切成绿豆大小颗粒)、香油调匀后,再下糕粉拌和均匀。以手工拌和为好。

(5)成型。皮与馅的比例为5∶5.5。包馅成型后,表面刷上蛋黄液,即可烘烤。刷面蛋是用调匀的纯鲜蛋黄,刷蛋要厚薄均匀。

(6)烘烤。在200℃炉温的烤箱中烘焙8min,待制品呈金黄色时,即可出炉。

**4. 风味特点**

色泽金黄,质地酥松,酥层清晰,香甜酥润,具有香油和冬瓜蜜饯香味。

## 十二、红绫饼

**1. 原料配方**

面粉1600g,熟猪油460g,豆沙250g,糖板油50g,撒粉75g,水300g,天然色素0.005g。

**2. 制作工具与设备**

案板,擀面杖,烤盘,烤箱,油纸。

**3. 制作方法**

(1)制馅。将25g豆沙包裹5g糖板油,揉成团做馅料,备用。

(2)制水油面、油酥。先下面粉900g,然后下熟猪油160g,再逐渐加冷水拌和。面粉与水的比例为1∶0.2,水要分3~4次加入,边加水边拌和。如面粉含面筋量高,应适当加入90~100℃的沸水调拌,用沸水调拌的水皮不得多于水皮用量的1/2。最后,将余下的面粉和熟猪油调和揉匀制成油酥心。调制水油面和油酥心时分别加入少量天然色素,使之呈粉红色。

(3)包酥、成型。以15g水油面包裹10g油酥心,包好后擀成长形片状,再卷裹,然后按平。要求边缘薄,中间厚。包馅后用手轻拍一下,使生坯微扁,近似汤圆形。

(4)烘烤。每只生坯底部须先垫油纸,再入炉烘烤,炉温110~150℃,烘烤10~15min。

**4. 风味特点**

色泽金黄,外酥内润,甜度适中,具有豆沙、桂花和熟猪油的复合香味。

## 十三、花生开花饼

**1. 原料配方**

面粉800g,泡打粉3g,猪油350g,水300g,菜籽油35g,花生仁25g,白糖15g,熟粉100g,红色素0.005g。

**2. 制作工具与设备**

案板,擀面杖,烤盘,烤箱。

**3. 制作方法**

(1)先用面粉与猪油、清水搅拌成水油皮面团。

(2)静置后包入面粉和猪油混合擦成的油酥面团,用大包酥的方式制成有3~5层酥层的面皮,包入由熟粉、白糖、花生、泡打粉、菜籽油、红色素调成的馅料,压成扁鼓形,在其表面交叉地划上三刀成为六瓣。

(3)放入烤盘,送入180℃的烤箱,烤制8~10min。

(4)烘烤后,六瓣面皮分开,呈花瓣状,馅料突出。

**4. 风味特点**

表面开花,大小均匀,酥层松脆,馅料香甜。

## 十四、火腿酥饼

**1. 原料配方**

小麦面粉800g,火腿肠200g,麦芽糖50g,葵花子(生)35g,梅脯50g,核桃仁60g,桂花50g,大葱35g,姜10g,白砂糖200g,猪油150g,花生油120g。

**2. 制作工具与设备**

平底锅,案板,擀面杖,烤盘,烤箱。

**3. 制作方法**

(1)将200g面粉炒熟备用;将葱、姜洗净切成末备用。

(2)将面粉、猪油、饴糖混和后,加入水,搅拌均匀即成水油面团;将熟面粉和猪油揉搓均匀,即成油酥面团。

(3)将葱末、姜末、糖、火腿肠、葵花子、青梅干、核桃仁、桂花放入碗内，拌匀，即成馅料。

（4）将油酥面团包入水油面团内擀成长条，切下两端，撒上面粉，卷起用擀面杖擀压，再卷起折成团即成酥皮，然后将酥皮切成小块，用手掌压成薄型小饼，备用。

（5）将小饼内包入馅料，封好口，略按一下，成扁形饼坯。

（6）将饼坯放入烤盘内，放进烤炉或烤箱中，烤至七成熟时取出。

（7）将平底锅放在火上，倒入花生油，烧热放入饼，待饼底部煎黄时，饼面刷上油，翻身煎熟，呈金黄色，即可。

**4. 风味特点**

饼色金黄，形状扁圆，酥层清晰，具有猪油火腿香味。

## 十五、菊花酥饼

**1. 原料配方**

皮料：中筋面粉 400g，猪油 100g。

酥料：低筋面粉 500g，猪油 350g。

馅料：奶油红豆沙 700g，蛋黄 1 个。

**2. 制作工具与设备**

案板，擀面杖，烤盘，烤箱。

**3. 制作方法**

（1）将皮料、酥料各自揉成团状，并分为 20 等份，馅料揉匀后均分为 20 等份。

（2）每一份皮料面团揉圆后压平，包入一个酥料面团，收口捏紧，用擀面杖将包好的油酥皮擀成牛舌饼状，卷起放平，再擀一次，成长条状，卷起后放正（螺旋的两面，一面向前，一面朝向自己），最后再擀一次，即可擀压成一张圆皮。

（3）将馅料包入油酥皮中，揉成圆形后稍压成扁平状，再用剪刀剪出 8 等份的刀口，依顺时针方向逐一向上翻成菊花状，涂上蛋黄液后放入已预热的烤箱，以 150℃烤 20min 即可。

**4. 风味特点**

色泽金黄，层次分明，酥香甜润。

## 十六、鲜花活油饼

### 1. 原料配方

皮料:面粉 1000g,熟猪油 250g,饴糖 75g。

酥料:面粉 550g,熟猪油 275g。

馅料:白砂糖 500g,蜜玫瑰 250g,冬瓜糖 200g,核桃仁 200g,糖油丁 300g,熟猪油 250g,熟粉 200g,豆沙 900g,色素 0.005g。

### 2. 制作工具与设备

案板,擀面杖,烤盘,烤箱。

### 3. 制作方法

(1)制皮。将皮料配方中的油、饴糖加入约 150g 的沸水,搅拌均匀,再加入约 150g 的冷水充分拌合,随即加入面粉,调制成具有一定面筋的水油面团。

(2)油酥。将酥料中的面粉、猪油擦匀擦透,制成油酥心。

(3)拌馅。先将馅料配方的白砂糖、玫瑰、核桃仁、冬瓜糖、猪油混合均匀,加入熟粉,再加入糖油丁拌和均匀。然后用豆沙逐个包入馅料 20g,成为罗汉心(即用豆沙包裹其他馅料,剖面红白分明)。

(4)包酥。以每个 100g 重的成品计算,将皮料面团分为每个 35g 重的料坯,包入油酥心 16g。按小包酥的要求,逐个包入皮料。按成长 18cm、宽 4.5cm 的规格,擀成酥皮。

(5)包馅成型。每个酥皮包入 54g 的馅料,用手拍成直径 5.7cm 的圆形生坯(105g)。

(6)摆盘烘烤。将生坯表面向上按烤盘规格(60cm × 40cm)摆成 4 行,每行 6 个。送入烤炉烘烤,炉温为 108℃左右。按三面火要求,首先烤至表面完全发白,出炉翻面;再进烤炉烤至金黄色,出炉再翻面;然后再次送进炉烘烤至表面微凸、起酥,即可出炉冷却。

### 4. 风味特点

皮薄馅多,酥松油嫩,肥而不腻,具有鲜花和猪油的香味。

## 十七、银荷酥

### 1. 原料配方

面粉1000g,猪板油260g,猪油350g,绵白糖350g,冬瓜糖150g,核桃仁150g,糖玫瑰50g。

### 2. 制作工具与设备

案板,擀面杖,烤盘,烤箱。

### 3. 制作方法

(1)制糖油丁。把猪板油撕去膜皮后,切成小丁,用绵白糖渍上。

(2)制饼皮。先用开水将部分面粉进行烫面,烫好后,摊开,加入适量冷水调制剩下的面粉,搅拌在一起,调成烫面水油皮面团。这样的面皮,既有面筋力,又不至筋性过大,可塑性也好得多,制出产品饼皮入口酥松。

(3)擦酥。将面粉与猪油擦制成油酥心。

(4)包酥成型。用小包酥的方法,使酥皮层次更多、更清晰。制好馅后分团,每个馅心都包入几颗糖油丁,再捏成团状,用油酥皮包好,压成扁圆形。

(5)烘烤。在表面撒上白糖,以180℃,烘烤10～15min成熟即可。

### 4. 风味特点

色泽金黄,香酥油润,甘甜肥美。

## 十八、川式糖皮月饼

### 1. 原料配方

面粉750g,饴糖150g,绵白糖260g,芝麻75g,碎花生仁50g,碎核桃仁50g,冬瓜糖50g,青梅50g,樱桃50g,糕粉300g,小苏打5g,蛋液100g,猪油200g,菜籽油300g。

### 2. 制作工具与设备

案板,擀面杖,模具,烤盘,烤箱。

**3. 制作方法**

(1)制馅。将绵白糖、芝麻、碎花生仁、碎核桃仁、冬瓜糖、青梅、樱桃、糕粉、小苏打、猪油等放在一起,搓和均匀,成为馅心。

(2)和面。把饴糖、小苏打拌和后加入熟菜籽油搅拌到完全融合,再加入面粉调制成柔软的饴糖皮面团。

(3)包馅。经搓条、摘剂后包入事先调制好的馅心,大致是皮馅比4∶6。

(4)成型。把包好馅的生坯按入单眼木模具中压平,磕出木模成为表面有不同花纹的圆形饼坯。

(5)在其表面刷上蛋液后,送入炉烘,以180℃烤到表面棕黄即可。

**4. 风味特点**

色泽棕黄,香脆可口,馅料香甜。

## 十九、夹心条

**1. 原料配方**

面粉750g,饴糖300g,鸡蛋50g,绵白糖150g,各种果料200g,各种蜜饯200g,猪板油300g。

**2. 制作工具与设备**

案板,擀面杖,烤盘,烤箱。

**3. 制作方法**

(1)将猪板油洗净切粒,与绵白糖和切碎的各种果料和各种蜜饯,揉搓成馅心。

(2)先把面粉、饴糖制成饼皮,擀开,铺在铁盘中压平,在上面放置配制好的馅料做夹心,擀匀、压平。

(3)在夹心馅上面再放一层擀薄了的糖皮面团作皮料。

(4)在皮料上扎上孔洞,以保持烘烤时产品表面的平整,再刷上鸡蛋液入烤箱,以180℃,烘烤10~15min至熟。

(5)冷却后切成5cm×10cm的条形块状即为成品。

**4. 风味特点**

色泽金黄，皮酥馅香，甜润适口。

## 二十、椒盐麻饼

**1. 原料配方**

皮料：中筋粉 250g，泡打粉 3g，白芝麻 200g。

馅料：面粉 100g，盐 6g，糖 10g，芝麻酱 30g，椒盐粉 5g，香油 10g。

**2. 制作工具与设备**

案板，擀面杖，模具，烤盘，烤箱。

**3. 制作方法**

(1)将所有馅料材料混合拌匀备用。

(2)干酵母用少量温水溶化，和入面粉中，加温水揉成三光面团（面光、手光、盆光，即面团表面光滑不沾手、手上不沾面、盆里不沾面），发酵至原体积的两倍大。

(3)发好的面团平均分割成 8 份，滚圆松弛 10min。

(4)取一个剂子擀成椭圆形，把椒盐馅料涂抹在上面。

(5)卷起后把两头捏在一起，团成圆形，压扁擀开成圆形或椭圆形。

(6)饼面刷水，粘上白芝麻，烤箱 200℃预热后，中层烤约 25min 至饼面金黄色。

**4. 风味特点**

色泽金黄，香酥脆麻，咸鲜适口。

## 二十一、土沱麻饼

**1. 原料配方**

皮料：面粉 1000g，香油 250g，饴糖 75g。

酥料：面粉 550g，香油 275g。

馅料：核桃仁 175g，花生仁 150g，芝麻 75g，冰糖 50g，熟面粉 50g，绵白糖 35g，麻油 150g，玫瑰 25g，桂花 35g。

**2. 制作工具与设备**

案板,擀面杖,烤盘,烤箱。

**3. 制作方法**

(1)饼皮由水皮和油酥制成。水皮用面粉、香油和水制成,用水量为面粉的50%左右;油酥系以面粉与香油充分揉和而成;用水皮包入油酥即为皮料。其比例为水皮60%、油酥为40%。

(2)制馅。将瓜果料剁碎、冰糖碾成绿豆粒大小,再把熟面粉、绵白糖、麻油、玫瑰、桂花等拌匀即成。

(3)包制成形。制好皮、馅,即可包制,皮与馅的比例为3∶7。

(4)烤制。包馅后,将饼坯按成扁圆形,粘上芝麻,然后放入烤盘,送入烤箱,用炉温220℃左右烤制15min。

**4. 风味特点**

色泽金黄,皮薄馅大,松酥可口,味美甜香,风味独特。

## 二十二、龙凤饼

**1. 原料配方**

皮料:面粉1200g,白糖粉600g,猪油100g,鸡蛋250g,小苏打5g,柠檬酸5g。

馅料:白糖1100g,冬瓜糖400g,橘饼100g,芝麻150g,蜜桂花25g,糕粉700g,核桃仁75g,花生油150g。

**2. 制作工具与设备**

案板,擀面杖,模具,烤盘,烤箱,筛子。

**3. 制作方法**

(1)制皮料。将白糖粉、猪油搅拌5min左右,打入蛋液后又搅拌5~8min。然后再将小苏打、糖粉和面粉过筛,加水(按100g成品加水8g的比例)搅转后下柠檬酸(事先用水溶解),再搅转后即可。

(2)制馅料。将白糖、瓜糖、橘饼、芝麻、蜜桂花、核桃仁等拌和后下花生油,再拌和,最后下糕粉,拌合均匀即可。

(3)成型。皮、馅制好后,按皮馅比为1∶1∶1的比例分料包制,用特制印模成形,表面刷上蛋液。

（4）烘焙。炉温150℃左右，烘焙12～15min，待制品色泽转金黄色（未刷蛋液的呈白色）时，即可出炉。

**4. 风味特点**

色泽金黄，皮薄馅多，酥松、酥脆，纯甜，爽口，桂花香味突出。

## 二十三、麻薄脆

**1. 原料配方**

面粉750g，食碱3g，饴糖150g，菜籽油300g，芝麻100g，芝麻馅100g，红糖馅100g，果仁馅100g，八宝馅100g，核桃仁馅100g。

**2. 制作工具与设备**

案板，簸箕，擀面杖，烤盘，烤箱。

**3. 制作方法**

（1）先把饴糖与食碱混合后加入菜籽油调匀，再加入面粉拌和，调成饴糖皮面团。

（2）经搓条、摘剂后包入事先准备好的馅料（芝麻馅、红糖馅、果仁馅、八宝馅、核桃仁馅等）后，擀成一大圆形薄饼。

（3）再用一簸箕装上湿芝麻，把擀薄的饼坯收口朝上，正面朝下放在芝麻中，用手有规律地上下左右转动簸箕，使饼皮在其中转动并均匀地粘上芝麻。

（4）把粘有芝麻的一面放入烤盘底，这是为了在烘烤中使其表面平整、均匀、芝麻粘牢而色泽一致。入炉烘烤，待底面呈黄色时翻面再烤至熟。

**4. 风味特点**

色泽金黄，酥脆香甜，皮薄馅多，芝麻香味浓郁。

## 二十四、生糖麻饼

**1. 原料配方**

面粉1000g，饴糖150g，芝麻油120g，绵白糖150g，冬瓜糖75g，芝麻50g，核桃仁75g，蜜樱桃35g，青梅55g，小苏打5g。

**2. 制作工具与设备**

案板,擀面杖,烤盘,烤箱,模具。

**3. 制作方法**

(1)先调制饼皮,把饴糖加少量水与小苏打调匀后加入芝麻油(行话叫作“三碗饴糖一碗油,再加一调(羹)碱。”),然后加入面粉拌和均匀,调成饴糖皮面团。

(2)将冬瓜糖、核桃仁、蜜樱桃、青梅等切碎,加入绵白糖、芝麻等揉和均匀。

(3)将饴糖皮面团搓条、摘块后包入事先制好的馅料,皮馅比例为4:6。

(4)包好后在模具中压平,使其规整,放入装满湿芝麻的容器中,上下左右转动容器,使圆形生坯沾满芝麻。

(5)把沾满芝麻的一面朝下放入烤盘入炉用急火烘烤,待朝下贴在铁盘面的芝麻略黄将饼坯翻面再烤(俗称“照面子”),至褐色成熟后取出。

**4. 风味特点**

色泽金黄,香酥脆甜。

## 二十五、提糖饼

**1. 原料配方**

面粉750g,饴糖150g,泡打粉3g,花生仁75g,菜籽油100g,鸡蛋50g,绵白糖75g。

**2. 制作工具与设备**

案板,擀面杖,模具,烤盘,烤箱。

**3. 制作方法**

(1)用面粉加饴糖、泡打粉及清水搅拌成面团,静置待用。

(2)再用绵白糖、饴糖、花生仁、熟面粉(生面粉制成)、菜籽油拌和成馅料。

(3)然后将静置后的饴糖皮料搓条分剂,包上馅料,皮和馅的比例为1:1。

(4)按入刻有花纹的单个木制模具，压平、压紧后敲出，置入铁盘，表面刷上蛋液后烘烤，用230℃的高温烘烤成熟。

**4. 风味特点**

色泽金黄，口感香脆。

## 二十六、川式荞酥

**1. 原料配方**

苦荞细粉1000g，红糖60g，白糖40g，熟菜籽油20g，猪油150g，鸡蛋3个，白矾6g，小苏打8g，食碱5g，熟苦荞粉300g，火腿1000g，玫瑰糖50g，红小豆300g，核桃仁50g，冰橘30g，芝麻50g，冬瓜糖20g，椒盐25g。

**2. 制作工具与设备**

案板，煮锅，擀面杖，烤盘，烤箱。

**3. 制作方法**

(1)先将适量红糖加水煮沸，熬成红糖水，停火后，放入菜籽油(为面粉重量的20%左右)，再依次加入碱、小苏打和白矾水，搅匀后加入荞粉、鸡蛋，将面团和好后从锅内取出，晾8～12h作为面坯。

(2)将红小豆煮烂成沙，加入白糖，煮至能成堆时，加入猪油出锅，加入玫瑰糖丁，核桃仁丁、冰橘丁、芝麻、冬瓜糖和椒盐拌匀，即成馅料。

(3)将面团分若干剂子，擀成皮，包入馅心，在印模内成型，入炉烘烤，至皮酥黄即成。

**4. 风味特点**

香酥松散，味道鲜甜，口感清爽。

## 二十七、八宝油糕

**1. 原料配方**

鸡蛋900g，川白糖1300g，蜂蜜300g，花生油800g，面粉600g，冬瓜糖200g，核桃仁200g，蜜樱桃100g，鲜玫瑰泥100g。

**2. 制作工具与设备**

案板，面盆，擀面杖，专用平锅，烤箱。

**3. 制作方法**

(1)拌料。将鸡蛋打入面盆内，用手将蛋黄挤烂后，再将川白糖、花生油、面粉、蜂蜜、鲜玫瑰泥投入面盆内拌和均匀。

(2)装料。用专用梅花形铜皮糕盒。装料时，将盒洗净、烘干，排入专用平锅之中，并擦抹少量植物油。再将面盆内拌好的坯料用调羹舀入盒内，其分量为糕盒体积的1/2。然后将混合的碎核桃仁、冬瓜糖片少许撒于其上，中间要放一颗蜜樱桃。

(3)烘制。用炉烘烤时，底火应略大于盖火。烘至糕体膨胀，糕面呈谷黄色时起锅，冷却后包装。

**4. 风味特点**

色泽谷黄，油而不腻，外酥内软，芳香绵糯。

## 二十八、蛋烘糕

**1. 原料配方**

面粉500g，鸡蛋250g，白糖300g，红糖50g，冬瓜糖50g，橘饼50g，蜜樱桃25g，蜜玫瑰花20g，熟芝麻、熟花生仁、熟核桃仁各50g，猪油50g，酵母面50g，苏打适量。

**2. 制作工具与设备**

案板，擀面杖，烘糕锅，烤箱。

**3. 制作方法**

(1)将面粉放入盆内，在面中放入用蛋液、白糖200g和红糖化成的水，用手从一个方向搅成稠糊状，半小时后再放入酵母面与适量的苏打粉揉和均匀，形成面浆。

(2)将花生仁、芝麻、核桃仁擀压成面，与白糖和各种蜜饯(切成细颗粒)拌和。

(3)将专用的烘糕锅(或平底锅)放火上，待锅热后，将调好的面浆舀入锅中，用盖盖上烘制。待面中间干后，放入1g化猪油，再放入4g调制好的甜馅，最后用夹子将锅中的糕的一边提起，将糕夹折成半圆形，再翻面烤成金黄色即成。

**4. 风味特点**

色泽金黄，绵软香甜、酥嫩爽口。

## 二十九、蛋条饼干

**1. 原料配方**

面粉300g，鸡蛋600g，绵白糖500g，乳粉20g，泡打粉2g。

**2. 制作工具与设备**

案板，擀面杖，烤盘，烤箱。

**3. 制作方法**

(1)先把鸡蛋与绵白糖放置在搅拌机内打发，成为充满泡沫的浆状。

(2)然后将泡打粉、乳粉、与面粉拌匀过筛，除去里面的杂物及受潮结块的面粉后，均匀、慢速地搅拌加入打发的蛋浆中成为稀浆状。

(3)最后装入布制裱花袋中通过圆形裱花嘴挤在烤盘中呈条状，入炉烘烤成熟即为成品。

**4. 风味特点**

色泽金黄，质地疏松，蛋香浓郁。

## 三十、梅花鸡蛋糕

**1. 原料配方**

鲜鸡蛋1900g，川白糖1400g，面粉1400g，饴糖250g，植物油300g。

**2. 制作工具与设备**

案板，擀面杖，模具，提拗小炉，烤箱。

**3. 制作方法**

(1)拌料。将鲜鸡蛋液与川白糖混合，打泡约20min，蛋液泡涨2/3时下饴糖，边下边打。经2～3min后下面粉，搅拌均匀，成为蛋浆。

(2)装料。用专用梅花形模具。先将模具加热,并在其内擦抹少量植物油,再将蛋浆按份量舀入模具(蛋浆与成品重量比例为6:5),然后烘焙。

(3)烘焙。以提拗小炉为宜,炉温180~200℃。在制品膨胀约八成时,盖上拗锅,烘焙3~4min,视糕体色泽金黄,充分膨胀后,即可出炉刷面油,面油须刷均匀且适量。

**4. 风味特点**

色泽金黄,松软可口,蛋香浓郁。

## 三十一、白面锅盔

**1. 原料配方**

面粉1000g,老酵面150g,小苏打3g。

**2. 制作工具与设备**

案板,擀面杖,饼锅,烤炉。

**3. 制作方法**

(1)把4/5的面粉加清水、老酵面揉成面团后稍作静置,待其发酵。

(2)另用沸水把1/5的面粉烫熟后加入发酵好的面团中,再加入小苏打揉匀,搓条、分块,捏成圆形按扁。

(3)用擀面杖擀成直径约12cm、厚1cm的圆薄饼置于饼锅上烙制,待其表面发白时翻面烙制,起黄点后放入烤炉中烤制成熟即可。

注:如果在其边缘开一小口,成为粘连的两圆片,在其中加入卤肉,浇上卤汁,即叫"卤肉锅盔"。

**4. 风味特点**

色泽焦黄,入口化渣,回味稍甜。

## 三十二、红糖大饼

**1. 原料配方**

面粉1000g,熟面粉300g,老酵面150g,食碱3g,红糖400g,菜籽油350g。

**2. 制作工具与设备**

案板，擀面杖，平底锅，烤盘，烤箱。

**3. 制作方法**

（1）面粉加入老酵面、热水揉制成较软的面团，在30℃左右的温度中搭上湿布发酵大约2h，加入食碱揉匀。

（2）将面团分成小剂包入红糖与熟面粉混合而成的红糖馅，擀成圆饼。

（3）平底锅中放入菜籽油烧至150℃，将饼坯放入锅中烙至金黄色翻面，洒一点清水烙到水干，饼坯底黄，即为成品。

**4. 风味特点**

色泽金黄，焦香松软，馅香味甜。

## 三十三、混糖锅盔

**1. 原料配方**

面粉1000g，红糖300g，酵面100g，小苏打3g，熟菜籽油75g。

**2. 制作工具与设备**

案板，擀面杖，湿布，刷子，饼鏊，炉灶。

**3. 制作方法**

（1）将面粉放在案板上，中间扒个窝，加入酵面、清水揉匀，静置30min，再加入小苏打、红糖揉匀，用湿布盖好，饧2h，放在案板上揉匀，用手搓成长条，摘成20个剂子。

（2）面剂抹熟菜籽油少许，揉成圆团，用手按扁，擀成圆形锅魁坯。

（3）饼鏊放炉上，烧至六成热时，刷熟菜籽油少许，放入生坯来回翻动，烤至两面略硬，然后将坯子立起来像车轮一样在饼鏊上滚烤，待坯边均呈黄褐色后，放入炉膛两面烘烤，烤熟即成。

**4. 风味特点**

色泽金黄，外酥内软，香甜可口。

## 三十四、南部方酥

**1. 原料配方**

面粉1000g，猪油300g，绵白糖150g，芝麻100g，老酵面150g，食碱3g。

**2. 制作工具与设备**

案板，擀面杖，烤盘，烤箱。

**3. 制作方法**

(1)把面粉加入老酵面拌和均匀，反复揉制成有筋性的面团，置于25℃以上的温度中自然发酵2h。

(2)再加入食碱揉匀，分成小剂子，包入面粉与猪油擦制成的油酥面团。经过擀开、卷回、对折再擀开、卷回的方法，使之有层次后包入用绵白糖、熟芝麻、猪油拌匀的馅料。

(3)沾上芝麻再擀成5cm见方的坯饼，放在平底锅上烙制，有芝麻面先朝下，有焦点后翻面朝上再烙另一面，定型后放入烤炉烤至淡黄色出炉。

**4. 风味特点**

色泽淡黄，酥脆香甜，入口化渣。

## 三十五、酥肉锅盔

**1. 原料配方**

面粉1000g，老酵面150g，芝麻150g，小苏打3g，猪油200g，鲜肉300g，味精2g，芽菜300g，菜籽油100g，葱20g，姜末10g，花椒粉3g。

**2. 制作工具与设备**

案板，擀面杖，平底锅，烤炉。

**3. 制作方法**

(1)先制作面团，把面粉、老酵面加清水揉成面团，稍作静置发酵后，加小苏打揉成光滑面团。

(2)将其分块后，擀成牛舌状长条形面皮，抹上用猪油制好的、调好味的鲜肉馅，从头抹到尾，然后从外向内将面皮卷起，成为一个圆筒竖放在案板上，压扁，沾上芝麻，擀成扁圆形饼坯。

(3)将饼坯放在平底锅中，加入少许菜籽油煎制，待两面都煎至微黄时，放入烤炉内烤熟即为成品。

**4. 风味特点**

椒香油润，酥脆起层，鲜香可口

## 三十六、烘糕

**1. 原料配方**

川白糖1800g，糯米2800g，猪油1500g，饴糖80g。

**2. 制作工具与设备**

案板，篾席，擀面杖，模具，蒸锅，烤箱。

**3. 制作方法**

(1)制粉。选优质糯米用温水(以不烫手为宜)淘洗干净，再用85～95℃的热水泼洒，翻拌均匀，等"收汗"后磨成米粉。

(2)潮粉。选择通风良好，比较潮湿的地板，以篾席作垫，将糯米粉平摊在上面，进行摊粉吸潮。摊粉厚度以5cm为宜。要求勤翻拌，粉子不结块，上潮均匀，不发霉不变质，以手捏成团，抖动即散为宜。

(3)熬糖打砂。将白糖溶化加入饴糖、猪油熬制。然后趁热充分搅拌，使糖液翻砂，即成细砂糖。或将白糖加工成糖粉，加入清水、化油、调成干稠的糖浆亦可。

(4)拌糖、蒸糕。将潮粉与细砂糖混合，用擀面杖擀均匀，装入锡制糕模具内，再放入锅内蒸至不软、不硬、不散的程度。

(5)切片、烘烤。将蒸好的糕坯取出，放在面粉内静置15h(称养坯)，然后切片，烘烤，即为成品。

**4. 风味特点**

色泽洁白，酥脆可口，清香味美。

## 三十七、韭菜酥盒

**1. 原料配方**

小麦面粉500g，韭菜300g，猪肉(肥瘦)200g，猪油(炼制)150g，色拉油1000g,葱汁5g,姜汁5g,盐5g,味精2g,料酒15g。

**2. 制作工具与设备**

案板,擀面杖,烤盘,烤箱。

**3. 制作方法**

(1)将面粉过滤,用150g面粉加入75g猪油和成油酥面。

(2)将350g面粉加入75g猪油与适量清水和成水油酥皮。

(3)将韭菜洗净沥干水分切碎,拌入猪肉茸、葱姜汁、盐、味精、猪油等馅心。

(4)从上向下卷过来,并从中间切开压扁擀成圆片形,两块合在一起,中间放入韭菜鲜肉馅。

(5)拧成绳形面坯,放入油锅内炸制即成。

**4. 风味特点**

形态饱满,纹路清晰,入口酥香,馅鲜宜人。

## 三十八、眉山龙眼酥

**1. 原料配方**

皮料:特制一等面粉1100g,猪油220g。

酥料:特制一等面粉600g,猪油300g。

馅料:川白糖450g,熟面粉200g,核桃仁100g,冬瓜糖150g,玫瑰花150g,猪油100g,熟菜籽油100g,饴糖25g,豆沙800g。

炸油:猪油600g。

**2. 制作工具与设备**

案板,擀面杖,炒锅。

**3. 制作方法**

(1)调制水油面团。取面粉,加入温水500mL、猪油220g,拌和揉透成水油面团。

(2)调制油酥面团。另将面粉加猪油,搓擦均匀成干油酥面。

(3)制馅。将核桃仁、冬瓜糖切碎,玫瑰花手撕成片,用川白糖、熟面粉、猪油、熟菜籽油、饴糖等拌匀,最后用豆沙8g,逐个包入玫瑰心13g,使之成为“罗汉心”。

(4)包酥。先将水油面团搓条,下剂(36g/个),逐个包入油酥18g,擀成38cm长、5.5cm宽的片块,卷成筒,用刀横切成等量两节,每节27g。

(4)成型。将切开的酥皮以剖面贴在案板上。用手掌压成酥皮坯,随即包入夹心,顺势在案上拍压成直径5.8cm的生坯。

(5)油炸。将生坯均匀摆入炸篮,放入炒锅(油温155~160℃)炸制。待坯完全起酥起层,色泽微带黄色时起锅滤油,即为成品。

**4. 风味特点**

色泽金黄,口感油润酥脆,入口即化,具有豆沙、玫瑰香味。

## 三十九、鲜肉芽菜饼

**1. 原料配方**

面粉1000g,猪油350g,水300g,芽菜200g,猪肉300g,葱15g,食盐3g,酱油15g,香油15g,芝麻25g,料酒15g,味精2g,胡椒粉2g。

**2. 制作工具与设备**

案板,擀面杖,炒锅。

**3. 制作方法**

(1)先用面粉加猪油及清水揉制成水油皮面团,松发30min待用。

(2)用面粉加猪油擦制成油酥,用水油皮面团分块儿逐个包入油酥,经过擀开、卷回、再擀开、再卷回后成为富含层次的酥皮面团。

(3)在锅内把50g猪油烧至150℃时下绞碎的猪肉颗粒,炒散后,加入食盐、料酒、酱油、切碎芽菜后,起锅加入葱花、香油、味精、胡椒粉等,制成猪肉馅。

(4)再将开酥后的面团按扁包入馅料,压成圆形薄饼,再在表面粘上芝麻入油锅炸制,不要多翻动,以免芝麻脱落,待色泽棕黄即可。

**4. 风味特点**

色泽棕黄,饼皮酥香,肉馅鲜香。

## 四十、油旋酥

**1. 原料配方**

面粉1000g,蜂糖200g,猪油350g,菜籽油1000g,芝麻50g,花生仁75g,核桃仁50g,青梅35g,冬瓜糖35g,玫瑰花35g,桂花35g,糕粉150g。

**2. 制作工具与设备**

案板,擀面杖,炒锅。

**3. 制作方法**

(1)用面粉加猪油、清水调制成水油面团,静置待用。

(2)面粉加猪油擦制成油酥面团,把水油皮面团包裹油酥面团,经过擀开、裹卷后制成层次丰富的酥皮。

(3)切块,立着压平,使其纹路朝上,包入馅料,收口严密,压成扁平状。

(4)用90℃~120℃油温炸制,避免色泽变黄。

**4. 风味特点**

色泽洁白,呈旋涡状,馅香味美。

## 四十一、鸽蛋酥

**1. 原料配方**

面粉1000g,绵白糖150g,鸡蛋100g,猪油120g,小苏打3g,菜籽油1000g。

**2. 制作工具与设备**

案板,擀面杖,炒锅,簸箕。

**3. 制作方法**

(1)面粉中加入绵白糖、鸡蛋、清水和猪油及小苏打搅拌成面团,静置30min。

(2)案板上开片、切条,切成小颗粒,放入簸箕,在其中滚成圆形。放入菜子油中炸制,待其膨胀,表面棕黄,浮在油面时捞起沥油。

(3)用白糖及清水熬成稍老一点的糖浆,把沥油后的坯料和入糖浆，趁热不停翻炒，使其沾糖浆均匀后，再不停地翻动坯料，使其返砂。

**4. 风味特点**

色泽晶白。外皮脆甜，内质疏松。

## 四十二、羊尾条

**1. 原料配方**

面粉 1000g，饴糖 150g，豆沙 550g，花生 120g，小苏打 3g，绵白糖 120g，菜籽油 1000g。

**2. 制作工具与设备**

案板，擀面杖，炒锅。

**3. 制作方法**

(1) 面粉中加入小苏打拌匀，加入菜籽油拌匀，再调入面粉揉成柔软的饴糖皮面团，静置待用。

(2) 面团经搓条、分块后包入花生豆沙馅心，搓成圆柱形条状，放入油锅中炸制，待表皮呈褐色时起锅。炸油温度不宜太高，否则饴糖皮料易上色变黄，甚至炸糊。

(3) 油冷却后将圆柱形饼皮从中间斜切一刀，成为两段，露出黄色的饼皮包裹黑色的馅料，刀口呈斜面如短羊尾状，故称为“羊尾条”。

**4. 风味特点**

口味香甜，馅香甜润。

## 四十三、蛋苕酥

**1. 原料配方**

红苕 1000g，面粉 300g，小苏打 3g，鸡蛋 150g，猪油 120g，熟芝麻 50g，白糖 75g，饴糖 35g，熟菜籽油 1000g。

**2. 制作工具与设备**

案板，擀面杖，炒锅，木框。

**3. 制作方法**

(1) 将红苕洗净煮熟后压成薯泥，加入面粉、鸡蛋、猪油、熟菜籽油、小苏打等和成面团。

(2)将面团擀片、切丝，入油锅内炸成黄色的丝坯，沥干炸油待用。

(3)另一空锅中加入白糖及饴糖，和匀熬煮成糖浆。在糖浆中加入沥干炸油的丝坯，再撒上熟芝麻一齐装入木框，擀匀压平，切块、包装。

**4. 风味特点**

疏松酥脆，香甜可口，蛋香、红苕香味浓郁。

## 四十四、黑米酥

**1. 原料配方**

黑米1000g，绵白糖300g，鸡蛋100g，饴糖100g，花生仁150g，猪油50g，熟菜籽油1000g。

**2. 制作工具与设备**

案板，擀面杖，炒锅。

**3. 制作方法**

(1)将黑米淘净后打成米粉，加入鸡蛋、白糖拌和成团，再擀制成米面皮，蒸熟后切成细丝条状，晾干，再用熟菜籽油炸制成酥脆的丝条沥干炸油待用。

(2)锅中加入绵白糖及饴糖混合熬好的糖浆，放入沥干炸油的坯条拌匀，一并在其中撒入油炸花生仁拌和均匀，使之成为沾满糖浆的坯条后，装入一木框中，压平、擀匀、切块、包装。

**4. 风味特点**

酥脆化渣，香甜适口。

# 第十四章　闽式糕点

## 一、福建礼饼

### 1. 原料配方

皮料：面粉 500g，饴糖 100g，熟猪油 125g。

馅料：熟面粉 1000g，绵白糖 1200g，白膘丁 1200g，熟花生仁 200g，去皮红枣丁 100g，葵花子 125g，核桃仁 200g，冬瓜糖 200g，精盐 10g。

装饰料：芝麻 350g。

### 2. 制作工具与设备

案板，擀面杖，烤盘，烤箱。

### 3. 制作方法

（1）制皮。将面粉、饴糖、熟猪油相互拌匀后加适量水，制成面团。用拳头捣拌约 20min，使面团胀润起筋，富有延伸性，便于包制。然后将饼皮分成 4 块，每块摘成 16 小块饼皮坯。

（2）制馅。将葵花子、核桃仁、冬瓜糖等切碎，加上馅料中其他原料，略加水后一起搅拌，拌匀后制成饼馅，分成 10 块，每块摘成 16 小块待用。

（3）制坯。取饼皮面团（占饼重量 10% ~15%）用手掌压成圆形、皮薄、面积较大的皮子，把饼馅（占饼重的 85% ~95%）包入。在包馅时要注意厚薄均匀、不破裂和封口严密，再逐渐揿扁（约 1.5cm 厚），然后在饼坯外表洒些水，粘上芝麻。

（4）烘焙。烘焙时，火力要小，时间要长，炉温控制在 130 ~150℃之间，烘焙时须翻动一二次，以免烘焦。当饼皮表面由青绿色转为微黄色时，即可取出冷却。

**4. 风味特点**

色泽金黄，皮薄如纸，香肥软润，爽口不腻。

## 二、光饼

**1. 原料配方**

面粉1750g，酵面250g，小苏打25g，精盐5g。

**2. 制作工具与设备**

案板，擀面杖，木炭烤炉。

**3. 制作方法**

（1）将面粉倒在案板上，中间扒个窝，加入小苏打、精盐、水约500g，不断搅动至精盐溶化，再加入酵面，继续搅拌均匀。然后把四周的面粉和入，加水250g揉匀，搓成长条，摘成80个面剂子，逐个搓圆，擀成扁圆形，中间戳个小洞，即成光饼生坯。

（2）炉内放入木炭，待炉温升到60～70℃时，把炉中木炭收拢，让四周火熄灭，扇出炉内水气，迅速将光饼生坯贴进炉壁内，用手将清水轻轻洒到饼上，使饼面发硬。此时，应将火扒开，再用扇子慢慢把火扇旺，当饼面呈浅黄色时，加紧扇火，把火扇得越旺越好，直至饼面呈金黄色时，迅速将火拨拢，用小铲将饼铲出炉膛即成。

**4. 风味特点**

色泽金黄，外皮酥香，内部松软，易于消化。

## 三、同安马蹄酥

**1. 原料配方**

皮料：面粉1000g，白糖100g，植物油220g。

馅料：熟面粉500g，麦芽糖220g，芝麻120g，花生仁150g，植物油150g。

**2. 制作工具与设备**

案板，擀面杖，木炭烤炉。

**3. 制作方法**

（1）制水油面团。将植物油、面粉、白糖、水拌匀，搓成一层层的水油面团。

(2)制馅。将熟面粉、麦芽糖、芝麻、花生、植物油等一起放入面盆中揉拌均匀成馅。

(3)成型。将水油面团揉透，搓条，下剂，然后将剂子按扁包馅，收口后用擀面杖擀成圆形。

(4)进180℃烤箱烘烤8min即可。

**4. 风味特点**

色泽金黄，制作细致，层多松软，油而不腻，香甜味厚，入口酥脆，营养丰富。

## 四、美味馅饼

**1. 原料配方**

面粉250g，白萝卜250g，盐6g，葱20g，虾皮10g，白糖3g，香油5ml，食用油75g。

**2. 制作工具与设备**

案板，擀面杖，炒锅或油炸炉。

**3. 制作方法**

(1)白萝卜洗净去皮擦丝，加4g盐拌匀腌制；面粉加2g盐拌匀，备用。

(2)腌好的萝卜丝挤干水分，放入虾皮、葱末、香油、白糖拌匀成萝卜馅。

(3)面粉中加入开水搅拌，揉成光滑面团，最后放入保鲜袋中静置20min。

(4)饧好的面团揉成长条，切成小面剂。

(5)将面剂擀成中间厚四边薄的面片，放入萝卜馅；像包包子一样收口成圆球状。

(6)将面球稍微压一下成圆饼状，饼边刷清水，粘上芝麻。

(7)平底锅烧热后，放入少许油，将饼坯放入，煎至两面金黄、馅熟即可。

### 4. 风味特点

色泽金黄,鲜嫩多汁,皮薄馅多。

## 五、咖喱牛肉饺

### 1. 原料配方

牛肉200g,黄芽菜750g,面粉500g,鸡蛋2只,糖25g,油100g,黄酒15g,辣酱油10g,咖喱粉3g,盐5g,味精2g,鲜酵母3g。

### 2. 制作工具与设备

案板,擀面杖,炒锅或油炸炉。

### 3. 制作方法

(1)先取少量洋葱末用油炒黄后放入200g牛肉末继续炒,见肉末松散、收干时放入少量酒、辣酱油和适量咖喱粉,炒出香味时加少许汤汁将肉末烩熟,用盐、胡椒粉调味。

(2)将白菜750g切成小方块,用油略煸后,用少量盐和味精调味,捞出白菜与肉末混和,不要倒入汤汁。

(3)将面粉500g,鸡蛋2只,糖26g,油50g,盐少量和适当比例的鲜酵母(用少量温水化开)揉和成面团,俟其饧发后将面团分割成20小块,擀成略大于饺子皮的面皮,包入馅料后捏成饺子形。再次饧发后将肉饺投入油锅中炸黄至熟即可。

### 4. 风味特点

色泽金黄,外酥内嫩,鲜香微辣。

## 六、奶油椰子月饼

### 1. 原料配方

皮料:特制一等面粉400g,白糖粉180g,花生油600g,饴糖20g,鸡蛋200g,小苏打3g。

馅料:白糖粉400g,白膘肉240g,椰蓉丝160g,熟面粉160g,奶油200g,鸡蛋120g,冬瓜糖120g,糕粉120g,椰子香精0.005g,奶油香精0.005g。

**2. 制作工具与设备**

案板，擀面杖，烤盘，烤箱，饼模，刷子。

**3. 制作方法**

（1）饼皮调制。将白糖粉、饴糖、鸡蛋液和花生油混合搅拌至呈乳白色，加入面粉和小苏打继续搅拌均匀，形成可塑性的混糖皮面团待用。

（2）馅料调制。将椰蓉丝置搅拌锅中，加奶油、鸡蛋、白糖粉和适量热开水拌匀，再放入白膘肉丁、糖冬瓜丁、熟面粉和糕粉等混合，搅拌成绵润的椰蓉馅料。

（3）成形。将皮料分摘成40g小块。将馅料分成92g小块，搓成球状。用手压扁皮面，包馅，封口要密。然后放入饼模，压实。最后在月饼表面刷上鸡蛋液。

（4）烘烤。炉温180～200℃，烘烤15min左右，待饼面呈棕黄色，腰部乳黄色时可出炉。

**4. 风味特点**

色泽金黄，花纹清晰，柔软可口，椰香浓郁。

## 七、莲蓉月饼

**1. 原料配方**

皮料：面粉100g，糖浆80g，油20g，碱水2g。

馅料：莲子250g，冰糖120g，油15g。

饰料：蛋黄1个。

**2. 制作工具与设备**

案板，擀面杖，烤盘，烤箱，高压锅。

**3. 制作方法**

（1）将莲子里面的芯取出来，加入冰糖和适量的水，高压锅中火煮开后，改小火煮10min。

（2）将煮好至烂的莲子放入搅拌机中，搅拌成糊状。倒入平底锅中，加少许油，慢慢炒干即可。

（3）将糖浆和油、碱水放入一个大的容器中，用打蛋器打一至两分钟。

(4)然后将面粉过筛入容器中,搅拌均匀,饧1h备用。

(5)将莲蓉和面团分成适量大小的剂子(一般面团和馅的比例是3∶7)。面团搓条、下剂,包入馅料后压成圆饼状,表面刷上蛋黄液。

(6)放入烤箱以180℃,烤制10~15min即可。

**4. 风味特点**

色泽金黄,外酥内软,口味清甜。

## 八、什锦肉糕

**1. 原料配方**

鸡蛋1个,瘦猪肉100g,淀粉15g,葱15g,花椒水10g,盐3g,香油15g。

**2. 制作工具与设备**

案板,大碗,蒸锅。

**3. 制作方法**

(1)将蛋黄放入碗内调匀,加入淀粉汁,倒在肉泥碗内。

(2)加入葱水、花椒水及盐搅匀,然后放点香油,上屉蒸20min即可。

**4. 风味特点**

鲜嫩可口,细腻柔软。

## 九、石狮甜果

**1. 原料配方**

糯米4000g,白砂糖3400g,冬瓜糖1000g,金橘酱100g,熟花生油(装饰用)100g。

**2. 制作工具与设备**

案板,擀面杖,模具,烤盘,烤箱。

**3. 制作方法**

(1)浸米。将糯米洗净浸泡10h,中间换水一次。

(2)磨浆。将浸好的糯米用水磨磨成米浆,要磨细,压去水分,呈半干的浆块。

（3）调制浆团。将半干的浆块加入白砂糖充分揉拌，使砂糖完全溶化，待浆团产生良好的糯性，再加入金橘酱、糖冬瓜丁块拌匀即成浆团。

（4）装模、蒸制。将圆型平底铝模码在蒸笼里，抹上熟花生油，然后装入浆团，先猛火蒸制 2h，再用文火蒸制 1h，蒸透停火，在糕面印戳，刷上一层熟花生油，冷却后脱模即可。

**4. 风味特点**

色泽洁白，口感细腻，软韧油润，具有金橘香味。

## 十、卷花牛皮糖

**1. 原料配方**

白糖 1000g，饴糖 1500g，红苕 2700g，芝麻 250g，猪油 250g，香料 0.005g。

**2. 制作工具与设备**

案板，擀面杖，炒锅，筛子。

**3. 制作方法**

（1）制苕泥。红苕蒸熟后，在筛内揉擦，除净筋块杂质，过筛成苕泥。

（2）炒制。先将饴糖煮沸，再下苕泥，接着下配料中化猪油的 1/4，煮沸后下白糖。待糖泥较浓时，又下 1/4 的猪油，在“起火色”前将化猪油下完。糖温达到 120℃，糖泥色转白，不巴锅，有绵性时，即可端锅。整个炒制时间需要 90min。

（3）上麻、成型。芝麻炒熟后，均匀地铺于案板上，将冷至 60 ~ 70℃的糖泥置于铺好的芝麻上，擀平，撒芝麻少许，再擀平（不撒芝麻，将糖泥翻面再擀亦可），然后成形。成形制品一面芝麻多而均匀，一面芝麻少许。

**4. 风味特点**

色泽浅黄，味美香醇，具有弹性、韧性、柔软性。

## 十一、桃麻猪油糕

**1. 原料配方**

糯米粉 250g，粳米粉 150g，干豆沙 100g，绵白糖 160g，黑芝麻 25g，核桃仁 40g，糖板油丁 55g，香草香精 0.005g，红曲米粉 3g，豆油 1000g（约耗 25g）。

**2. 制作工具与设备**

案板，擀面杖，油锅或油炸炉，蒸笼。

**3. 制作方法**

（1）将糯米粉、粳米粉倒入木桶拌匀，中间扒窝，放入绵白糖 110g，舀入清水 60g，用手拌匀，过筛成糕粉。

（2）将黑芝麻用手掏净，晾至九成干，放入筛中擦破其皮，干后下锅，用小火不停地翻炒，熟后取出。稍凉用擀面杖研细，加入全部糕粉的 4/10，拌成黑芝麻糕粉。

（3）将核桃仁用沸水泡 15min，去涩味后取出，沥干水分。锅置炉上，放入豆油，烧至 150℃，下入核桃仁，炸至发香时捞出，切成小丁。

（4）取大笼笼一个，屉内抹上豆油，把糕粉的 3/10 平摊于屉上，再加入一半黑芝麻糕粉，摊平后铺上干豆沙，撒上糖板油丁，再放入另一半黑芝麻糕粉和剩余的糕粉，置旺火沸水锅上蒸 15min。

（5）把糯米粉（25g）、绵白糖（25g）、红曲米粉和香精一起放入碗中，加少量清水调成稀浆，倒在糕面上，四周刮平，复蒸 5min 取下，倒在圆匾上，翻面使糕面朝上，均匀撒上油炸核桃仁和绵白糖（25g），切成菱形斜角块，即成。

**4. 风味特点**

洁白晶莹，味甜柔韧，美味诱人，具有浓郁的核桃仁和芝麻的香味。

## 十二、福禄糕

**1. 原料配方**

粳米 5000g，糯米 2200g，白糖 2200g。

**2. 制作工具与设备**

案板，擀面杖，模具，蒸锅，石臼，筛子，刀。

**3. 制作方法**

(1)将糯米、粳米混合均匀，淘洗干净，放入清水中浸泡6h，捞出再淋洗、晒干，放入石臼中杵成米粉备用。

(2)将米粉、白糖粉混合拌匀，过筛后制成糕粉，再将部分糕粉平筛入木印模中，用刀铺平抹光，盖上牛皮纸，然后将糕坯翻倒在牛皮纸上，脱模制成糕坯待用。

(3)将糕坯连纸放入蒸锅中，用旺火沸水蒸10min至熟。

(4)取出晾凉即可。

**4. 风味特点**

色泽洁白，口感细腻柔软。

## 十三、油八果糕

**1. 原料配方**

糕粉3500g，白砂糖3500g，猪油1000g，青梅350g，炒芝麻350g，冬瓜糖350g，炒花生仁350g，香精0.005g。

**2. 制作工具与设备**

案板，擀面杖，炒锅。

**3. 制作方法**

(1)初加工。青梅、冬瓜糖剁细，炒花生仁擀成细粒备用。

(2)熬糖浆。将白砂糖加1000g清水用旺火煮沸，除去杂质，加入猪油继续煮沸后撤火，加入适量香精备用。

(3)调制糕团。将糕粉、辅料等一起倒入糖浆锅中，快速抄拌调匀至糕团油润软韧即可。

(4)成型。用锅铲将糕团起锅装入方盘中，冷凝定型后开条切块即为成品。

**4. 风味特点**

色泽浅白，口感糯软，清甜适口，具有香料味。

## 十四、老公饼

### 1. 原料配方

皮料：低筋面粉200g，猪油60g，糖40g。

酥料：低筋面粉120g，猪油60g。

馅料：细糖125g，腐乳2块，味精2g，胡椒粉2g，花生油25g，花生仁25g，芝麻25g，盐5g，五香粉2g，糯米粉60g，蒜5g，白酒10g。

### 2. 制作工具与设备

擀面杖，筛子，案板，烤箱。

### 3. 制作方法

(1)和面。配方内面粉过筛开窝，加入糖、油和水和匀，成面团，松弛待用。

(2)调酥。酥心内配方全部和匀，擦成细滑的酥性面团。

(3)制馅。糯米粉与糖拌匀，加入压成泥的腐乳揉匀，最后加入水、色拉油、熟芝麻、碎花生仁、盐、味精、五香粉、白酒、拍碎的蒜头等揉匀，擦透。

(4)包酥。将水油面团搓成条，摘成剂子，然后逐个包入适量油酥心，擀平。

(5)上馅。将擀平的油酥皮包入馅心，均匀收口后，擀平呈椭圆形。

(6)烘烤。将生坯放入烤盘，送入烤箱，以上温190℃、下温180℃，烘烤18min，出炉后撒上胡椒粉调味。

### 4. 风味特点

色泽金黄，外皮酥香，入口微咸，滋润软滑。

# 第十五章　滇式糕点

## 一、滇式月饼

### 1. 原料配方

火腿400g，面粉400g，白糖300g，蜂蜜400g，糖粉80g，水150g，起酥油200g。

### 2. 制作工具与设备

炒锅，盆，搅拌器，烤箱。

### 3. 制作方法

(1)将400g净瘦的火腿切成绿豆大的小丁。取40g面粉在小锅中炒熟。

(2)在火腿丁中加入炒过的面粉、40g白糖和30g蜂蜜拌匀，即成馅心。

(3)取200g面粉和150g水放到盆中用筷子搅拌均匀成面糊。

(4)在面糊中加入起酥油，糖粉和蜂蜜用搅拌器搅打3~5min，直到完全混合没有颗粒，像打发的奶油一样。

(5)加入剩下的面粉，揉成光滑柔软的面团。

(6)切成8个小团，包入馅心成圆球状再稍稍按扁。

(7)烤箱预热至220℃，下面再垫一个装了水的烤盘，烤10~15min到表面变黄即可。烤的时候最后多翻几次，否则很容易烤过头。

### 4. 风味特点

色泽棕黄，饼皮疏松，馅料咸甜适口。

## 二、云腿月饼

### 1. 原料配方

面粉400g，猪油50g，黄油150g、鸡蛋2个，火腿100g，糖150g，

盐 5g。

**2. 制作工具与设备**

搅拌桶，搅拌机，笔式测温计，刀，擀面杖，蒸笼，烤盘，烤箱，冰箱。

**3. 制作方法**

(1)将猪油、黄油、鸡蛋、糖适量，盐一小勺，打散搅拌均匀，加适量面粉揉匀成面团。

(2)火腿切成 2cm 的正方丁上笼蒸制成熟，待用。

(3)取适量面粉用猪油炒制金黄色，加入蒸好的火腿丁加糖调匀成馅，放入冰箱冷却片刻，待馅料凝固取出。

(4)将调好的面团，搓条、下剂，用手拍打成饼状，包上馅料，封口向下，放在涂油的烤盘上。

(5)烤箱温度设置为底火、面火均为 220℃，待温度达到后将生坯放入烤箱烤制 25min 出炉。

**4. 风味特点**

色黄皮酥，入口香松，味甜带咸，油而不腻。

## 三、重油荞坨

**1. 原料配方**

标准面粉 125g，熟标准面粉 90g，白糖 90g，饴糖 40g，熟菜籽油 75g，苦荞面粉 40g，红糖 40g，芝麻 75g，橘皮糖 10g，明矾 2g，小苏打 4g，臭粉 3g，食用红色素 0. 005g。

**2. 制作工具与设备**

铜锅或铝锅，和面机，模具，烤盘，烤箱。

**3. 制作方法**

(1)备料。先将明矾用铜锅或铝锅(禁用铁锅)加水 500g 以微火加热溶化待用。

(2)制面团。将红糖加 65g 水加热溶化，冷却后放入和面机，再依次加入小苏打、臭粉、饴糖、色素搅拌均匀；加入荞面粉搅匀；再边搅拌边加入溶好的明矾水，待搅至呈深黄色时，加入熟菜籽油 40g 搅匀;最后加入115g标准面粉(其余10g留作扑面),搅拌成油腻而稍绵软的面团即可。

(3)制馅。将白糖90g、橘皮糖10g、熟菜籽油25g(其余10g留作刷面用)、水20~25g放入和面机内拌匀,再加熟标粉90g擦匀即可。

(4)成型。将面团分块搓条并分割成30g的小剂,按成扁圆形(中心稍厚),包入23g馅心,表面粘上洗净的芝麻,做成生坯。

(5)烘烤。将生坯码盘,粘芝麻一面朝上,用印模按成扁圆形或扁椭圆形,即可入炉。用190℃炉温烘烤约10min,表面呈金黄色即可。出炉冷却后,表面刷一层熟菜籽油,即为成品。

**4. 风味特点**

色泽金黄,香甜松软,油而不腻,具有荞麦特有的清香以及橘皮、芝麻香味。

## 四、云腿红饼

**1. 原料配方**

皮料:面粉450g,泡打粉5g,白糖40g,碎玫瑰花3g,盐2g,鸡蛋2个,黄油40g,色拉油100g,蜂蜜60g。

馅料:火腿400g,熟面粉300g,碎玫瑰花3g,盐5g,蜂蜜100g,色拉油100g。

**2. 制作工具与设备**

炒锅,盆,烤箱。

**3. 制作方法**

(1)火腿炒熟切丁,与馅料拌匀,制成馅心。

(2)面皮原料先拌匀湿的,再加入干的,拌成面团备用。

(3)取60g面团,搓条,下剂,按扁包入60g馅心。

(4)收口处倒置过来放进烤盘上;箱预热至200℃,烤25min。

**4. 风味特点**

色泽金黄,甜中带咸,油润不腻,具有浓郁的火腿香味。

## 五、火腿大饼

**1. 原料配方**

面粉3000g,熟面粉250g,白糖粉250g,火腿2000g,白砂糖200g,蜂蜜400g,熟猪油1500g,泡打粉5g。

**2. 制作工具与设备**

厨刀,刮板,擀面杖,烤箱,烤盘。

**3. 制作方法**

(1)选用优质火腿清洗干净后蒸熟,剔去皮骨,肥瘦分开,切成0.4cm见方的丁。火腿丁、蜂蜜200g、白砂糖、熟面粉混合,拌匀为馅。

(2)面粉倒在案板上,加入白糖粉、蜂蜜200g、水、猪油、泡打粉,搅拌成面团,搓条后摘成小剂(每个重150g),按扁包入馅,按成鼓形坯。

(3)将生坯整齐地摆入烤盘,入烤炉,180℃烤成金红色出炉,冷却后包装即成。

**4. 风味特点**

色泽金红,甜中带咸,口感细腻,具有火腿的清香。

## 六、云南荞饼

**1. 原料配方**

荞面300g,白砂糖40g,食用盐20g,泡打粉5g,花椒粉20g,香油50g。

**2. 制作工具与设备**

平底锅,擀面杖,刮板。

**3. 制作方法**

(1)先用少许的水将白砂糖、食用盐、花椒粉混匀。

(2)荞面与泡打粉混合均匀,加水调成面团,饧发30min。

(3)将融合的混合水放进发酵好的荞面粉中进行揉和,揉至面粉不黏手,将面分成等分,擀成大小相等的圆饼。

(4)在锅里放上香油,放入饼坯,煎至两面金黄酥脆取出。

**4. 风味特点**

色泽金黄,入口脆香。

## 七、酥饼

**1. 原料配方**

面粉575g,食碱10g,菜籽油150g,清油60g,花椒盐5g。

**2. 制作工具与设备**

锅,案板,盆,刮板,刀,饼鏊。

**3. 制作方法**

(1)制酥。用菜籽油下锅烧热,端离炉火,慢慢倒入面粉350g迅速搅拌均匀后,起锅盛入盆内待用。

(2)和面。将余下的面粉全部倒在盆内;将食碱用200g水化开(六成凉水,四成开水),先倒入60%的碱水反复和好面,再倒入25%的温水,搓揉成表面发光的硬面团,再将剩余的碱水洒入,并用拳头在面团上捣压,使碱水渗入面内。然后将面团移在案板上用力搓揉到有韧性时拉成长条,抹上清油,摘成重约65g的面剂。为防止粘连,每个面剂上可分别抹些清油,再逐个搓成约12cm的长条。

(3)制饼。将搓成的长条压扁,再用小擀面杖擀成约5cm宽的面片,逐片抹上7.5g油酥,撒上0.5g椒盐,右手拎起右边的面头,向外扯一扯,再按三折折起来,每折长约20cm,然后由右向左卷。卷时要用右手指微微往长扯,左手两指撑面片两边往宽拔,边扯边卷成10余层,再将剩余面扯长扯薄,抹上油酥,扭成蜗牛状。

(4)上鏊。将面团压成中心稍薄,直径约7cm的小圆饼。在饼鏊内倒50g油,将小圆饼逐个排放在饼鏊里。鏊下的火力要分布均匀。鏊上的火力集中在鏊的中心,这样才能使酥饼的心子提起,使其胀发。约3min后,拿开上鏊,给酥饼淋50g清油,逐个按饼呈色情况调换位置,防止烤焦,再将上鏊盖上,1min后将酥饼翻身调换位置,达到饼呈色均匀,两面酥黄,出鏊即成。

**4. 风味特点**

色泽金黄，层次清晰，脆而不碎，油而不腻，香酥适口。

## 八、班他

**1. 原料配方**

低筋面粉500g，芝麻50g，玫瑰糖25g，核桃仁20g，红豆沙200g，红糖100g，熟猪油50g，熟菜籽油25g，小苏打5g。

**2. 制作工具与设备**

案板，木模，纸杯。

**3. 制作方法**

（1）红糖兑水加热溶化成糖稀。面粉上案板扒塘，加入熟猪油、熟菜籽油搓拌均匀，加入糖稀、小苏打、水揉成面团，盖上纱布静置。

（2）核桃仁炒熟切成小粒，与玫瑰糖拌匀，加入红豆沙调匀成馅心。

（3）将调好的面团搓条，下剂。用手拍剂，成饼状包入馅料。

（4）用木模在其内刷上熟菜籽油，撒上芝麻，将生坯放入木模轻压，纸杯垫底入盘，入炉用180℃的温度烘烤8min，呈金黄色出炉即成。

**4. 风味特点**

色泽金黄，质地疏松，蜜甜润口，具有玫瑰的浓郁香气。

## 九、面筋萨其马

**1. 原料配方**

标准面粉550g，洗面筋用面粉1650g，白糖1250g，饴糖1250g，猪油1800g，芝麻100g，蜂蜜100g，青红丝150g，淀粉50g。

**2. 制作工具与设备**

锅，木框，刀，模具，刮板。

**3. 制作方法**

（1）洗面筋。将面粉边加水边揉制成细腻的面团，然后放在清水中揉搓洗去淀粉，直至水清洗不出淀粉时，约得500g面筋。取出，用干净的干布擦干待用。

（2）和面。将标准面粉放在操作台上，放上面筋，将粉揉入面筋中，揉成细腻的面团，并静置回饧。

（3）制坯。将回饧好的面团擀成薄片，折叠、切丝。丝的厚度不超过1.5mm，宽度不超过4mm，长度为4～5cm。

（4）油炸。将猪油熬至150℃时，将丝筛去多余的淀粉，分次入锅炸制，丝炸脆但仍为白色时，即捞出滤油，冷却待用。一般耗油量为35%。

（5）挂浆。用白糖1250g，加水375g，在铜锅内煮沸，加入饴糖1250g，熬至90℃，放入猪油150g，熬至约100℃时，加入蜂蜜100g。熬至用手指捏起能拉丝时出锅。将炸丝倒入，抄拌均匀即可。

（6）成型。用木框成形。先均匀撒上炒香的芝麻，将挂好浆的丝定量放入框内，铺平，均匀撒上青红丝，压紧并用糕镜抹平，再按规格切成方形或长方形，取出木框，包装即可。

**4. 风味特点**

色泽乳白色或白色，油润有光泽，青红丝色泽分明，炸丝粘结松紧适度，炸丝内呈细蜂窝状，酥松滋润，入口化渣，有蜜香味。

## 十、石屏荔枝酥

**1. 原料配方**

普通面粉300g，白糖50g，猪油200g，玫瑰花15g，芝麻15g，橘皮15g，糖粉15g，香橼丝15g。

**2. 制作工具与设备**

锅，刀，模具，刮板，炒锅或油炸炉。

**3. 制作方法**

（1）先把面、油、冷开水按20∶5∶7的比例合成水油面团，然后将面、油按2∶1的比例擦成酥心面团。

（2）把水油面团搓条、下剂、包酥，包入由白糖、猪油、玫瑰、芝麻、橘皮、糖粉、香橼丝揉匀的馅心，捏成荔枝状。

（3）把面坯放进180℃的炒锅或油炸炉里炸至金黄色即可。

**4. 风味特点**

色泽金黄，外型美观，小巧玲珑，食之酥松，香甜适口。

## 十一、云南糍粑

**1. 原料配方**

普通糯米 1000g，黄豆 200g，白糖 350g，芝麻 150g，香料粉 1g，植物油 150g。

**2. 制作工具与设备**

石槽，粑棍，平底锅，饭甑。

**3. 制作方法**

（1）把糯米淘洗干净，用温水泡 2 ~ 3h，控干水后装入饭甑内，用旺火蒸熟，然后，将熟米饭放入石槽（粑槽）里，用粑棍将其捣烂，使其变得很黏。

（2）把芝麻粉、白糖、香料粉拌匀，制成芝麻糖；再把黄豆炒熟，磨成粉待用。

（3）在大理石石板上抹搽植物油，再擀成一块块薄片，抹上油，撒上黄豆粉后卷成圆筒状，两头搭拢按扁，中间包入芝麻糖馅心，再以平底锅文火烤熟煎成金黄色即可。

**4. 风味特点**

色泽金黄，口感香甜，口味淡雅、甘甜爽口，别具一番风味。

## 十二、昭通绿豆糕

**1. 原料配方**

绿豆粉 500g，豌豆粉 200g，黄砂糖 350g，蜜桂花 150g。

**2. 制作工具与设备**

蒸笼，盆，篦，保鲜膜，筛子。

**3. 制作方法**

（1）将黄砂糖粉和桂花、水一起搅拌均匀。

（2）待糖粉溶化后，陆续加入绿豆粉和豌豆粉，搅拌均匀后过筛，装入篦内，装至厚薄均匀。

(3)用保鲜膜磨光表面,切成方形生坯。

(4)将装有生坯的篦子放入蒸笼蒸15min左右,出笼冷却,印上红戳即可。

**4. 风味特点**

色泽浅黄,形状规范整齐,组织细润紧密,口味清香绵软不粘牙。

## 十三、云南白饼

**1. 原料配方**

特制一等面500g,猪油50g,蜂糖75g,青梅35g,樱桃35g,冬瓜糖35g,桂花35g,玫瑰花35g,红元35g。

**2. 制作工具与设备**

盆,篦,筛子。

**3. 制作方法**

(1)先将1/3特制面一等面粉加少量开水烫一下,以期减小筋度,增加柔软度,再加入1/3猪油及水调制成水油皮面团。

(2)稍静置后包入2/3的面粉与2/3的猪油擦成的油酥,经擀开、对折、卷回、再擀开、卷回后成为层次丰富的酥皮坯子,再分成每个重250g的剂子待用。

(3)将猪油、蜂糖、青梅丁,樱桃丁、冬瓜条丁、桂花、玫瑰花、红元丁等拌匀,制成馅心。

(4)用油酥皮包上馅心,收口成型擀成圆饼状,薄而大,表面盖章。

(4)入炉用140~160℃低温烘烤,不可高温,以保持饼皮白色,烘烤时间略长。如果制作云南红绫饼则在揉制水油皮面团时加入一点红色素,饼皮自然红色,再包油酥、包馅制作。

**4. 风味特点**

洁白起酥,皮薄如纸,入口即化,香味浓郁。

# 第十六章　秦式糕点

## 一、石子饼

### 1. 原料配方

特制一等面粉600g,酵面200g(或泡打粉5g),植物油70g,食碱5g,精盐12g,鲜花椒叶20g。

### 2. 制作工具与设备

盆,锅,鹅卵石,小青石,擀面杖。

### 3. 制作方法

(1)将面粉置入盆内,加入水250g、植物油70g,盐12g,和匀后加入花椒叶揉成团,在30℃下饧发20~30min,然后兑碱揉匀待用。

(2)将面团搓条,下成10个等量的剂子,每个剂子分别擀成直径18~20cm,厚0.3~0.4cm的圆面片生坯。

(3)将小鹅卵石和小青石洗净倒入锅内加热,并加少许油拌均匀,使灼热的鹅卵石或小青石油光发亮,油放多少以面坯放入后不粘连为准,多次重复使用过的油光发亮的小石子则效果更好。

(4)将锅中的石子烧热至170℃左右时,用手勺舀出一半石子,再将锅内的石子铺平,放入饼坯,然后在饼面盖上舀出的热石子,烧烤3~5min即可成熟。若要得到较干的饼,则相应延长2min左右的烤制时间。

(5)取出晾凉后摆入盘中即可食用。

### 4. 风味特点

色泽浅黄,咸香适口,口感酥脆,具有面食本身的香味及花椒叶的麻香味。

## 二、太后饼

### 1. 原料配方

面粉 1000g，猪板油 250g，蜂蜜 150g，盐 3g，桂皮粉 2g，花椒粉 3g，大料粉 1g。

### 2. 制作工具与设备

刀，锅，案板。

### 3. 制作方法

（1）猪板油放入少许盐、桂皮粉、大料粉、花椒粉，用刀背砸成油泥。

（2）将面和成水面团，擀成长方片，把油泥均匀地抹在上面，卷成圆圈，旋转制成圆饼。

（3）将蜂蜜用开水化开，抹在圆饼上，上烤炉烤至金黄色即可。

### 4. 风味特点

黄亮酥脆，油香不腻，层次清晰，内部暄软。

## 三、水晶饼

### 1. 原料配方

澄粉 70g，生粉 10g，糯米粉 20g，糖粉 10g，玉米油 30g，莲蓉馅 150g。

### 2. 制作工具与设备

盆，筷子，擀面杖，案板。

### 3. 制作方法

（1）先把各种粉和糖混合，倒入适量的热开水，用筷子拌匀直到各种粉能和成团。

（2）把面团放到案板上，分两次倒入玉米油，把面团搓得光滑油亮。

（4）将调好的面团搓成长条，逐一下剂，用手搓薄，包上馅料。

（5）包好馅料的面团搓成圆球状，轻轻地滚上一层粉，放到饼模上（饼模预先放点粉，然后倒扣，让多余的粉倒出来），用力压紧。

（6）把饼模倒过来，在桌上敲几下，水晶饼就很容易脱出来。

(7)水烧开,蒸前在饼上扫点油,大火蒸10min。

**4. 风味特点**

晶莹透亮,凉舌渗齿,甜润适口。

## 四、饦饦馍

饦饦馍是聪明的华人穆斯林汲取阿拉伯大饼、胡饼之精华,采纳中国传统烤饼工艺烙制的一种纯面粉的宜储便携的小圆饼,一般系用慢火烙制。

**1. 原料配方**

面粉2000g,酵面200g,食碱5g。

**2. 制作工具与设备**

面盆,擀面杖,案板,鏊。

**3. 制作方法**

(1)面粉中加入水、酵面、食碱揉制成面团,盖上湿布饧10min左右。

(2)将面团揉成团,面不宜太软,至筋韧光滑,下20个剂子,揉匀,擀成直径7cm的圆饼坯,再用面杖打起菱边。

(3)鏊烧热,饼入鏊两翻后,改中火,再改文火。六翻后,馍饼发轻,摁有弹力,平放左手心,右手搔饼面,则左手心发痒,即可出鏊。

**4. 风味特点**

底色洁白,花纹金黄,筋韧甜绵。

## 五、乾州锅盔

**1. 原料配方**

特制一等面粉5000g,酵面500g(或泡打粉20g),食碱5g。

**2. 制作工具与设备**

烤箱,擀面杖,刀,刮板。

**3. 制作方法**

(1)将面粉、酵面及溶化后的碱水放入盘内,加温水2000g,调制成面团,将面团放在案板上,用木棒边压边折,并逐渐加入剩余的干粉,反复排压,直至面粉充分吸水,酵面分布均匀即成。

(2)面团压制好后,饧大约15min,下成10个等量的剂子,将每个剂子逐个再用木棒转压几遍,然后用手搓圆,擀成直径为26cm、厚度为2cm的菊花形圆饼坯。

(3)将烤箱预热至180℃后放入饼坯烘烤,烤至饼纹清晰,表面金黄取出。

**4. 风味特点**

色泽金黄,酥香可口,回味悠长。

## 六、陕西甑糕

**1. 原料配方**

糯米1000g,红枣500g,白糖100g。

**2. 制作工具与设备**

竹筛,锅,勺,碗,筒子锅,专用甑糕锅。

**3. 制作方法**

(1)糯米加工。糯米用水浸泡3h,待米心泡松,捞出用水淘洗2~3次,放入竹筛中,沥去水分。

(2)红枣加工。红枣淘洗后,用清水再冲洗两次,用清水泡1h。

(3)装料蒸熟。在筒子锅内加半锅水置地炉上,再将专用甑糕锅放置筒子锅上,锅中间放上铁筛,先在铁筛上铺一层红枣,将铁筛的空隙盖严,再在上面铺上一层糯米,米上面及与甑糕锅的连接处用布封严,盖上湿布,然后加锅盖,用旺火蒸制;上汽后大约35min取下锅盖,去掉原料表面湿布,给蒸锅内浇洒一部分清水,将湿布盖上,加好锅盖,用旺火蒸煮;上汽30min后,仍用前法再浇入一部分清水。如此反复3次,改用小火蒸15min。然后将甑糕锅端开,向筒子锅内注入一部分清水,再放入甑糕锅,将连接处封好,用小火烧开后续蒸1h即成。

(4)将成熟的甑糕端出用刀切成10等份,分别装入盘中撒上糖即成。

**4. 风味特点**

色泽艳丽,枣香浓郁,软糯黏甜。

## 七、渭南水晶饼

**1. 原料配方**

特制一等面粉 3500g,猪油 1000g,橘饼 150g,熟面粉 100g,植物油 1200g,冰糖 150g,白糖粉 2150g,青红丝 150g,核桃仁 150g,玫瑰花 150g,黄桂花 50g。

**2. 制作工具与设备**

和面机,案板,面盆,擀面杖,烤盘,烤箱。

**3. 制作方法**

(1)和面制皮。将 400g 猪油加 500g 水在和面机内搅拌,油、水溶合均匀后加 2000g 特制一等面粉搅拌,待面团光滑、不粘手为宜。

(2)制馅。将全部白砂糖、剩余的猪油、熟面粉以及经加工切碎后的各种辅料混合搅匀即成馅。

(3)制酥。将 1500g 特制一等面粉和植物油混合均匀,擦匀成酥。

(4)包酥。按 50% 的皮、42% 的酥的比例包合在一起,压平,擀成圆形,由中心向外卷成条,切块待用。

(5)成型。用制好的包酥小块按扁,包入馅心,拍成直径 5cm、厚 2.8cm 的圆形饼,上盖红色“水晶饼”印章,待烘烤。

(6)烘烤。将坯放入烤盘内,入炉,185℃烘烤 10 ~ 15min,烤熟后冷却、包装。

**4. 风味特点**

色泽金红,油多而不腻,糖重而渗甜,具有浓郁的玫瑰芳香。

# 第十七章　晋式糕点

## 一、太谷饼

### 1. 原料配方

面粉500g,热水100g,花生油125g,白糖150g,糖稀75g,泡打粉2g,芝麻25g。

### 2. 制作工具与设备

擀面杖,刮板,厨刀,烤箱,烤盘,测温笔。

### 3. 制作方法

(1)将面粉倒在盆内,中间扒成坑,把花生油、白糖、泡打粉倒在坑内,慢慢加入热水,调和均匀,揉匀成团。

(2)将面团搓成长条,揪成20个剂子,将剂子逐个按扁,一面刷上糖稀,把芝麻顺手撒在糖稀上粘住。

(3)把粘好芝麻的饼送入烤盘,将温度调在220℃,烘烤10~13min左右即成。

### 4. 风味特点

饼色金黄,香甜湿润,入口脆爽。

## 二、郭杜林月饼

### 1. 原料配方

面粉500g,熟面粉120g,酵面50g,白糖200g,葵花子油150g,香油60g,饴糖30g,青梅15g,核桃仁20g,花生仁20g,蜂蜜20g,新鲜槟果40g,青红丝500g,食碱4g,糖浆25g。

### 2. 制作工具与设备

烤箱,烤盘,模具,擀面杖,刮板,毛笔刷。

**3. 制作方法**

(1)和面。将酵面、葵花子油、饴糖10g、白糖50g一边搅拌一边加入面粉和食碱及适量的温水,和成水油皮面团。

(2)制馅。将熟面粉、白糖、香油、饴糖、红丝、蜂蜜倒入大盆内,将核桃仁、花生仁、青梅用刀剁碎,新鲜槟果去皮、去核、捏碎,一起放入大盆内,拌匀成馅。

(3)包馅,成型。皮面团按50g一个摘成剂子,揉圆按扁,包入馅料,面朝下压入模具内,磕出。

(4)烤制。在月饼坯面上刷一层糖浆,然后入炉烤制,上火210℃,底火200℃预热好,放入月饼烤制约15min。待烤至棕红色时出炉,在月饼面上再刷一层蜂蜜,撒少许青红丝、白糖即成。

**4. 风味特点**

色泽棕红,食之酥软,油而不腻,余味绵长。

## 三、夯月饼

**1. 原料配方**

面粉500g,色拉油200g,糖浆150g,食碱4g。红糖100g,芝麻20g,玫瑰花20g,核桃仁20g,蜂蜜30g,青红丝30g,香油50g,饴糖适量。

**2. 制作工具与设备**

烤箱,烤盘,模具,擀面杖,刮板,竹签,毛笔刷。

**3. 制作方法**

(1)和面。将面粉过面筛,入盆内,加入糖浆、色拉油、碱面揉匀即成水油皮面团。

(2)制馅。将熟面粉过面筛,与红糖拌匀,加入香油、玫瑰、蜂蜜、核桃仁拌匀,再加入青红丝搅拌均匀后成馅备用。

(3)包制、成型。将和好的水油皮面分成与馅相当的剂子,压成四周薄、中间厚的皮子,包入馅成圆球形,用模子磕出。

(4)烤制。在表面涂一层饴糖水,用竹签放气后入炉烤制。烤时上下火均用180℃,烤10~14min,其颜色发红有光亮即熟。

**4. 风味特点**

形如满月,食之酥软,油而不腻,余味绵长。

## 四、混糖月饼

**1. 原料配方**

面粉1000g,糖400g,香油400g,色拉油100g,芝麻200g,玫瑰花20g,青红丝20g,核桃仁20g,花生仁20g,葡萄干20g,食碱3g。

**2. 制作工具与设备**

烤箱,烤盘,模具,擀面杖,刮板。

**3. 制作方法**

(1)备料。将糖放入水锅中熬制融化,倒入盘中冷却,芝麻炒香备用。

(2)和面。将面粉置于案板,放入食碱、香油、水和50g色拉油调匀成油面团,饧发松弛。

(3)制馅。将各种馅料和熟面粉混匀加糖调匀馅料。

(4)包馅、成型。将和好的水油皮面分成与馅相当的剂子,压成四周薄、中间厚的皮子,包入馅成圆球形,用模子磕出。

(5)烤制。用竹签放气后入炉烤,烤时上下火均用180℃,烤制20min,待其颜色变为红棕色取出。

**4. 风味特点**

色泽棕红,甜而不腻,酥而不散,香气优雅。

## 五、细皮月饼

**1. 原料配方**

面粉500g,猪油200g,白糖150g,熟面粉100g,香油25g,蜂蜜120g,核桃仁50g,青红丝50g,玫瑰花50g,冬瓜糖100g。

**2. 制作工具与设备**

烤箱,烤盘,模具,擀面杖,刮板,竹签,毛笔刷。

**3. 制作方法**

(1)和面。将300g面粉围成窝形,加入油50g、糖20g、水拌匀和起，用力推搓至发润发绵，分成适当小块备用。

(2)制酥心。面粉 200g 围成窝形，加油 150g 用力搓擦至面发劲发润，油面均匀，即分成与皮子相等的块数。

(3)制馅。把白糖 130g、熟面粉拌匀后加入香油，擦拌二三次，均匀后再将其他辅料加入拌匀待用。

(4)包制、成型。将水油皮面包入酥心，擀开，切开小剂，包入馅，呈圆形，印红点，入炉焙烤。

(5)烤制。用中火 200℃烤至黄中透红、气味芬香时出炉，晾凉即可。再用印有玫瑰花的包纸逐个包住。

**4. 风味特点**

色泽棕黄，造型美观，入口酥香，甜而不腻。

## 六、提浆月饼

**1. 原料配方**

低筋面粉 500g，猪油 80g，熟面粉 150g，花生油 100g，臭粉 2g，白糖 250g，饴糖 100g，杏仁 10g，核桃仁 10g，青梅 30g，桂花 10g。

**2. 制作工具与设备**

烤箱，烤盘，模具，擀面杖，刮板，毛笔刷。

**3. 制作方法**

(1)备料。取锅加水放入白砂糖加热至融化，倒入饴糖煮沸，形成糖浆液冷却待用。

(2)和面。将面粉置于案板上，融入猪油、臭粉、糖浆液调匀成团。

(3)制馅。将杏仁、桃仁、青梅等切碎后，加入桂花、花生油拌匀，最后再加入熟面粉调匀成馅料。

(4)成型。将面团搓条，按 50g 每个下剂，包入馅料，放入月饼模具内压制成型，取出放入烤盘中。

(5)烤制。烤炉上火 230℃、底火 180℃，烤制 8min 即成。

**4. 风味特点**

色泽棕红，皮质松软，甜度适口，表皮油润光亮。

## 七、孟封饼

**1. 原料配方**

面粉800g,酵母5g,白糖210g,泡打粉5g,菜籽油300g,鸡蛋3个,芝麻20g。

**2. 制作工具与设备**

搅拌桶,搅拌机,刀,饧发箱,擀面杖,笔刷,烤盘,烤箱。

**3. 制作方法**

(1)和面。将面粉500g、酵母5g、白糖10g、泡打粉5g、温水250g逐个放入搅拌桶搅成面团,取出揉匀,放入饧发箱,饧发10min。

(2)制酥心。将余下的面粉、白糖、菜籽油调匀揉搓成油酥面团。

(3)包制。膨松面团与油酥各摘取成30g左右的剂子,采用小包酥方法进行包酥加工。

(4)成型。包好的生坯,用小擀杖将其擀成长条状,再向里卷成筒状,然后沿筒状方向用刀从其中央剖成两个半圆柱形的坯子;然后将加工好的两个坯子背对背相叠,用手呈顺时针方向将其扭成螺旋状纹络,压扁擀成饼状即为生坯。

(5)饧制。将加工好的生坯饧至七八成熟时,刷上搅匀的鸡蛋黄,撒上白芝麻仁。

(6)烤制。入烤炉,上火200℃、底火170℃烘烤至表面金红色即可出炉。

**4. 风味特点**

色泽金红,口感绵甜,冷热皆宜。

## 八、双糖油食

**1. 原料配方**

面粉500g,葵花子油80g,饴糖120g,白砂糖200g,植物油200g,蜂蜜20g,桂花10g,食碱1g。

**2. 制作工具与设备**

搅拌桶,搅拌机,刀,炒锅,擀面杖,案板。

**3. 制作方法**

(1)将白砂糖50g、葵花子油80g、饴糖130g、面粉及适量的水倒入搅拌桶内,和成软硬适度的面团。面团分块擀片,切成厚0.6cm的长方形片,再切成长5.5cm、宽3.5cm的小片,从中间划一刀,然后由里向外翻。

(2)将水倒入锅内,待烧沸时放入剩余的白砂糖,再加入饴糖、桂花、蜂蜜熬成糖浆。

(3)锅内加植物油烧至六成热时,放入用刀划好的面片,炸至棕红色时捞出,然后放入糖汁中,待蘸匀糖汁后捞出,摊放在案板上,晾凉后即为成品。

**4. 风味特点**

色泽红润,块形整齐,挂汁均匀,酥脆绵软,具有桂花及蜂蜜的香味。

## 九、玫瑰饼

**1. 原料配方**

特制一等面粉500g,玫瑰酱50g,白糖200g,核桃仁75g,熟猪油200g,芝麻15g,熟面粉85g。

**2. 制作工具与设备**

搅拌桶,搅拌机,擀面杖,毛笔刷,烤盘,烤箱。

**3. 制作方法**

(1)制馅。先将熟面粉与白糖、核桃仁(切碎)、玫瑰酱、芝麻一并放在案板上和匀,再放入熟猪油25g用手搓匀成馅。

(2)和面。将200g特制一等面粉与100g猪油混和,用手搓匀,和成油酥面。另将300g特制一等面粉倒入盆内,先加猪油75g,用手搓匀打成穗子,然后加水,揉硬扎软,制成皮面。

(3)成型。将两种面团上案揪成相同重量的20个剂子,把皮面剂子用手压扁,包上油酥面剂子,压扁擀成长方形,卷起再用手压扁擀开,这样反复两次,最后卷成3cm多长的小卷,按扁,将馅包入收口,再按成圆饼形。

(4)烤制。将生坯逐个摆放在烤盘中，放入190℃烤箱，烤制10min即好。

**4. 风味特点**

色泽金黄，表皮酥脆，馅心甘甜。

## 十、闻喜煮饼

**1. 原料配方**

面粉1400g，白糖300g，红糖220g，蜂蜜550g，香油400g，饴糖1100g，芝麻650g，小苏打10g，温水少许。

**2. 制作工具与设备**

蒸笼，笊篱，炒锅。

**3. 制作方法**

(1)将1100g面粉上笼蒸熟，晾干，搓碎，再掺入饴糖500g、蜂蜜100g、香油175g、红糖220g、温水少许、小苏打10g及剩余的生面粉300g，将上述原料揉成面团。

(2)锅上火，加入香油约1000g，油热后手揪面剂，揉成鸽蛋大的圆球，放铁丝笊篱内在水里蘸一下(可防止煮饼脱皮裂缝)，沥干水分，投入油锅中，中火炸3min左右，待其外皮呈枣红色时捞出。

(3)另起锅，上火放入蜂蜜450g、白糖300g、饴糖600g熬制10min，待能拉起长丝时则蜜汁熬成。将炸好的煮饼放入蜜汁内浸约2min，使蜜汁渗入煮饼内。

(4)然后捞出放入熟芝麻中翻滚，待芝麻粘匀后即成。

**4. 风味特点**

造型美观，麻香味甜，酥绵适口。

## 十一、绿豆酥

**1. 原料配方**

低筋面粉480g，猪油160g，糖40g，盐3g，奶粉15g，鸡蛋1个，绿豆馅300g。

**2. 制作工具与设备**

饧发箱,擀面杖,毛笔刷,烤盘,烤箱。

**3. 制作方法**

(1)和面。取低筋面粉300g和糖混合均匀,中央开窝,加入猪油70g和水,然后将面粉一点点拨入,揉成均匀的面团,饧面30min。

(2)制酥心。将余下的低筋面粉与猪油调匀制成酥心。

(3)包制。用油皮包住油酥,收口朝下均匀擀开成长方形,左右分别折向中央,再对折,形成“四折”。

(4)饧制。将对折好的酥皮擀薄擀开,从长边一端开始紧密卷起,均匀分切成30份,盖上湿布。

(5)成型。将面剂子轻轻擀开擀薄,包入绿豆沙,收口捏合。

(6)入烤盘。将生坯稍整形后,排入烤盘,刷蛋黄液。

(7)烤制。上火190℃、下火180℃,烘烤25min,即可。

**4. 风味特点**

色泽淡黄,入口即融,香滑可口。

## 十二、甜咸酥饼

**1. 原料配方**

面粉500g,豆油75g,面肥50g,芝麻20g。

**2. 制作工具与设备**

烤盘,烤箱,擀面杖。

**3. 制作方法**

(1)和面。将350g面粉开窝成形,加入面肥50g、温水175g调成面坯。

(2)制酥心。用150g面粉加入豆油75g,搓成干油酥。

(3)包馅。把面皮加入适量的水揉匀,将面坯按成中间厚,边缘薄的圆片,油酥放中间包严,擀成长方形薄片,撒上精盐,从上往下卷成筒形,切成重75g的剂子。

(4)成型。将面剂收拢,按扁,擀成直径约7cm左右的圆饼,饼面沾湿后,沾上芝麻。

(5)烤制。上火 280℃、下火 260℃,烤制 8min 左右即熟。

**4. 风味特点**

色泽金黄,外焦里嫩,口味咸香。

## 十三、香麻酥

**1. 原料配方**

高筋面粉 160g,低筋面粉 40g,糖 10g,酥油 20g,盐 2g,裹入油 180g,鸡蛋 1 个。

**2. 制作工具与设备**

刷子,电动打蛋器,擀面杖,烤箱。

**3. 制作方法**

(1)面粉放置案板上加糖、盐、酥油,用水调成面团,用擀面杖擀成长方形面皮。

(2)将裹入油用保鲜膜包裹,锤打成面皮的 1/2 大小的长方片。

(3)用面皮包裹好裹入油,沿四边捏,注意不要破边。

(4)用擀面杖将面皮擀成 4 ~ 5mm 厚,用四折法反复折叠三次,然后擀薄切成长 6cm、宽 4cm 的长片。

(5)在烤盘垫上不粘纸,放上生坯。

(6)烤箱温度设置为 200℃,待原料烤至起酥时,取出,表面刷上蛋液,再用 150℃ 烘烤 15min 即成。

**4. 风味特点**

色泽金黄,层次清晰,入口酥香。

## 十四、椒盐饼

**1. 原料配方**

面粉 500g,猪油 120g,白糖 20g,绵白糖 250g,熟面粉 250g,熟芝麻 30g,葵花子 5g,花生仁 5g,核桃仁 5g,椒盐 20g,鸡蛋 2 个,白芝麻 30g。

**2. 制作工具与设备**

擀面杖,毛笔刷,烤盘,保鲜膜,烤箱。

**3. 制作方法**

（1）将300g面粉放在案板上，放入猪油40g、白糖20g、温水200g调成水面团。

（2）将面粉200g与猪油80g调成油面团。

（3）将熟面粉放于案板上加入绵白糖、熟芝麻仁、葵花子、花生仁、核桃仁、椒盐调制成馅料备用。

（4）用水面团包住油面团，用擀杖将面皮擀制4～5mm厚，用四折法反复折叠三次，卷起成圆筒状，摘成30g大小的剂子。

（5）用擀杖将剂子擀扁，包入馅心，收口朝下用手掌掀成圆形。然后在每个坯子上涮上适量的鸡蛋液，再粘上少许的白芝麻即成生坯。

（6）烤箱设置为上火200℃，下火180℃烤至表面金黄色出炉即好。

**4. 风味特点**

色泽金黄，表皮酥脆，馅心咸甜适口。

## 十五、开花蛋糕

**1. 原料配方**

低筋面粉150g，糖粉120g，全蛋150g，色拉油38g，泡打粉3g，牛奶50g，盐3g，巧克力酱20g。

**2. 制作工具与设备**

搅拌桶，搅拌机，刀，蛋糕模，烤盘，烤箱。

**3. 制作方法**

（1）将鸡蛋磕入搅拌桶内，搅匀放入糖粉打成发蛋。

（2）将低筋粉、泡打粉、盐混合过筛后，加入打发好的发蛋中搅拌均匀。

（3）将色拉油和牛奶分次加入蛋糕糊中，轻轻搅拌均匀，待用。

（4）取一小部分原味蛋糕糊倒入巧克力酱搅拌均匀。

（5）将蛋糕模内部涂上色拉油，倒入原味蛋糕糊，再把巧克力蛋糕糊以螺旋形倒入，用筷子挑出大理石纹路。

(6)烤箱180℃预热,上火160℃、底火180℃烘烤40min即可。

**4. 风味特点**

色泽金黄,入口绵香,口味淡甜。

## 十六、酥脆枣

**1. 原料配方**

红枣400g,花生仁250g,鸡蛋清100g,干生粉50g,面粉50g,橘子100g,红樱桃150g、猪油50g,白糖180g。

**2. 制作工具与设备**

小刀,牙签,炒锅,不锈钢盆。

**3. 制作方法**

(1)将红枣洗净,用小刀在枣的正面打一小口取出枣核。花生仁油炸后去皮放入枣内,将枣用干生粉沾滚一下放入干净的盘内备用。

(2)鸡蛋清打成蛋泡状加干生粉、面粉调成蛋泡糊。

(3)铁锅置旺火上加入猪油烧热后,将红枣沾满蛋清糊下油中炸至蛋泡糊成熟。

(4)另起炒锅置中火上,放糖和水炒成糖浆,放入炸好的枣翻搅,使糖浆均匀地挂在枣上,盘底抹上少许油,将枣装入盘中,橘子、红樱桃,做成花状摆在盆的四周,配一碗凉开水即可上桌。

**4. 风味特点**

白里泛黄,补血益气,枣香浓郁,口感酥脆。

## 十七、开口笑

**1. 原料配方**

低筋面粉160g,糖40g,芝麻20g,油40g,鸡蛋60g,小苏打1g。

**2. 制作工具与设备**

炒锅,刮板。

**3. 制作方法**

(1)将糖和油混合,上火加热熬至糖溶化,形成糖油,晾凉待用。

(2)将面粉、小苏打和芝麻混合均匀后,置于案板倒入蛋液、糖油,揉匀成团。

(3)调匀的面团搓成长条,分成大约20g每个的剂子,用手轻捏成圆形。

(4)锅入油上火加热到160℃,放入生坯原料炸制成熟。

**4. 风味特点**

色泽金黄,外脆内酥,香甜可口。

## 十八、晋式糯米烧麦

**1. 原料配方**

特制一等面粉、糯米500g,去皮五花肉、熟猪油150g,酱油100g,绵白糖25g,虾仁15g,葱姜汁50g。

**2. 制作工具与设备**

筛子,刮板,刀,炒锅,蒸笼。

**3. 制作方法**

(1)制馅心。将糯米淘净,加清水浸泡12h,用清水将米冲净,放入笼中,用旺火蒸至米粒呈半透明时取出。将五花肉切成0.6cm的方丁,放入留有少许底油的锅中煸炒至断生,加入酱油、虾仁、葱姜汁、绵白糖煮至入味后,倒入清水500g烧沸,然后倒入蒸熟的糯米炒拌,待汤汁被米饭吸收后,淋入熟猪油拌匀,盛起晾凉备用。

(2)调制面团。取面粉425g(75g留作擀皮时作扑面用),加入沸水调成雪花状,摊开在案板上,散尽热气,再洒入冷水揉匀成面团,然后用湿布盖上待用。

(3)成型。将沸水面团搓成长条,摘成20个剂子,逐只拍扁,擀成直径约11cm,边缘呈荷叶边状的圆形面皮。把擀好的面皮摊在左手心,右手用竹刮子将馅心放在皮子中央,将面皮四周同时朝掌心收拢,使其成为下部鼓圆、上端细圆的花瓶状,用手在颈部处捏一下,把它捏细,捏时用竹刮子护住上部,以免挤出糯米馅心。最后在开口处将馅心刮平即可。

(4)成熟。包好的烧麦放入沸水笼中,用旺火蒸约10min,待外皮油亮、不粘手时即可出笼。

**4. 风味特点**

形态饱满，不倒不塌，皮薄馅多，肥糯鲜香。

## 十九、太后御膳泡泡糕

**1. 原料配方**

特制一等面粉 500g，猪板油 700g，水 400g，红枣 500g，白糖 150g，青梅 30g，樱桃 30g，玫瑰 15g，核桃仁 50g。

**2. 制作工具与设备**

刮板，刀，炒锅，锅。

**3. 制作方法**

(1)炒锅置火上，加水烧沸，先将 160g 猪油掺入水中溶化，随即将精面粉均匀撒入水里，接着用筷子扎若干小孔，加盖焖 10～15min，锅离火口。然后揭去锅盖，充分搅拌后，将烫面移放案板上，稍晾，用劲搓揉二三次，使水油面均匀，再用布盖好，饧 20min。

(2)将红枣洗净，入笼蒸熟，去皮、核，加入白糖搅匀成馅备用(其他馅亦可)。

(3)将饧好的面团揉搓成条，摘成 20 个面剂，再将面剂揉圆压扁，捏片包馅，收口后在手心围成“泡肚”糕坯。一定要边捏糕坯边油炸，不要捏完再炸。

(4)锅置火上，加入 500g 猪油，烧至 100℃时，将糕坯封口的一面朝上，顺锅边溜入油内，迅速翻边，糕的上面随即起泡，泡内蒸汽随之从泡的中央穿孔而去，成形似花即成。

**4. 风味特点**

形似泡泡花，脆甜可口，滋阴补肾，营养丰富。

## 二十、河东礼馍

**1. 原料配方**

面粉 500g，鸡蛋 1 个，黄油(或化猪油)200g，食用红色素 0.005g，色拉油 1000g。

**2. 制作工具与设备**

刮板,厨刀,炒锅。

**3. 制作方法**

(1)先将黄油在适量的温水中溶化成油水溶液,再将面粉放入盆中打窝,磕入鸡蛋液,然后慢慢倒入油水溶液,顺一个方向充分拌匀,并揉至表面光滑时,用湿布盖好,静置30min。

(2)将面团擀压成0.3cm厚的大片,再刷上用清水稀释过的食用红色素,然后沿中线对折,擀成0.3cm厚的薄片。这样,面皮中间就有了一层红色。

(3)用刀在面皮的一边切去一块,再向内折叠5cm,并沿直线切下,制成长坯条,依法逐一切完,再在长坯料上分别切出四刀一断、五刀一断和十刀一断的三个连刀坯子。每刀刀距为0.3cm,切口长度大约4cm。

(4)根据需要,将上述生坯制成不同形状,放入150℃的宽炒锅中炸至面花微黄且熟时,捞出沥油即可。

**4. 风味特点**

色泽微黄,形态美观,入口外酥里软。

## 二十一、晋南花馍

**1. 原料配方**

低筋面粉500g,泡打粉5g,糖10g,食用色素0.005g。

**2. 制作工具与设备**

刀,擀面杖,筷子,梳子,剪刀,蒸笼。

**3. 制作方法**

(1)将面粉、水、泡打粉揉匀揉光调成面团,饧发15min。

(2)将饧发好的面团,搓成长条,下剂。

(3)根据个人喜好或节日特点,将面团捏成需要的图案。再次饧发40min。

(4)将生坯上笼大火蒸至成熟,趁热点上颜色即成。

**4. 风味特点**

造型逼真,寓意吉祥,入口绵香。

## 二十二、晋中油糕

**1. 原料配方**

黄米面300g,红糖豆沙馅200g。

**2. 制作工具与设备**

蒸笼,毛巾,刮板,刀,炒锅,蒸锅。

**3. 制作方法**

(1)将黄米面放入很少量的水,用手耐心迅速地搓成均匀湿润的小颗粒。

(2)将蒸锅置于火上,放好篦子和屉布,盖上锅盖,看到有热气冒出,均匀撒上一薄层搓好的黄米面,然后盖上锅盖,再看到有热气冒出,继续在上面撒,直到把所有的面都蒸透,蒸熟。

(3)将蒸好的黄米面趁热放入容器中,马上开始揉搓光滑。

(4)在揉好的面团上稍微洒些油,然后揪成大小均匀的小团,盖上湿毛巾防止水分蒸发。

(5)锅加油上火,加热至150℃时,放入生坯炸透、炸鼓,出锅即可。

**4. 风味特点**

色泽金黄,外焦里嫩,绵软香甜,美味可口。

## 二十三、油炸馓子

**1. 原料配方**

特制一等面粉5000g,食油3000g,黑芝麻100g,精盐150g。

**2. 制作工具与设备**

盆,刮板,竹筷,锅。

**3. 制作方法**

(1)将面粉放入盆内,加入水,同时放芝麻和精盐拌匀和成面团,反复揉3次,饧30min左右。

(2)先将面团搓成桂圆粗的条盘入盆内,1h后,再搓成手指粗的条盘入盆内。每盘一层，洒一次食油，每道工序后，停 1h 再做下一道工序，最后搓成笔杆粗的条。

（3）炸时将面条绕在手上约 60 圈，先用两手拉开约 25cm，再用炸馓子的筷子抻开约 35cm 长，随即下 180℃ 油锅炸，用筷子摆动，待馓子呈黄色捞出即成。

**4. 风味特点**

色泽金黄，香脆适口。

## 二十四、神池月饼

**1. 原料配方**

面粉 2500g，奶粉 270g，白糖 810g，黄油 135g，鸡蛋 300g，干酵母粉 30g，花生仁 100g，核桃仁 100g，葵花子 100g，松子仁 100g，芝麻 100g，冰糖 50g，白糖 350g，猪油 150g，青红丝 50g，熟面粉 100g。

**2. 制作工具与设备**

搅拌机，筛子，烤箱，烤盘，模具，擀面杖，刮板，毛笔刷。

**3. 制作方法**

（1）把面粉、奶粉和酵母粉混匀，过筛除去颗粒。

（2）将鸡蛋磕入搅拌桶内，加入白糖，先用打蛋器打 10min 左右，再边打边加入溶化的黄油和筛好的面粉，轻轻翻搅成面团。

（3）将余下配料调匀制成五仁馅心。

（4）面粉揉搓成条，下剂逐个包入五仁馅，放入模具中压出花纹取出，刷上蛋液，放入烤盘内。

（5）烤制，烤箱的温度为 180℃，烤 20min 左右，中间要取出一次，再刷一遍蛋液。

**4. 风味特点**

色泽棕红，甜而不腻，松而不散。

## 二十五、荞面碗托

**1. 原料配方**

荞面粉 300g，盐 5g，五香粉 10g。

**2. 制作工具与设备**

蒸笼，碗，竹筷。

**3. 制作方法**

(1) 荞面粉中加入盐、五香粉，用凉水和面，调成面团。

(2) 然后用凉水把面团慢慢稀释开，稀释到用筷子挑起后能形成不断线的液态面糊。

(3) 把面糊舀入盘中放入蒸锅，隔水蒸30min，即成。

**4. 风味特点**

晶莹光亮，粉白微青，质地精细，柔软光滑，细嫩清香，风味独特。

# 第十八章　东北糕点

## 一、东北月饼

### 1. 原料配方

特制面粉 300g，标准面粉 200g，白糖 120g，猪油 150g，青梅 15g，蜂蜜 10g，核桃仁 15g，葵花子 15g，芝麻 15g，果脯 150g，橘饼 75g，玫瑰花 5g，桂花 5g，鸡蛋 50g。

### 2. 制作工具与设备

烤箱，烤盘，模具，擀面杖，刮板，毛笔刷。

### 3. 制作方法

(1)备料。果脯切成均匀的小块，芝麻洗净用文火炒熟至散发香味。

(2)制馅。取标准面粉 50g 炒熟倒在案面上推成圆圈，圈内放好各种辅料，加上桂花、玫瑰酱、猪油 50g 快速搅匀。

(3)调粉。首先，将白糖倒入炒锅内加水加热成糖浆，冷却后缓缓倒入特制面粉中加 20g 猪油调成酥皮。其次，取标准面粉 150g 加 80g 猪油调匀成酥心。

(4)包馅。先把酥皮和酥心按照 2.5∶1 的比例包好，擀成片状，顺长卷起，改刀切成小段拍扁，按皮、馅 1∶1 的比例包成球形饼坯，封口要严。

(5)成型。取模具，将生坯放入压制成形倒出，在表面刷上蛋液。

(6)烘烤。用转炉烘烤，炉温 180～190℃，烤制 12min。

### 4. 风味特点

色泽棕黄，口味清淡纯正，皮酥馅软，层次分明。

## 二、蜜制百果月饼

**1. 原料配方**

普通面粉 300g，香油 150g，熟面粉 70g，核桃仁 30g，葵花子 10g，糖桂花 15g。

**2. 制作工具与设备**

烤箱，烤盘，模具，擀面杖，刮板，毛笔刷。

**3. 制作方法**

（1）将水和白砂糖倒入锅里，用中火加热到白砂糖全部溶解。加入麦芽糖，烧沸，撇去浮沫，关火冷却即成糖浆。

（2）将白砂糖、核桃仁、葵花子倒入大碗，放入一半香油、糖桂花、熟面粉，制成百果馅。

（3）在 300g 面粉里倒入另一半香油，并用手拌匀，分次淋入冷却好的糖浆，用手揉成软硬适中、光滑细腻的面团。

（4）把馅料和饼皮面团分成小份。馅料与饼皮的重量比例为 4∶6，逐个包入馅料封口。

（5）取月饼模，将制好的月饼生坯放入模具中，压制成形倒出放入烤盘，表皮涂上一层薄薄的蛋液。

（6）将烤箱温度设置为上火 210℃，底火 200℃ 预热好，放入月饼烤制 15min。

**4. 风味特点**

色泽棕红，形态美观，入口生香，营养丰富。

## 三、油酥水果

**1. 原料配方**

普通面粉 500g，猪油 150g，水果 100g，白糖 250g，酵母粉 5g。

**2. 制作工具与设备**

擀面杖，刮板，刀，平底锅。

**3. 制作方法**

（1）将 250g 面粉加入 125g 猪油擦成干油酥，将另 250g 面粉加上酵母粉用温水和匀后，盖上湿布稍饧。

(2)将水果加白糖、猪油调制成馅。

(3)将面皮包上干油酥，用擀杖制成薄皮，卷成圆柱状，改刀切成小段，压扁包上馅心。

(4)平底锅中留少许底油上火，放入生坯，煎至两面金黄取出。

**4. 风味特点**

色泽金黄，入口酥脆，果香味雅。

## 四、无糖海绵蛋糕

**1. 原料配方**

蛋清 2000g，泡打粉 10g，低筋面粉 1265g，蛋糕专用油 500g，玉米淀粉 180g，无糖吉士粉 40g，液体木糖醇 1400g，食盐 6g，清水 600g，塔塔粉 15g。

**2. 制作工具与设备**

搅拌桶，搅拌机，刀，饧发箱，模具，烤盘，烤箱。

**3. 制作方法**

(1)蛋清 2000g、液体木糖醇 1000g，食盐 6g，混合放入打蛋机内，搅打成泡沫状。把余下的 400g 液体木糖醇，塔塔粉 15g，倒入打好的泡沫内，继续打至温性发泡。

(2)将蛋黄与液体木糖醇倒入蛋糕专用油中搅拌均匀，放入泡打粉、低筋面粉、玉米淀粉、无糖吉士粉继续搅拌均匀。

(3)将上述两种坯料混合在一起搅拌均匀，倒入烤盘。

(4)烘烤温度：上火 170℃，下火 160℃。烘烤时间视坯料体积大小而定。

**4. 风味特点**

形似海绵，入口绵松，营养丰富。

## 五、无糖戚风蛋糕

**1. 原料配方**

鸡蛋 3 个，液体木糖醇 40g，盐 1g，精制油 20g，水 35g，低筋面粉

50g，塔塔粉 2g。

**2. 制作工具与设备**

搅拌桶，搅拌机，西餐刀，饧发箱，模具，烤盘，烤箱。

**3. 制作方法**

（1）将鸡蛋的蛋清、蛋黄分开，蛋清加 30g 液体木糖醇加上塔塔粉，用打蛋器搅打成泡沫状。

（2）将蛋黄、油、水、盐、液体木糖醇 10g 拌匀，加入低筋面粉中调成光滑蛋黄面糊。

（3）先取 1/3 蛋白泡沫与蛋黄面糊拌匀，再加入剩余的蛋白泡沫拌匀倒入蛋糕模具。

（4）烘烤温度设为上火 170℃，下火 160℃，烤制 40min 即可。

**4. 风味特点**

色泽金黄，入口绵香，口味淡甜。

## 六、无糖重油哈雷蛋糕

**1. 原料配方**

鸡蛋 4 个，太古糖粉 30g，玫瑰面粉 200g，泡打粉 1. 5g，食盐 3g，无糖纯牛奶 70g，植物油（玉米油）100g。

**2. 制作工具与设备**

搅拌桶，搅拌机，温度计，西餐刀，饧发箱，玛芬杯，烤盘，烤箱。

**3. 制作方法**

（1）将鸡蛋、太古糖粉用电动打蛋器打发至硬性发泡状态。

（2）将玫瑰面粉、泡打粉、食盐、无糖纯牛奶、用搅拌器轻轻搅拌均匀，然后再慢速加入植物油慢速搅拌，不要搅拌过久，以防止起面筋。

（3）将打发好全蛋泡沫慢慢倒入面粉混合体中，用搅拌器轻轻翻拌均匀。

（4）将面糊灌装到玛芬杯 6 分满后放入烤盘。

（5）烤制，烤箱温度调至上火 180℃，下火 200℃，烤制 25min 左右。

**4. 风味特点**

色泽褐黄，奶香浓郁，外皮脆香，内软适口。

## 七、无糖葱香曲奇

**1. 原料配方**

低筋面粉200g，黄油130g，液体木糖醇30g，糖粉65g，蛋液50g，葱80g。

**2. 制作工具与设备**

搅拌桶，搅拌机，裱花袋，曲型裱花嘴，烤盘，烤箱。

**3. 制作方法**

(1)将黄油倒入搅拌器内慢速搅拌均匀，加入木糖醇、糖粉，快速搅拌起发。

(2)将蛋液分批次放入黄油溶液中搅拌，放入葱花拌匀。

(3)低筋面粉过筛除去颗粒，缓缓倒入搅拌机中，制成葱香曲奇生坯。

(4)将面糊装入裱花袋，顶端使用曲奇花嘴，在烤盘上挤出大小一致的中空圆形。

(5)烤制，烤箱温度设置为上火190℃、下火170℃，烤制15～20min。

**4. 风味特点**

色泽褐黄，葱香味浓，造型美观，入口酥脆。

## 八、无糖老婆饼

**1. 原料配方**

面粉500g，猪油200g，熟面粉50g，肥肉粒40g，花生仁80g，芝麻60g，果脯50g，枸杞子30g，香精0.005g。

**2. 制作工具与设备**

烤箱，烤盘，模具，擀面杖，刮板，毛笔刷。

**3. 制作方法**

(1)把熟面粉、肥肉粒、花生仁、芝麻、枸杞子、果脯、猪油50g、香精一起拌成馅。

（2）用125g猪油和250g面粉擦成干油酥；用25g猪油加水，将剩余的面粉揉成水油面团。

（3）把干油酥包入水油面团内，按扁擀成长方形薄片。顺长卷起来，按每50g两个揪成面剂，将剂按扁包入无糖馅料，收严剂口呈馒头状，按扁擀成直径约5cm的圆饼，表面刷上鸡蛋液，用牙签扎上小孔。

（4）将饼坯摆入烤盘内，放进烤箱用150℃烤至饼鼓起，表面金黄色即成。

**4. 风味特点**

色泽金黄，松酥香甜，营养丰富。

## 九、无糖奶酥月饼

**1. 原料配方**

黄油100g，木糖醇70g，蛋黄3个，低筋面粉250g，吉士粉15g，奶香粉5g，无糖莲蓉馅300g。

**2. 制作工具与设备**

烤箱，烤盘，模具，擀面杖，刮板，毛笔刷。

**3. 制作方法**

（1）低筋面粉，吉士粉和奶香粉过筛，加入软化的黄油和糖浆搓匀，再加入蛋黄揉成面团，用保鲜膜包好松弛15min。

（2）将面均匀的分成约50g一个的面团。包入适量的无糖莲蓉馅，揉圆，放在月饼模子中，挤压成形后放在烤盘上。

（3）烤箱预热180℃。将月饼烤约8～10min后取出，晾3min后刷上蛋黄液，再次回烤箱继续烤约12～15min。

**4. 风味特点**

色泽淡黄，造型美观，酥香适口。

## 十、无糖黑芝麻汤圆

**1. 原料配方**

糯米粉500g，黑芝麻350g，淀粉50g，香油15g，食用油35g，热水

220g,木糖醇35g。

**2. 制作工具与设备**

炒锅,筷子,擀面杖。

**3. 制作方法**

(1)芝麻炒熟,去皮用擀面杖碾成碎末加淀粉,香油、食用油、木糖醇加少量水调成圆球的状态,放入冰箱冻硬。

(2)糯米粉用开水烫熟调成雪花状,搓揉成团。

(3)将调好的糯米团和冰冻好的芝麻馅分别搓成长条,下剂。

(4)取一糯米剂用手捏成边薄、底厚的酒窝状,包上芝麻馅收口,成圆球。

(5)锅添水,烧沸放入汤圆生坯,煮至汤圆浮于水面,再焖2~4min即可。

**4. 风味特点**

洁白如玉,入口香糯,芝麻香味浓郁。

## 十一、挂浆麻团

**1. 原料配方**

水磨汤圆粉500g,白砂糖50g,黑芝麻100g,泡打粉3g,油400g,白芝麻100g。

**2. 制作工具与设备**

刮板,炒锅。

**3. 制作方法**

(1)将糖放入水中,加热搅拌至糖全部融化,晾凉待用。

(2)糯米粉、泡打粉搅拌均匀加入晾好的糖浆与水揉成光滑的面团。

(3)揉好的面团平均分成10份,馅也分成10份,取一份面团按扁后包入豆沙馅,搓成球状。

(4)将芝麻放在盘中,将做好的麻团蘸点水放入盘中沾满芝麻。

(5)锅中加油,烧到165℃的时候放入麻团,不停翻动,炸制15min成熟即成。

**4. 风味特点**

芝麻香浓郁,外脆里糯,入口香甜。

## 十二、葱花缸炉

**1. 原料配方**

面粉500g,猪油200g,熟面粉50g,白砂糖粉65g,鸡蛋100g,液体葡萄糖50g,花生50g,芝麻50g,葱80g,食盐20g,花椒粉25g。

**2. 制作工具与设备**

搅拌桶,搅拌机,烤盘,烤箱。

**3. 制作方法**

(1)制皮。面粉300g过筛后,放在操作台上围成圆圈,加入油50g、温水搅拌均匀调成雪花状,搓成软硬适宜的筋性面团,揪成50小剂。

(2)调酥。面粉200g过筛后加油100g擦成软硬适宜的油酥性面团,揪成50小剂。

(3)制馅。将熟面粉、糖粉拌匀过筛后,放在操作台上围成圈,把经熟制、粉碎的花生仁、芝麻放在中间,同时加上盐、花椒粉、液体葡萄糖、蛋液及油,搅拌后,把已拌好糖粉的熟面粉擦入,再将葱切碎擦入(应视葱的干、湿程度决定投放多少,以使馅料软硬适度),揪成50小剂。

(4)成型。水面皮包酥后用双手搓成长条状,再擀成长15cm、宽35cm左右的椭圆形,一端略厚。中间顺刀切开,在薄的一端刷水,以擀面杖为轴,将两条从厚的一端同时卷起,刀口保持平面,抽出擀面杖,规格选型,按一定间距码入烤盘。

(5)烘烤。底火180℃、上火160℃。待制品馅部突起,表面呈棕黄色,底面呈红褐色,即可出炉。

**4. 风味特点**

呈螺旋状,馅料突出,葱香味浓。

## 十三、小白皮酥

**1. 原料配方**

面粉500g，猪油200g，绵白糖150g，熟面粉150g，橘饼10g，冬瓜糖10g，葡萄干10g，果脯10g，桂花10g，葵花子10g。

**2. 制作工具与设备**

擀面杖，刮板，刀，烤箱，烤盘。

**3. 制作方法**

(1)取面粉250g、猪油125g擦匀成干油酥。将剩余的250g面粉中放入大油50g、清水125g和成水油面，搓匀揉透。

(2)将橘饼、冬瓜糖等果料切小丁，加入白糖、桂花、猪油25g及熟面粉拌匀成馅心。

(3)将干油酥包入水油面中，按扁，制成厚约0.6cm的长方片，折成三层再擀开，由上至下卷起成圆柱形长条，揪成约25g的剂子，按成中间厚、边缘薄的圆形皮子，包入约12g馅心，收严剂口成圆形，将包好的坯子剂口向下，用手掌按成直径约4cm的中间稍凹的圆饼，码入烤盘。

(4)将生坯放入150℃的烤炉中，烤制12min，饼身稍鼓起，呈白色，熟透即可。

**4. 风味特点**

色泽洁白，皮酥馅香，入口酥软，层次分明，花样繁多。

## 十四、朝鲜族打糕

**1. 原料配方**

糯米400g，黄豆粉100g，白糖150g。

**2. 制作工具与设备**

炒锅，擀面杖，网筛，保鲜膜，蒸锅。

**3. 制作方法**

(1)炒锅上火，烧热，倒入黄豆粉和50g白糖用文火炒香。

(2)将糯米放入蒸锅中蒸熟，加入100g白糖搅匀，摊凉。

(3)在操作台上刷一层油,垫上保鲜膜,放入蒸好的糯米,用擀面杖敲打至看不见米粒,大约需40min。

(4)把敲打好的米糕切块,裹上黄豆粉即可。

**4. 风味特点**

造型随意,香软细腻,筋道适口。

## 十五、吉林提浆月饼

**1. 原料配方**

低筋面粉410g,猪油80g,熟面粉130g,花生油100g,臭粉2g,白糖250g,饴糖90g,杏仁10g,核桃仁10g,青梅30g,桂花10g。

**2. 制作工具与设备**

烤箱,烤盘,模具,擀面杖,刮板,毛笔刷,锅,案板。

**3. 制作方法**

(1)制糠浆。取锅加水,放入白砂糖加热至融化,倒入饴糖煮沸,冷却待用。

(2)制皮。将面粉置于案板上,融入猪油、臭粉、糖浆调匀成团。

(3)制馅。将杏仁、核桃仁、青梅、桂花、花生油加入熟面粉中调匀成馅料。

(4)成型。将皮料搓条,按50g每个下剂,包上馅料,放入月饼模具内压制成形,取出放入烤盘中。

(5)烤制。烤炉上火230℃、底火180℃,烤制8min即成。

**4. 风味特点**

色泽金黄,皮质松软,甜度适口,表皮油润光亮。

# 第十九章　豫式糕点

## 一、拓城鸡爪麻花

### 1. 原料配方

皮料：面粉250g，香油10g，盐3g，食碱1g，酵面50g。

馅料：白糖250g，麦芽糖75g，水125g。

### 2. 制作工具与设备

刮面板，擀面杖，刀，锅，漏勺。

### 3. 制作方法

（1）调制面坯。先将盐、食碱用温水化于盆，兑面后，两手将面抄成穗，再兑入香油和酵面、再揉，将面揉到光滑为止，静置饧发。

（2）成型。待面发起后，执案上，用刀割成块，搓成长条，粗细如筷，四股一剂，掐取约6cm长一段。

（3）制糖浆。将白糖、麦芽糖和水放入锅中熬制成糖浆。

（4）炸制。拧成鸡爪形状下锅，锅内油温为165℃，将麻花炸到杏黄色，在锅内不出泡时，捞出，裹上熬制好的糖浆即成。

### 4. 风味特点

色泽杏黄，形似鸡爪，油光透亮，香脆酥焦，风味独特。

## 二、安阳燎花

### 1. 原料配方

糯米500g，色拉油750g，糖稀250g，桂花25g，青红丝50g，白糖500g。

### 2. 制作工具与设备

筛子，刮面板，刀，漏勺，锅，案板。

**3. 制作方法**

（1）备料。青红丝切丝待用。

（2）调制面坯。糯米洗净倒入清水中浸泡4h左右，泡至用手一捏就碎即可；泡好后捞出沥干水分，碾磨成粉状。糯米粉倒在案板上开窝，加入开水烫制成熟再上笼蒸制，蒸熟后取出晾凉。然后将熟江米粉揉搓均匀。在揉制过程中涂抹少量食油，和成团状。

（3）成型。米粉团搓条，擀成厚1cm的长方形饼状，再将其切成长7cm、宽1cm的条，晾干后即为燎花生坯。

（4）熟制。锅内放入色拉油，待温度适宜，放入燎花生坯，随着油温升高，生坯会膨起成形，捞出，待油温再高点时再放入炸熟。炸熟的制品，将品质好的拣出，次者碾碎成粉状加入桂花和青红丝拌匀；质量好的生坯挂上熬制的糖浆，然后沾上刚磨成的粉即可。

**4. 风味特点**

色泽艳丽，口味香甜，酥脆适口。

## 三、百合酥

**1. 原料配方**

面粉250g，猪油85g，澄沙馅100g。

**2. 制作工具与设备**

刮面板，擀面杖，刀，烤盘，烤箱，案板。

**3. 制作方法**

（1）调制面坯。把面粉倒在案板上，取125g面加75g猪油拌匀，擦成干油酥；把剩余的面粉和油，加50g水，和成水油酥，揉匀，稍饧。

（2）成型。把干油酥包入水油酥中、稍按，擀成长方形面片，从上、下两端向中间对卷，呈双筒状。靠扰后，用刀顺条分开，下面剂，用手按成面皮（中间厚、边缘薄），加入馅心，包捏成馒头状，擀成直径为4cm的圆饼，再用刀在四周对称切八刀，中间不切，用手把酥瓣拧立起来，即成生坯。

（3）烤制。待烤炉烧热，把生坯摆入烤盘，入炉烤制。待酥呈淡黄色即熟。

**4. 风味特点**

色泽淡黄,形似百合,香酥适口。

## 四、博望锅盔

**1. 原料配方**

面粉500g,食碱3g,酵面35~60g(夏季35g,春秋季50g,冬季60g)。

**2. 制作工具与设备**

刮面板,擀面杖,刀,木刻花章,石子,蒸锅,筛子。

**3. 制作方法**

(1)调制面坯。面粉过筛倒在案板上,开窝加入碱、酵面和水,盘揉、挤压、饧制,待用。

(2)成形。饧好的面团擀成圆形饼子,制成盾牌形后,用一种类似做月饼的活体木刻花章在其表面按上花纹图案。

(3)熟制。放在锅内的石子上,待锅盔两面凝结变硬后,把数个锅盔叠立起来放在锅内,不加水,用文火蒸烤至熟。

**4. 风味特点**

锅盔坚硬,酥香爽口,耐嚼顶饥,质脆肉厚,雪白酥香。

## 五、蔡记蒸饺

**1. 原料配方**

皮料:面粉250g,食碱3g。

馅料:新鲜猪肉125g,香油15g,姜末、料酒、酱油、盐、味精各适量,鲜鸡汤100g。

**2. 制作工具与设备**

刮面板,擀面杖,刀,蒸笼。

**3. 制作方法**

(1)制馅。肉馅选用新鲜猪肉,其肥瘦比例为1:2,手工剁碎,加入姜末、料酒、酱油、精盐拌匀,加鲜鸡汤打上劲,并保证每250g肉加香油30g。

(2)调制面坯。面粉过筛开窝,一半加食碱用冷水调制成较硬面团,另一半用开水烫制成烫水面团,晾凉后,将两块面团揉匀、揉透、揉光使面团筋韧即可。

(3)成型。面团搓条,下剂,制皮,装馅捏成柳叶褶,使蒸饺形如弯月。

(4)熟制。做好的饺子上笼屉旺火足汽蒸10~15min。

**4. 风味特点**

色泽自然,皮薄馅丰,光亮有劲,形似月牙,鲜嫩多汁。

## 六、陈店麻花

**1. 原料配方**

甜麻花配方:面粉500g,花生油8g,白砂糖50g,奶粉18g,明矾1g,食碱10g,水150g,植物油1500g(实际损耗150g左右)。

咸麻花配方:面粉500g,花生油8g,盐5g,明矾10g,食碱10g,五香粉3g,水150g,植物油1500g(实际损耗150g左右)。

**2. 制作工具与设备**

刮面刀,擀面杖,长筷子,锅,案板。

**3. 制作方法**

(1)制馅。

甜麻花制馅:明矾加冷水50g、食碱加冷水150g分别溶化并混合均匀,气泡停止产生即可。

咸麻花制馅:明矾加冷水50g、食碱加冷水150g分别溶化,加盐,三者混合均匀,从产生气泡到气泡停止加入五香粉搅匀即可待用。

(2)调制面坯。

甜麻花:面粉过筛倒在案板上开窝,加入花生油、白糖和矾碱水拌合面粉至面团状,再揉匀揉透,使其光洁有劲,饧制半小时左右。

咸麻花:面粉过筛倒在案板上开窝,加入花生油和矾碱盐混合水拌合面粉至面团状,再揉匀揉透,使其光洁有劲,饧制半小时左右。

(3)成型。饧好的面团搓成长条形,用擀面杖擀成长方形饼状,切成小条,然后逐条搓圆,要求粗细均匀,搓好后将一条合成两股,即成生坯，表面涂上色拉油，以防粘连。

（4）熟制。油锅上火，待油温达到140℃左右时，锅离火，放入麻花生坯，待其浮起时，再将锅上火炸，并不断用长筷子拨动直至麻花周身呈金黄色，质地坚实即可捞出，沥干油装盘。

**4. 风味特点**

色泽金黄透亮，形似麻绳，香甜酥脆，食后无渣。

## 七、大隗荷叶酥饼

**1. 原料配方**

皮料：特制一等面粉250g，油150g。

馅料：肉丝200g，葱20g，甜面酱100g。

**2. 制作工具与设备**

刮面板，擀面杖，刀，案板，平底锅。

**3. 制作方法**

（1）制馅。肉丝调味后炒香待用；葱切细丝待用。

（2）调制面坯。特制一等面粉过筛倒在案板上，先用沸水烫至六成熟，再用凉水揉匀揉透。

（3）成型。将揉好的面做成20个面剂，擀成2mm厚的饼；将10个面饼逐个刷上油，另10个面饼与刷好油的10个面饼摞在一起（即一个刷过油和一个没刷过油的摞在一起），擀成薄饼。

（4）熟制。将擀好的薄饼入锅，用中火烙，熟后分离为两张即成。食用时涂上甜面酱，包入肉丝、葱丝。

**4. 风味特点**

饼薄如纸，绵软洁白，嚼之有劲，口味微甜，面咸香适口。

## 八、方城烧麦

**1. 原料配方**

皮料：面粉250g。

馅料：大白萝卜1个，羊肉400g，葱50g，酱油10g，五香粉5g，香油10g，蒜汁2g，味精2g，盐5g。

**2. 制作工具与设备**

刮面板,擀面杖,刀,纱布,蒸笼,筛子。

**3. 制作方法**

(1)制馅。选个大、新鲜的萝卜,洗净切片,在锅内煮至能用手搓烂为止。然后,用纱布包好将水挤干,剁碎;选较肥的羊肉,剁碎成末;选择白长的大葱,去皮、除叶,切成薄片;选上等酱油、盐、五香粉、味精;将以上原料混合拌匀即成馅心。

(2)调制面坯。面粉过筛倒在案板上,开窝,用温水搅拌反复揉匀揉透成团后饧制。

(3)成形。将饧好的面团搓条,下剂,先擀成水饺皮状,放入面粉堆中,再将双手擀的中间突出部位放在皮坯的边缘将其边缘擀成有波浪形的折纹,拍去皮坯上多余的粉料。包入准备好的馅,撮成上如石榴花形,下如灯笼形的烧麦。

(4)熟制。汽足水旺上笼蒸 15min 即成。

**4. 风味特点**

皮薄见馅,嫩香味美,清香扑鼻。

## 九、进士糕与状元饼

**1. 原料配方**

皮料:面粉 1000g,熟猪油 450g,白砂糖 360g,鸡蛋 160g,小苏打 3g。

馅料:

进士糕馅料:冬瓜糖 100g,青梅 150g,核桃仁 150g,熟面粉 50g,白砂糖 50g。

状元饼馅料:枣泥 500g,核桃仁 30g。

**2. 制作工具与设备**

刮面板,擀面杖,模具,烤盘,烤箱。

**3. 制作方法**

(1)制馅。

进士糕制馅:冬瓜糖、青梅和核桃仁分别切成碎粒状,加入糖、熟面粉和适量的水制成果仁馅。

状元饼制馅:将枣泥和核桃仁碎粒拌捏成混合馅。

(2)调制面坯。面粉、小苏打过筛倒在案板上开窝,加入猪油、白砂糖和鸡蛋,搅拌均匀后揉制成团,揉匀揉光饧制。(视面团的软硬度可适当加水)

(3)成型。将饧好的面团擀成长条,下剂,制皮,包入馅料(进士字样的馅心包入冬瓜桃仁馅,状元字样的馅心包入豆沙核桃仁馅)。用不同的模子压上"进士"和"状元"的字样。

(4)熟制。放入炉中烘烤而成,炉温为180~190℃。

**4. 风味特点**

色泽金黄,形体匀称,香甜松软,入口即化。

## 十、葛记焖饼

**1. 原料配方**

皮料:面粉500g,色拉油50g,盐3g。

馅料:带皮五花肉250g,腐乳20g,青菜200g,八大香料3g。

**2. 制作工具与设备**

刮面板,擀面杖,刀,坛子,刷子,煎锅,筛子。

**3. 制作方法**

(1)制馅。带皮五花肉切成边长为2cm的方块,先焯水再放入锅内添水煮开,撇去浮沫杂质,捞出肉装入坛内,下入八大料,外加腐乳,倒入肉汤封口,大火烧开后,改用文火慢炖,炖到烂熟待用。

(2)调制面团。面粉过筛倒入案板上开窝,中间加入温水,先拌匀再揉制成较软面团,要揉匀、揉透、揉光后饧制。

(3)成型。饧好的面团搓条,下剂,制成较大圆形薄皮,用刷子先刷一层色拉油,再均匀撒上细盐,以圆心为点向边上切一刀,再从边上开始卷起成圆锥状,从锥顶将其按扁,稍擀薄,即成饼生坯。

(4)熟制。煎锅放少许色拉油,将软面烙成千层饼,放凉后切成帘子棍形备用,焖饼时锅内用青菜铺底,放上饼条和坛子肉,加高汤稍焖即成。

**4. 风味特点**

饼软适口,肉香味醇,肥而不腻。

## 十一、龙须糕

**1. 原料配方**

坯料:糯米面(干粉)250g,面粉 250g。

馅料:燕根苗(野生植物,俗称“打碗花”)250g,白糖 150g,樱桃 25g,青梅 25g,冬瓜糖 25g,核桃仁 25g,葡萄干 25g。

**2. 制作工具与设备**

筛子,刮面板,擀面杖,木框,蒸笼。

**3. 制作方法**

(1)调制面坯。燕根苗摘去老根,切成长 3.3cm 的段,用水洗净;青梅、冬瓜糖、核桃仁均剁碎;面粉蒸熟晾凉、擀细、过筛,与糯米面,燕根苗、白糖和水 200g 一起拌匀成团。

(2)成型。在四方木框内,将拌好的燕根苗粉面倒入,按实压平,上撒樱桃、葡萄干和剁碎的青梅、瓜条、桃仁。

(3)熟制。旺火足汽上笼蒸约 1h,成熟为止。蒸熟出笼,去掉木框,晾凉,切成长方块,摆盘内即成。

**4. 风味特点**

甜爽适口,糯香味浓。

## 十二、鹿邑观堂麻片

**1. 原料配方**

熟芝麻 500g,白砂糖 450g,饴糖 115g,熟猪油 20g。

**2. 制作工具与设备**

刮面板,擀面杖,刀,煮锅。

**3. 制作方法**

(1)制馅。白砂糖、熟猪油、饴糖一起放入锅内,加水加热溶化,熬到 145℃能拔丝时即为糖浆,离火待用。

(2)调制面坯。将炒熟的芝麻倒入刚熬好的糖浆内,迅速搅拌均匀成为糖坯。

(3)成型。将糖坯放在案板上用擀面杖压平、压薄,切成3cm宽,6cm长的薄片即为成品。

**4. 风味特点**

片薄如纸,入口即化,芝麻味醇。

## 十三、杞县红薯泥

**1. 原料配方**

红薯500g、色拉油100g、白糖250g、香油10g、山楂50g、玫瑰花瓣20g、青红丝50g、糖桂花50g。

**2. 制作工具与设备**

厨刀,纱布,煮锅。

**3. 制作方法**

(1)馅心。玫瑰花瓣提前用盐水腌制,剁碎待用;山楂洗净切丁。

(2)调制面团与熟制。把红薯洗净切块煮熟晾凉,剥掉外皮,去其内丝,用干净的纱布包裹起来,轧压成泥待用;然后炒锅内放入色拉油,将白糖倒入锅内化成糖浆,兑入香油、红薯泥,不断搅拌,呈柿红色泥状。

(3)成型。装盘后,分层均匀撒上山楂丁、玫瑰花碎、青红丝、糖桂花即成。

**4. 风味特点**

味道甘甜,爽口开胃,色泽鲜艳,营养丰富。

## 十四、汝阳八股麻花

**1. 原料配方**

皮料:

白条面团:面粉500g,酵面90g,白糖155g,食碱4.5g。

酥馅面团:面粉155g,香油25g,白糖110g,食碱1g,芝麻65g,核桃仁15g,冬瓜糖15g,青梅15g,糖桂花15g,青红丝6g,姜丝9g,香料适量,清水60g。

辅料：花生油 4000g。

**2. 制作工具与设备**

刮面刀，长筷子，炸锅，筛子，案板。

**3. 制作方法**

（1）调制面坯：

制作白条面团：白糖与食碱放在盆内，加温水将其溶化，用筛子过滤杂质，再依次加入酵面、面粉和成面团，揉匀揉光，放在案板上。

制作酥馅面团：面粉过筛倒在案板上开窝，倒入开水、香油拌合均匀加入白糖、核桃仁粒、冬瓜糖粒、青梅粒、糖桂花、青红丝和姜丝拌匀后加入碱水，再揉成团。

（2）成型。分别将白面团和酥面团搓成细条，摘剂，搓成细条状。取 3 条酥馅条沾上芝麻，另取 4 条白条和不沾芝麻的酥条 1 根（共 8 根），双手反拧即成麻花生坯。

（3）熟制。炸锅放足够多的油，待温度上升到 160℃ 左右时下入麻花生坯，浮起后多用长筷子滚转麻花，使里外炸透成熟，捞出沥干油即可。

**4. 风味特点**

色泽金黄，口味咸香，形似辫结，干食香酥。

## 十五、宁陵杠子馍

**1. 原料配方**

面粉 500g，酵母 5g，泡打粉 7g，白糖 25g。

**2. 制作工具与设备**

刮面刀，刀，杠子，蒸笼，饧发箱。

**3. 制作方法**

（1）调制面坯。面粉 400g 与泡打粉过筛倒在案板上开窝，加入酵母、白糖和水搅拌均匀，和成面团稍发。发好后，不断地往面团里加剩余的干面粉，并不断地用杠子压，越压面越硬，直到压不动为止，这时面团光洁硬亮。

（2）成型。饧好的面团压条，切段，揉成馒头状，入饧发箱发酵。

(4)熟制。发好后,待旺火汽足时上笼蒸制 8min 左右。

#### 4. 风味特点

色泽洁白,味道纯正,富有嚼劲。

## 十六、三鲜莲花酥

#### 1. 原料配方

皮料:面粉 500g,白糖 25g,鸡蛋 25g,猪油 10g,清水 375g。

馅料:枣泥 25g,山楂糕 25g,香蕉 15g,蜂蜜 5g,熟面粉 15g,香精 1g。

#### 2. 制作工具与设备

刮面板,擀面杖,烤盘,烤箱,筛子,案板。

#### 3. 制作方法

(1)制馅。将枣泥搓成长条;白糖、蜂蜜、熟面粉、香精、香蕉制成糖馅卷在枣泥内;山楂糕切成 2cm 见方的小块备用。

(2)调制面坯。鸡蛋打散加入白糖搅拌至糖化开,加入猪油拌匀;面粉过筛倒在案板上开窝,中间加入刚打散的鸡蛋、糖、猪油的混合液体,从内向外逐渐与面粉和匀,揉光揉透成面团饧制。

(3)成型。面团搓条、揪剂、擀皮,放山楂糕块于皮上,再放枣泥,包成圆形坯子,随后在坯子上轻刺三刀,使馅外露,将打散调匀的鸡蛋液刷在圆形面坯表层。

(4)熟制。入炉烘烤,烤温为 180 ~ 190℃,烤至色泽金黄即可。

#### 4. 风味特点

形如莲花,味香酸甜,酥松可口。

## 十七、水花佛手糖糕

#### 1. 原料配方

面粉 500g,白砂糖 150g,青红丝 5g,玫瑰花 3g,色拉油 1000g。

#### 2. 制作工具与设备

案板,刮面板,擀面杖,刀,筛子。

**3. 制作方法**

(1)制馅。白糖、青红丝和玫瑰花调好成馅。

(2)调制面坯。面粉过筛倒在案板上开窝,一次性加入开水,拌匀,再揉至成团且不粘手。案板上刷油,手上沾油,将面团揉匀揉光,分成小块晾凉,再分次揉入冷水,并掺入少量干面粉,饧制待用。

(3)成型。汤面分剂(约100g一个),手上抹油,双手托起汤面,拍成如手掌大的长圆片,平放在左手掌上,将调好的馅心包入,左手稍微向上收拢,右手由一边向另一边折,捏成佛手形。

(4)熟制。锅内加植物油,待油温到六成熟时将糖坯下入,炸至柿红色,捞出沥干油即成。

**4. 风味特点**

焦酥适口,软而不黏,香而不腻,甜中透着玫瑰香。

## 十八、唐河芝麻片

**1. 原料配方**

白芝麻500g,白砂糖450g,糖稀115g,香油20g。

**2. 制作工具与设备**

刮面板,擀面杖,刀。

**3. 制作方法**

(1)制馅。糖稀倒入锅内,继而加入白糖和香油,加水加热溶化,熬到145℃能拔丝时即为糖浆,离火待用。

(2)调制糖坯。芝麻经水泡、袋捶、冲洗、凉晒、炒制后倒入刚熬好的糖浆内,迅速搅拌均匀成为糖坯。

(3)成型。将糖坯放在案板上用擀面杖压平、压薄,切成3cm宽,6cm长的薄片即为成品。

**4. 风味特点**

片薄如纸,口味香甜,酥脆不腻。

## 十九、山楂糕片

**1. 原料配方**

鲜山楂500g,白砂糖500g,明矾5g。

**2. 制作工具与设备**

案板,擀面杖,煮锅,方形容器,刀。

**3. 制作方法**

(1)山楂去核洗净,倒入装水的锅内烧开,待山楂煮烂,捞出去渣洗净,将其捣烂成泥,再倒入刚刚煮山楂的水锅内,加入白砂糖烧开,使糖融化。

(2)明矾加少量水烧开,立即倒入山楂浆内搅匀,再将其倒入事先准备好的方形容器内摊平,压实。

(3)冷却后切片装盘即可。

**4. 风味特点**

酸甜可口,营养丰富,风味独特。

## 二十、勺子馍

**1. 原料配方**

面粉500g,盐5g,葱10g。

**2. 制作工具与设备**

平底勺,案板,炸锅。

**3. 制作方法**

(1)先将面粉加水,调制成面浆,即糊状。不能太稠也不能太稀,用筷子能搅拌即可。将少许葱花放入面浆中一块搅拌均匀。

(2)制作勺子馍需要特制的"平底勺"。将调好的葱花面浆倒入平底勺中,然后将平底勺放入热油中炸煮,每个平底勺炸一个勺子馍。

(3)油炸至平底勺里的葱花面浆发黄,并自然与平底勺脱落。再放到锅中自然炸1~2min,闻到油炸香味时即可。

**4. 风味特点**

色泽金黄,质地柔软,香脆可口。

## 二十一、芝麻焦盖烧饼

**1. 原料配方**

坯料：面粉 500g，酵母 2.5g，泡打粉 3.5g，白砂糖 8g，水 250g，食用油 50g，五香粉 5g，盐 3g。

饰料：白芝麻 100g。

**2. 制作工具与设备**

刮面板，擀面杖，案板，毛刷，盘子，烤炉，筛子。

**3. 制作方法**

（1）制馅。芝麻须提前拣好淘净浸泡，夏天浸泡 2h，冬天浸泡 8h，捶好脱去外壳后的芝麻必须用湿布盖好，以保持水分，保证芝麻的饱满；取一面团，分成若干个小面团，沾上油、盐、五香粉待用。

（2）调制面坯。面粉过筛分两份倒在案板上分别开窝，一个面粉里加泡打粉，窝里放酵母、泡打粉、白糖和温水；另一个面粉加入冷水。分别搅拌均匀，揉合成团，揉匀揉光，饧制。

（3）成型。饧好后，用一半发面、一半死面，再加少量食用油和好后，搓条下剂制皮，包入沾有油、盐、五料的小面团，再擀成圆饼状，正面用毛刷刷上一层水后，扣在装有铺得非常均匀的芝麻仁的盘子里。

（4）熟制。然后将覆芝麻的一面朝上放在炉上，烙至面皮干涸出浅花时，再翻过来烙贴芝麻的一面，烙至芝麻仁发黄，然后起饼放入炉圈内直接烘烤，先烤底，后烤面。烤熟即可。

**4. 风味特点**

色泽焦黄，外皮酥脆，内层松软，香味扑鼻。

## 二十二、息县油酥火烧

**1. 原料配方**

特制一等面粉 500g，熟猪油 50g，香油 35g，葱 15g，食盐 3g。

**2. 制作工具与设备**

刷子，擀面杖，刀，案板，煎锅，烤盘，烤箱，筛子。

**3. 制作方法**

（1）制馅。葱切碎加入熟猪油、香油制成脂油葱花馅。

（2）调制面坯。面粉过筛倒在案板上开窝，加入清水揉制成团后，撩少量的水，洒于面团上，双手紧握拳，用手面向面团不停地压，压后饧制。

（3）成型。将饧好的面搓成三寸长、食指粗细的一个个面剂。在面剂上刷少量的油，以防表面干裂，再将面剂擀成面片在面片的一端放上脂油葱花馅，再撒盐少许，然后顺着放馅的一端往另一端滚成元宵大的团状。

（4）熟制。生坯入煎锅烙成两面稍黄，再放入烤箱内烘烤至熟即可。

**4. 风味特点**

焦黄油亮，清香扑鼻，入口酥嫩。

## 二十三、土馍

**1. 原料配方**

面粉500g，酵母5g，泡打粉7g，白糖15g，鸡蛋1个，香油50g，盐3g。

**2. 制作工具与设备**

筛子，擀面杖，刀，案板，锅，白面土。

**3. 制作方法**

（1）调制面坯。面粉过筛倒在面板上开窝，加入酵母、白糖，先把面发酵后，加入鸡蛋、盐、香油，揉成面团饧制。

（2）成型。饧好的面团搓成指头粗的面条，切成如大枣、小枣、核桃等大小的面块。

（3）熟制。放入锅内的白面土中闷烤，烤熟即可。

**4. 风味特点**

色呈土黄，饼香诱人，外酥里软，硬中透脆。

## 二十四、荥阳霜糖

### 1. 原料配方

柿霜500g,水100g,白糖35g,饴糖10g。

### 2. 制作工具与设备

烤盘,模具,烤箱,面筛。

### 3. 制作方法

(1)将柿霜筛下,加上水、白糖、饴糖,经溶解、熬制成稠浆状。

(2)入模成形,予以烘烤、晾干而成。

### 4. 风味特点

色呈棕黄,呈鏊子面形,无杂质,轻压一下即可碎开。

## 二十五、双麻火烧

### 1. 原料配方

面粉2500g植物油1000g,大料粉5g,芝麻500g,盐50g。

### 2. 制作工具与设备

擀面杖,饼鏊,案板,锅,刷子。

### 3. 制作方法

(1)制芝麻仁。将芝麻用凉水浸泡,至用手指一捻能去掉皮时,捞出沥干水分,用石臼捣或用抹布裹住揉搓,将芝麻皮去掉,得芝麻仁待用。

(2)制酥。锅置火上,倒入油600g,烧至八成热,将锅端离火口。放入面粉1500g,用铁铲翻匀,摊在案板上晾凉后,加入盐、大料粉,用手揉成酥面团。

(3)制皮面。将另外1000g面粉倒在案板上,中间扒一个小坑下入400g植物油、约500mL水,拌和均匀揉成皮面团。

(4)成型。按皮面、酥面为2∶3的比例,用皮面包着酥面,擀成1cm厚的长形片,顺长折起来再擀薄,反复二三次。最后卷成卷。揪成50g一个的剂子,逐个揉圆,用手按扁。另取如小枣一样大的面块,沾上油,包在中间,用擀面杖擀成边厚中间稍薄的圆饼。把圆饼两面刷上水，粘上芝麻仁，正面（即光面）粘的芝麻多些，背面粘的少些。逐个做好放在案板上。

（5）烤制。饼鏊放火上，擦净，烧至七成熟，用刷子刷上一层油，将做好的饼背面（收口的一面）向下，放在鏊子上焙。焙至底面发黄时翻身。鏊子上再刷油，烧饼在鏊子上边焙边转动，焙成均匀的金黄色时起出。再将饼下入炉膛内烤。先烤背面，烧至饼呈红黄色即成。

**4. 风味特点**

色泽红黄，口感酥焦，五香味浓郁。

# 第二十章　鲁式糕点

## 一、油旋

### 1. 原料配方

面粉 500g，熟猪油 200g，盐 5g，葱 100g，花生油 100g。

### 2. 制作工具与设备

挂面刀，擀面杖，案板，烤箱或煎锅，木板，湿毛巾，刷子。

### 3. 制作方法

（1）制馅。将熟猪油化开，葱花装碟备用。

（2）调制面坯。将面粉过筛倒在案板上，中间开窝加入适量清水、少许精盐，用手将精盐搅化，从窝内向窝外逐步将面粉与水拌和，先拌成雪花状，看水分量的多少，决定是否还要淋水，再揉搓成团，反复抻揉至光滑后成团，放入撒有干面粉的木板上，表面盖上湿毛巾，饧 2h 左右。

（3）成型。将饧好后的面团搓条、下剂、擀成圆形皮坯，在面坯上先刷一层油，再均匀撒上一层精盐，然后撒上一层葱花，略按，使葱花与面粘紧。用刀以圆心为点向一边划开一刀（其实就是圆的一条半径），再用双手顺着刀口将皮坯卷起成圆锥形。卷好后按着卷纹再稍扭一下，使层与层之间接触较紧，再将圆锥形按扁，用擀面杖擀薄（尽量不要将面皮擀破）即可。

（4）熟制。将生坯放入烤箱里烤，炉温为 190℃，烘至两面鼓起，色泽深黄即熟。或定型后放在煎锅上淋花生油烙制 10min 至金黄色成熟即可。取出后趁热将有旋纹一面的中间用手指压出窝，即成多达五六十层的油旋。

### 4. 风味特点

色泽金黄，外皮酥脆，内瓤柔嫩，葱香透鼻。

## 二、糖酥煎饼

### 1. 原料配方

小米 500g，食用香精（橘子、杨梅、香蕉、菠萝等香精均可）0.005g，白糖 200g，豆油 5g。

### 2. 制作工具与设备

饼鏊，刮面板，擀面杖，案板，锅，勺，木板。

### 3. 制作方法

（1）调制面坯。将小米洗净，取 500g 放入锅内，加水煮熟后晾凉，其余的放入清水内泡 3h，加入熟小米拌匀，加水磨成米糊（或将小米面用水拌和成糊状，面与水的比例为 10∶8 至 10∶9）；加适量白糖和香精一起拌匀。

（2）熟制。用一直径 50 ~ 60cm、中心稍凸的铁制圆形饼鏊烙制。先将饼鏊烧热，再用蘸有食用油的布将鏊子擦一遍，然后左手用勺将糊倒在饼鏊中心处，右手持刮子迅速顺饼鏊边缘将糊刮匀，先外后内，刮成圆形薄片。

（3）成型：把烤熟的煎饼从边缘揭起，趁热在饼鏊上折为六层，成长方形。取下放在案上，用木板压上，待冷却后包装。

### 4. 风味特点

色泽淡黄，厚薄如纸，酥脆、香甜、爽口。

## 三、武城煊饼

### 1. 原料配方

皮料：面粉 500g，精盐 3g。

馅料：猪肉 700g，葱 60g，韭菜 100g，花椒盐 10g，香油 15g，花生油 100g。

### 2. 制作工具与设备

饼鏊，刮面刀，擀面杖，干净布，案板，刷子，木板。

### 3. 制作方法

（1）制馅。猪肉洗净切丁，葱清洗剁碎，韭菜清洗切碎，把肉丁、葱、韭菜加花椒盐、芝麻油一起拌成馅。

(2)调制面坯。将面粉过筛倒在案板上,中间开窝加入适量清水、少许精盐。用手将精盐搅化,从窝内向窝外逐步将面粉与水拌和。先拌成雪花状,看水分量的多少,决定是否还要淋水,再揉搓成团,反复抻揉至光滑后成团(软一点)。放入撒有干面粉的木板上,表面盖上湿毛巾,略饧。

(3)成型。面团分成5份,逐个擀成三角形,把肉馅分摆在三角形面皮上,向上卷起并用双手一拧将接口收紧,再用擀面杖擀成大小适度的圆饼。

(4)熟制。圆饼放在刷了油的鏊子里烙至黄色后,取出。在饼鏊里放一层干净碎瓦块或石子,把饼放在上面,在饼上刷一层花生油,盖好盖,通过碎瓦块或石子传热烘烤,在烘烤过程中多次将饼翻身,每次都要刷油,烤熟至金黄色取出。

**4. 风味特点**

色泽黄亮,皮酥馅嫩,大如盘,厚如指,香脆可口。

## 四、滨州锅子饼

**1. 原料配方**

皮料:面粉500g。

馅料:豆腐400g,熟猪头肉150g,鸡蛋3个,香油75g,盐5g,香菜末少许。

**2. 制作工具与设备**

炒锅,饼鏊,刮面板,擀面杖,干净布。

**3. 制作方法**

(1)制馅。豆腐焯水切小丁;熟猪头肉切丁;鸡蛋打散,调味,炒散捞出。炒锅上火,倒入色拉油放入熟猪头肉丁炒出肉香,倒入豆腐丁炒香,加入鸡蛋碎、盐、香菜末炒拌均匀成馅心。

(2)调制面坯。将350g的面粉加入250g左右的水调制成软如糖稀的面团,再用150g面粉加水调制成较软面团,分别用他们做成两个大小相近的小饼,摞在一起,然后放在饼鏊上,将两面烙成黄色麻花状，待中间凸起时，迅速取出置于盖有棉垫的容器中备用。

(3)成型。将每次烙好的双层饼揭开，成为两张薄单饼，卷入制好的馅心(与春卷卷法相似，但两头可不折进去，从外面可看见馅心)。

(4)熟制。以烙面为里在锅内稍煎。切成两段后装盘食用。

**4. 风味特点**

色呈淡黄，饼美味香，馅心油润鲜香。

## 五、高桩馍馍(馒头)

**1. 原料配方**

面粉500g，酵面200g。

**2. 制作工具与设备**

案板，刮面刀，擀面杖，蒸笼，饧板，笼布。

**3. 制作方法**

(1)调制面坯。把面粉和酵面放入盆中，倒入45℃左右的温水160g，搅拌均匀(用擀面杖压200次左右)。再用力揉匀揉透，把面团放在面案上，用力多揉几次，每揉一次撒一次面粉。搓揉成较粗的长条，摘成大小均匀的面剂。

(2)成型。每个面剂多揉几遍，使面团表面光滑洁白，收成高10cm左右、直径4cm左右的圆顶生坯，顶部呈半圆形，底部向上为凹形，整齐地摆放在饧板上，加布盖好，饧半小时左右，待生馍馍体积涨大，表面形成一层硬皮即发好。

(3)熟制。把饧好的生馍馍，直接摆放在铺有湿笼布的蒸笼，用手把每个生馍馍搓一遍，每个生馍馍之间相隔1cm左右。摆完后，用湿布盖在馍馍上面，使蒸汽慢慢蒸发，防止水滴在馍馍上。扣上笼盖压住上面湿布的四角，但一下笼就得迅速把上面的笼布掀起来，以防影响馍馍表面光洁。然后将笼屉移置到沸水锅上，用旺火蒸20min即熟。

**4. 风味特点**

色白光亮，形似窝窝头，硬而有层，耐嚼微甜。

## 六、煎饼

### 1. 原料配方

坯料：小米500g，黄豆50g，鸡蛋500g，香菜末35g，生菜末35g，脆饼300g。

馅料：甜面酱100g，花生酱50g，豆瓣酱50g，蚝油5g，胡椒粉3g，冰糖15g，姜末5g，蒜末5g，葱末5g，干红辣椒15g，植物油50g，香醋10g。

### 2. 制作工具与设备

案板，煎饼扒子，饼鏊，磨。

### 3. 制作方法

(1)制馅。干辣椒切末待用；把豆瓣酱剁成茸与花生酱、甜面酱、蚝油一起装入盆中，搅拌均匀成混合料。炒锅烧热倒入植物油，油烧热先下姜蒜末炒香、加入辣椒末、生姜末炒香，再将混合料倒入锅中，然后用小火熬制，用锅铲慢慢推匀最后撒上葱花即可。

(2)调制面坯。将小米、黄豆淘洗干净。先把一半小米煮到七成熟时捞出，晾凉后与另一半生小米和黄豆一起上磨，加水磨成米糊，盛到盆里使其稍微发酵带微酸。

(3)成型、熟制。饼鏊烧热(火要缓而均匀)，左手盛一勺米糊倒在饼鏊中央，右手用煎饼扒子尽快把米糊向顺时针方向推开成饼形，厚薄均匀，加入鸡蛋一个，用刮刀将鸡蛋切散摊薄，刷上馅料，撒上香菜末、生菜末，待面皮稍干饼边稍起时用刮刀顺边刮起煎饼的边缘，放上脆饼一张，两手提边揭起，折叠成长方形宽条状，最后用刀将长条煎饼一切为二。

### 4. 风味特点

色泽棕黄，饼薄如纸，微甜脆香。

## 七、菜煎饼

### 1. 原料配方

坯料：小米500g，黄豆50g，鸡蛋500g，香菜末35g，生菜末50g，脆饼 300g。

馅料：韭菜 100g，虾皮适量，盐、味精各适量，料酒、胡椒粉少许。

**2. 制作工具与设备**

刮面板，擀面杖。

**3. 制作方法**

（1）制馅。韭菜、虾皮剁碎，用盐、味精、料酒和少许胡椒粉调成馅料。

（2）调制面坯。将小米、黄豆淘洗干净。先把一半小米煮到七成熟时捞出，晾凉后与另一半生小米和黄豆一起上磨，加水磨成米糊，盛到盆里使其稍微发酵带微酸。

（3）成型、熟制。煎饼鏊子烧热（火要缓而均匀），左手盛一勺米糊倒在鏊子中央，右手用煎饼扒子尽快把米糊向顺时针方向推开成饼形，厚薄均匀，加入鸡蛋一个，用刮刀将鸡蛋切散摊薄，刷上馅料，撒上香菜末、生菜末，待面皮稍干饼边稍起时用刮刀顺边刮起煎饼的边缘，放上脆饼一张，两手提边揭起，折叠成长方形宽条状，最后用刀将长条煎饼一切为二。

**4. 风味特点**

色泽棕黄，饼薄如纸，微甜脆香，菜香鲜咸。

## 八、周村酥烧饼

**1. 原料配方**

面粉 250g，盐 5g，白芝麻 75g，冷水 125g。

**2. 制作工具与设备**

案板，刮面板，擀面杖，挂炉。

**3. 制作方法**

（1）制馅。芝麻用水淘洗干净，晾干。

（2）调制面坯。将面粉放入盆内，加水 250g，再放入精盐和成软面饧制。

（3）成型。面团搓成长条，摘成若干个面剂，撒上一层浮面，用单手擀面杖将其制成圆形薄皮，逐个蘸水，使有水的一面朝下粘满芝麻。

(4)熟制。取已粘芝麻的饼坯,平面朝上贴在挂炉壁上,用锯末火或木炭火烘烤至成熟,色泽金黄,用铁铲子铲下,同时用长勺头按住取出,放在炉灶上晾凉。

如制甜酥烧饼,可将盐换成白糖(30g),用温水化开,与面粉和好,制作方法与咸烧饼一样,饼的厚度比咸烧饼稍薄。

**4. 风味特点**

色泽金黄,薄脆酥香,咸甜皆可。

## 九、高密大蜜枣

**1. 原料配方**

皮料:面粉 500g,饴糖 200g。

馅料:冰糖 150g,核桃仁 85g,青红丝 45g。

辅料:白砂糖 320g,花生油 1000g。

**2. 制作工具与设备**

刮面板,擀面杖,案板,炸锅。

**3. 制作方法**

(1)制馅。核桃仁炸香切碎,青红丝切成粒状,冰糖研磨成屑状,将三者混合均匀即成馅心。

(2)调制面坯。面粉过筛后倒在案板上开窝,中间加入饴糖和温水,先将饴糖化开,再逐渐从内向外抄拌面粉,揉搓成团,揉光揉亮,饧制半小时。

(3)成型。饧好的面团搓条,下剂置于案板上揿扁。另取馅心,揉搓成小团,包入皮子,收口捏紧,制成枣形即可。

(4)熟制。油锅倒入足够的油,待油温达到 160℃左右,将生坯放入炸制,待生坯浮起来、色呈金黄色时捞起滤油。

(5)挂糖浆。在生坯炸制过程中,另取一锅倒入白砂糖,加入清水熬制糖浆至糖返砂,趁热倒入刚炸熟的生坯,轻轻翻炒,使表面沾满糖浆,装入盘中,冷却即为成品。

**4. 风味特点**

形圆似枣,馅松不散,皮薄不裂,香甜适中,清香蜜甜。

## 十、山东高粱饴

### 1. 原料配方

白砂糖1000g，淀粉200g，柠檬酸1g，食用杨梅香精或橘子香精0.005g，食用色素0.005g。

### 2. 制作工具与设备

碗或盆，纱布，案板，水浴锅，锅铲，铝锅。

### 3. 制作方法

（1）初加工。将淀粉200g和白砂糖200g、水200g先行溶化加热至60℃（将碗或盆在水浴中进行加热），然后利用纱布进行过滤。

（2）熬糖。在初加工的同时，将配方中的另外500g水煮沸，慢慢加入淀粉和白砂糖溶化的糖浆中，并不断搅拌，冲成黏稠的淀粉糊状，然后加入其余的白砂糖900g，加入柠檬酸粉末1g（将柠檬酸研成粉末），不停搅拌使之溶化后，放入铝锅中加热熬煮，并用锅铲不断搅拌，避免糊锅。熬煮30～40min使水分蒸发，到锅中不冒蒸汽为止（或用一根筷子蘸一些糖浆，放在冷水中冷却，结成硬块即可）。

（3）成型。将锅离火，加入6～8滴杨梅香精或橘子香精，将食用色素（红或橘红色）溶液放入4～6滴，搅拌均匀后，倒在洒有淀粉的木框中或案板上进行成型，木框高1.5cm。

（4）切块。将上述冷却成形的糖果利用刀切成长3cm、宽1cm的长方形小块即可。

### 4. 风味特点

弹、韧、柔，不粘牙，甘美爽口。

# 第二十一章　安徽糕点

## 一、大救驾

### 1. 原料配方

皮料：面粉250g，猪油15g。

酥料：低筋面粉120g，熟猪油90g。

馅料：绵白糖1000g，冰糖250g，猪肉1500g，果料750g，香油50g。

### 2. 制作工具与设备

案板，刮面板，擀面杖，锅。

### 3. 制作方法

（1）制馅。将白糖、冰糖、果料、麻油和在一起拌匀即成馅心。

（2）调制面坯。

水油面制作：取面粉过筛放在案板上，开窝后加入猪油、温水，先在窝内将猪油调化搅匀，再将面粉搓擦成光洁的水油面团饧发。

干油酥制作：面粉和猪油擦至均匀成团备用。

（3）成型。将和好的两种面团按规定的重量各下成剂子。把油酥面剂团揉成圆形，再将水面剂揿成圆片，把油酥面团包入水面圆片内，用擀面杖擀成椭圆形薄片，从上向下卷起接口朝下呈圆筒形，再按扁后放在案板上用擀杖擀成较薄的扁长条形，再将扁长条从一头向另一头卷起，用刀切成厚圆坯。取两个圆坯把断面有纹路向上放在案板上，按平擀成两个圆片，将调好的糖馅包入两圆片中间封口，按成圆饼，即为大救驾生坯。

（4）熟制。将做成的生坯放入烧热的油锅中用慢火炸透即为成品。

### 4. 风味特点

色泽淡黄，表面酥层清晰，中间呈急流旋涡状，口味酥松香甜。

## 二、示灯粑粑

**1. 原料配方**

糯米粉25g，葱末5g，咸瘦猪肉200g，青蒜末5g，荠菜400g，熟猪油75g，香菜200g，香油25g，酱油豆腐干5块，虾仁200g，菜籽油100g。

**2. 制作工具与设备**

案板，刀，刮面板，平底锅。

**3. 制作方法**

(1)制馅。将荠菜、香菜洗净，用开水略烫，挤干水分，切成末；豆腐干切丁；猪肉切成绿豆大的丁；虾仁切丁。炒锅置火上，放入熟猪油，烧至七成热，下肉丁，加葱末、青蒜末、荠菜末、香菜末、拌匀成馅。

(2)调制面坯。锅置小火上，倒入糯米粉，炒至淡黄色时，加入开水750g拌匀，倒案上稍凉后揉制成团。

(3)成型。稍饧后，将糯米团揉搓成条，摘成面剂20个，逐个捏成窝形，包入馅心，手沾点香油，揉成圆形，再按成饼状，即成饼坯。

(4)熟制。平底锅置中火上，倒入菜籽油烧热，放入饼坯，煎至底面微黄色时，翻身炕煎另一面至熟即成。

**4. 风味特点**

色泽微黄，菜籽香溢，咸鲜糯香，口味独特。

## 三、徽州麻饼

**1. 原料配方**

皮料：面粉500g，熟猪油225g，白糖15g。

馅料：白糖125g，熟面粉150g，芝麻190g，熟猪油75g，麦芽糖18g，盐10g。

**2. 制作工具与设备**

案板，刮面板，擀面杖。

**3. 制作方法**

(1)制馅。芝麻15g烤熟切碎压粉状，加入白糖125g、熟面粉

150g、拌匀，加入熟猪油75g、麦芽糖18g、盐10g拌和均匀，再加入开水35g搅拌，搓匀成麻仁馅心。

（2）调制面坯。首先，取面粉250g放在案板上，开窝后加入熟猪油l75g，擦制成光洁的干油酥面坯。250g面粉加入熟猪油50g、温水80g调制水油面坯饧制。

（3）包酥。将水油面擀成中间较厚的长方形，干油酥搓成与长方形同长的长条形。把干油酥放在水油面中间，将水油面的两面分别向上折，包入干油酥，然后两头封口，按扁，往上叠压死。用擀面杖将面坯向四周擀成1cm厚的坯皮，折叠成三层，再擀成0.7cm左右厚度的长方形坯皮，由外向内卷成筒状，按照成品规格要求，切成大小一致的坯剂。

（4）成型。坯剂两头断口处向内折叠，使坯剂近似圆形，再按扁、按薄，中间装入麻仁馅心，收口成团形，按扁，用擀面杖稍擀成圆形，成饼坯。饼坯封口朝下，表面用一干净湿抹布盖上，然后将饼坯湿面逐一放入装有芝麻的盘子中，使湿面沾满芝麻，放入烤盘，用手将芝麻稍压。

（5）熟制。将装有饼坯的烤盘入烤炉，炉温190℃～180℃，烤制快成熟时将饼坯翻过来，将芝麻烤成淡黄色，即可。

**4. 风味特点**

色泽淡黄，甜咸味美，香酥适口。

## 四、烘糕

**1. 原料配方**

皮料：糯米粉500g。

馅料：白砂糖330g，熟猪油110g，麦芽糖15g，熟面粉100g。

**2. 制作工具与设备**

案板，刮面板，擀面杖，刀，不锈钢盆，烤炉，锅。

**3. 制作方法**

（1）制馅（熬制返砂糖）。将白砂糖倒入锅内小火煸炒，使糖逐渐熔化，再加入麦芽糖和猪油熬至成拔丝状态（手勺舀起糖液从半空中往下慢倒,一边倒一边用嘴对着流下的糖液吹气,有糖丝出现即可)。然后趁热离火充分搅拌,让糖液在降温过程中逐渐返砂。此外,还可以将白砂糖加工成糖粉状,再加入适量清水、麦芽糖和熟猪油,调成糖浆即可。

(2)调制面坯(拌糖),成形。把糯米粉与细砂糖混合均匀,再用擀面杖擀成长方形,装入相应的不锈钢盆内,入蒸笼蒸至不软、不硬、不散、不生的程度。

(3)熟制。蒸好的糕体取出,放在装有熟面粉的容器内静置半天,再切成薄厚一致的片状,入烤炉烘烤,炉温为180℃,烤至口感酥脆、色泽淡黄即可取出装盘。

**4. 风味特点**

厚薄均匀,色泽淡黄,酥脆细腻,香甜适口。

## 五、一品玉带糕

**1. 原料配方**

糯米粉500g,绵白糖525g,核桃仁500g,饴糖30g。

**2. 制作工具与设备**

案板,刮面板,擀面杖,筛子,糕模具,刀,煮锅,保温箱。

**3. 制作方法**

(1)调制面坯、成型。核桃仁略加切碎,加入饴糖拌匀(饴糖主要是增加其黏性)。糯米粉炒香与加水擦湿的绵白糖拌匀擦透过筛。先将过筛后的粉的十分之八,拌入核桃仁内,再将余粉的一半平放在糕模内,随后放入拌匀的核桃仁,按紧,再用另一半粉覆盖表面,用力压平,越实越好;然后将模内糕坯切成三条。

(2)熟制。连同糕模放入水锅中炖制,糕经过炖制定型后,再出模复蒸约5min后,取出撒一层熟面粉,放入木箱进行保温,以使糕坯质地更加柔润。隔天取出切片,要求切的薄而匀,每30cm切25片,随切随装盘。

**4. 风味特点**

香甜糯滑,核桃味浓,营养丰富。

## 六、寸金

### 1. 原料配方

饴糖500g,白砂糖125g,绵白糖500g,熟面粉50g,芝麻175g,咸桂花2.5g,橘饼50g,香油75g。

### 2. 制作工具与设备

刮面刀,擀面杖,菜刀,拔糖机,案板,炒锅,竹匾。

### 3. 制作方法

(1)制馅。橘饼剁碎备用;咸桂花用水洗后捞出切碎;案板上倒入过筛面粉,加入绵白糖、橘饼碎、咸桂花末擦拌均匀待用,芝麻烤香装入竹匾内。

(2)熟制。炒锅加热,倒入白砂糖和水(糖∶水为2∶1),将糖熬化,一边熬一边用勺搅拌,再加入饴糖、香油慢慢熬制,待温度达到139~141℃即可。

(3)成型。待糖膏熬好后,立即倒在装有流动水降温的冷却台上,边冷却边用刮面刀折叠,以免糖皮遇冷温度不均,造成破裂,折叠后糖膏形成糖坯。放入拔糖机内,每分钟56~60下的速度拔2~3min,拔到糖坯乍现白色并微带有光泽时,立即从拔糖机上取下,放在案板上,迅速用刀戳破糖皮层中的气泡,使空气起出,迅速在案板上折匀,四角向内折,边要光滑,如同折包袱方式,再用拳头在糖团的中心按压,向四周碾压成糖皮,这时需要另一个人在四周把糖皮提起,配合转动,最后形成斗形。糖皮要求薄厚均匀,一般是用手掌在里外测出过厚不均之处,再用手掌对压一下,即可包馅。把糖坯打成斗形之后,立即依次装入糖馅包馅,封口时用手在糖斗外由下而上将空气压出,内部不留空隙,将包口密封。将糖包擀成薄厚均匀的面皮,再押出糖条。在出条时,为使糖皮柔软以利出条,必须采取一定的保温措施,边翻滚边出条,防止糖芯脱节和糖皮薄厚不匀。出条后进行切块。待糖块凉透后,洒少许冷水,使糖块潮润,然后放在盛装芝麻的竹匾内不停摇摆,使糖体上面均匀而牢固地粘上芝麻,最后摊放在案板上晾干即可。

**4. 风味特点**

色泽金黄，香甜适口，果仁味浓郁，营养丰富。

## 七、白切

**1. 原料配方**

精制糯米粉 500g，白砂糖 500g，白芝麻 100g，香油 3.5 ~ 4g，籼米 100g。

**2. 制作工具与设备**

案板，刮面板，擀面杖，模具，刀，锅，大盆，纱布，保温容器。

**3. 制作方法**

(1)调制。将 500g 白砂糖和 75g 水，下锅用文火熬制，并不断搅拌，出锅前再加入 3.5 ~ 4g 的香油(或猪油)，继续搅拌至拔丝程度时即可。熬好后将炼糖平摊在案板上，夏季可通风冷却，并搓散过筛，再放入盆内发酵。发酵时间冬季一个星期，夏季 2 ~ 4 天。籼米洗净、晾干、磨碎，过筛，烘熟待用。糯米粉烘熟与烤熟白芝麻碎一起过筛，倒在案板上拌匀开窝，中间放入饧好的炼糖拌和均匀揉制成糕团。(炼糖加入量，可视季节、气候条件作适当增减，以使制品软硬适度为准)。

(2)成型。先将一半糕团装入活底大盆，进行舂糕，从盆角舂向中心，要求用力均匀，舂迹相连。舂好后添加糕粉，到舂满为止，最后沿盆边用利刀削平，再平行切成四条，每刀均切到底，然后抽去盆底板，使整糕落在案板上。用白纸将切好的糕块包好，置于洁净的容器中保温一天，盛器口用纱布盖上。将经过保温处理的糕块，切成 4mm 厚的片。切片时撒少许熟籼米粉，以防粘连。

**4. 风味特点**

洁白晶润，片形整齐，糕片紧密，甜而不腻，香味纯正。

# 第二十二章　河北糕点

## 一、白肉罩火烧

### 1. 原料配方

坯料：面粉 250g，酵母 2.5g，泡打粉 3.5g，白砂糖 7.5g，温水 125g。

馅料：猪肉 250g，大料 3g，葱 15g，花椒 2.5g，生姜 5g，蒜 5g，丁香 2g，桂皮 5g，小茴香 2.5g，白芷 2.5g，盐 3g。

### 2. 制作工具与设备

刮面刀，擀面杖，刀，煮锅，平底锅。

### 3. 制作方法

（1）制馅。先将肉切成方片状，用冷水浸泡，冲洗数次后，将血水洗出，用刀把猪皮刮净待用；先用旺火将水烧开，汆出肉中的污渍，除去浮沫，再放大料、葱、花椒、生姜、蒜、丁香、桂皮、小茴香、白芷和盐，先大火把汤熬成乳白色，再改小火慢慢煮，将猪肉煮至烂而不散。

（2）调制面坯。面粉与泡打粉过筛开窝，将酵母、白糖、温水放入面粉窝内，先将糖搅化，再调制面坯，揉匀揉透，静置饧放 15min 后，反复擦揉至光滑软熟。

（3）成型。面团搓条下剂，用双手擀成大圆形坯。

（4）熟制。平底锅内可放少许油，或者不放油，将生坯煎至成熟或烙至成熟皆可。

食用方法也有几种：一是像薄饼一样，夹着肉馅、葱丝、本地面酱吃；二是把火烧撕成云彩片，将煮熟软的肉切成薄片，把大葱切成段，盛在碗内，用开锅头汤将火烧浇数次，必须浇透，略盛少量汤汁。吃的时候在碗内放些白酱油，如配上糖蒜及酱虾油、什锦小菜。

### 4. 风味特点

火烧软而不烂，肉汤清香，味道鲜美，肥而不腻。

## 二、血馅饺

**1. 原料配方**

坯料:澄粉 250g,盐 3g。

馅料:咸鸡血 100g,虾仁 10g,白菜 150g,胡萝卜 50g,木耳 100g,香菜 50g。

**2. 制作工具与设备**

案板,擀面杖,刮面刀,菜刀。

**3. 制作方法**

(1)制馅。咸鸡血切成丝状;虾仁略泡软切碎;白菜、胡萝卜、木耳、香菜分别切成小料状,拌入鸡血丝和虾米碎,调好味即成馅心。

(2)调制面坯。锅内将清水烧开,倒入澄粉快速拌匀烫熟,倒在案板上,迅速用擀面杖将烫面擀匀擀透,使烫面中看不到粉状颗粒。温度稍降后,桌面涂少许色拉油,用手将面团揉匀成团。

(3)成型。面团搓条下剂,用刀一面将剂子压成圆形皮坯,包入馅心对折成半圆形,将饺边缘捏死,再推出单边或双边花纹来(也可用花夹夹出花纹),放在案板上,逐一包好。

(4)熟制。上笼蒸制 8min 左右即可装盘。

**4. 风味特点**

色泽半透明,皮薄馅丰,饺面细滑,入口爽滑,馅鲜脆嫩。

## 三、煎碗坨

**1. 原料配方**

荞面粉 250g,绿豆粉 50g,花椒粉 5g,水适量,五香粉 5g,盐 5g。

**2. 制作工具与设备**

刮面刀,案板,蒸笼,炸锅。

**3. 制作方法**

(1)调制面坯。将荞麦粉与绿豆粉、花椒粉、五香粉混合过筛倒在案板上,中间开窝加入盐与清水,先拌成面穗,再倒入盆内加水调成糊状,盛于碗内。

（2）熟制。用急火蒸制半熟时，搅动一次，以防沉淀，熟后冷却，切片后在油锅中煎熟。

食用时可以根据自己的口味添加芝麻酱、蒜汁、陈醋、盐等调味品。

**4. 风味特点**

营养丰富，酸辣鲜香，滑润筋道。

## 四、油酥饽饽

**1. 原料配方**

坯料：面粉500g，熟猪油20g，色拉油50g。

馅料：面粉25g，白砂糖75g，干桂花10g，青红丝10g。

**2. 制作工具与设备**

刮面刀，擀面杖，案板，饼铛，筛子。

**3. 制作方法**

（1）制馅。将25g面粉过筛，拌入白糖、桂花、青红丝，抄拌均匀。加入少量清水略擦，使馅心一抓成团，食指用力一击糖馅即碎，即成馅心。

（2）调制面坯。

水油面制作：面粉过筛倒在案板上，中间开窝，加入熟猪油、温水，先将猪油拌化，再将面团揉匀揉透饧制15min。

干油酥制作：用100g面粉与50g豆油或花生油擦匀为酥心。

（3）成型。水油面和干油酥分别下同等数量的面剂，大小比例约为6∶4，用水油面剂包酥加馅后，压成饼状。

（4）熟制。表面抹油，置饼铛内烙成黄色即成。

**4. 风味特点**

色泽浅黄，酥脆松软，层多细腻。

## 五、鲜花玫瑰饼

**1. 原料配方**

坯料：面粉500g，熟猪油75g。

馅料：青红丝5g，核桃仁25g，鲜玫瑰花蕾7.5g，香油50g，猪油

75g,白糖75g。

**2. 制作工具与设备**

刮面刀,擀面杖,案板,烤箱。

**3. 制作方法**

(1)制馅。鲜玫瑰花蕾泡盐水切成细丝;核桃仁炸熟压碎;面粉蒸熟擀开过筛;三者混合均匀,再与白糖、青红丝、香油拌匀成馅。

(2)调制面坯。面粉过筛倒在案板上,中间开窝,加入熟猪油、温水,先将猪油拌化,再将面团揉匀揉透饧制15min。

(3)成型。摘成大小适宜的剂子,逐个剂子揉圆按扁,装入玫瑰馅收口,按扁并擀成小圆饼,正反各擀二次,在正面中心点一个小红点(用食用红色素)。

(4)熟制。饼坯放入烤箱内烘烤,炉温为180~190℃烤约20min,色泽微黄即可出炉。

**4. 风味特点**

色泽微黄,花香浓郁,酥甜绵软。

## 六、藁城宫面

**1. 原料配方**

新鲜面粉500g,零度冷水200g,盐25g(冬)或40g(夏),玉米面200g(实际用量50g)。

**2. 制作工具与设备**

刮面刀,擀面杖,长筷子,悬挂架,大盆,菜刀,案板。

**3. 制作方法**

(1)调制面坯。盐与水充分搅拌,将盐化开;面粉过筛开窝,倒入盐水揉制成团,揉匀揉透后饧制(冬天要放置半小时以上,夏天可稍短些)。

(2)成型。案板上撒上玉米面,将饧好面团擀成长方形面皮,厚度为5cm。从长方形面皮的外侧用菜刀以一定的宽度将面皮划成一条长条状粗面坯。表面撒上玉米面,使粗面条间不易粘住,将粗面条盘入一大盆中,接着用手将盆中粗面条放在案板撒上玉米面将面条搓细,再盘入另一盆中饧制1h。饧好后的面条表面撒上玉米粉,接着以八字形的形式将粗面条缠绕在专门制作的两根长筷子上,放在面槽内饧制半小时。饧好后,将两根长筷子上的面条粘上玉米面,接着将一根筷子挂着,另一根筷子用力向下拉,将面条拉细,直径为1cm左右,再将两筷子上的细面条粘上面粉,继续饧面1h。将饧好后的面条挂到室外晾,一根筷子挂着一根筷子垂着,在晾的过程,一边晒一边再用力向下拉至更细,继续晾干。晾干后,放入案板上,用刀把长条切成适当长短的面条即可。

(3)熟制。食用方法可按个人口味做成清汤面,打卤面,凉拌面等。不过做成汤面最佳。

**4. 风味特点**

光滑有劲犹如米线,吃法多样,各具风味。

## 七、蜂蜜麻糖

**1. 原料配方**

特制面粉250g,白砂糖20g,优质蜂蜜45g,花生油1000g,香油1000g,饴糖30g,干桂花3g。

**2. 制作工具与设备**

刮面刀,擀面杖,案板。

**3. 制作方法**

(1)调制面坯。先将白砂糖加水溶化,然后加入面粉和成较硬的面团,再多次蘸水,反复搅拌成筋性好、软硬适度的面团,用熟面粉作浮面放入饧板上饧发1h左右。

(2)成型。先将饧好的面团擀成厚片,再用擀面杖擀制,每擀一遍都要均匀撒上浮面,第三遍擀开撒浮面后,将两边对折成扁筒状,用擀面杖卷起,一边往前滚,一边向下压,擀成比较薄的面片。将面片卷在擀面杖上提起,迅速转动放开,使空气鼓进筒内,将浮面抖出,同样,掉头再抖净另一半浮面。注意保持面片完整。然后摊开面片,两边各切去3cm,铺在大片上,再把大片卷在“花杠”上。将卷在花杠上的面片切成长条,每条宽约1cm,再把每条斜剁成3cm宽的菱形,每块中间剁一切口翻卷一端网花，即成生坯。

（3）熟制。将花生油炼好后加入香油，再放入生坯炸制，在炸制过程中要翻动一次，待炸成金黄色时起锅，沥干油。

（4）制馅（烧浆）。白砂糖加适量水溶解熬成浆，熬好后加入桂花、蜂蜜、饴糖搅拌，然后分两次烧浆，即为成品。

**4. 风味特点**

形态蓬松成花状，厚薄均匀，近似透明，色泽淡黄，质地疏松，清香绵软。

## 八、贝里藏珠

**1. 原料配方**

面粉500g，糯米粉250g的，莲蓉馅750g，可可粉25g，白糖220g，熟猪油120g。

**2. 制作工具与设备**

刮面刀，擀面杖，案板，烤盘，烤箱。

**3. 制作方法**

（1）调制面坯。面粉过筛倒在案板上开窝，中间倒入溶化猪油、白糖、水把糖搅化，再拌合面粉揉搓成团，揉匀揉光饧制；糯米粉加水揉成团，饧制待用。

（2）成型。将面团搓条、下剂，制成贝壳状生坯，表面用糖、可可粉点缀出花纹待用；糯米粉搓条、下剂，揉成球形包入莲蓉馅心搓圆待用。

（3）熟制。贝壳生坯入烤箱烤制成熟取出装入盘中（低温烤制，不能上色，要保持洁白）；糯米团入沸水锅中煮熟，捞起放入盘中的贝壳内即成。

**4. 风味特点**

形似贝壳，香甜宜人。

# 第二十三章　湖南糕点

## 一、脑髓卷

### 1. 原料配方

皮料：中筋面粉500g，泡打粉5g，干酵母3g，白糖25g，奶粉15g，温水250g。

馅料：厚肥膘肉500g，白糖500g，精盐5g，曲酒10g。

### 2. 制作工具与设备

案板，刮面板，擀面杖，刀，碟子，蒸笼。

### 3. 制作方法

（1）制馅。将肥膘肉绞成泥，加精盐、曲酒拌和腌制30min，再加入白糖拌匀、擦透，即成肥膘糖油馅，入冰箱冻制（最好提前一周制作）即成馅。

（2）调制面坯。将面粉与泡打粉混合，放在案板上开窝，加入酵母、白糖、奶粉、温水拌匀，调制成团，饧制15min左右，揉匀揉透。

（3）成型。面坯搓成长条，用擀面杖推擀成长方形薄皮坯。用刀挑起馅，均匀地涂抹在面坯表面，从一边向另一边折叠（折叠单位为3cm左右），叠好后略擀，使面坯与馅心彼此粘住，用菜刀从一头向另一头切一刀，压一刀，使每个成品长短一致，并且中间都有一条压印，然后装入盘内。

（4）熟制。生坯上笼饧发20min左右，用旺火足汽蒸10min。

### 4. 风味特点

色泽洁白，形似瓦状，松软甜润甘香。

## 二、姊妹团子

**1. 原料配方**

皮料:水磨糯米粉1000g,沸水350g。

馅料:去皮五花肉300g,白糖85g,熟猪油25g,糖桂花8g,干红枣150g,水发香菇12g,酱油15g,盐5g,鸡精2g。

**2. 制作工具与设备**

刮面板,擀面杖,刀,面筛,案板,蒸笼。

**3. 制作方法**

(1)制馅。此品种的馅心分为两类。

甜馅制作:干红枣用水泡软,除去枣核剁成泥状,装入碗中放入笼屉旺火足气蒸制30min以上取出凉晾,过筛去皮。另取一炒锅,用熟猪油先将白糖炒化,将过筛的枣泥、糖桂花一起倒入锅内炒拌均匀,出锅装盘待用,即成甜馅。

咸馅制作:猪肉剁碎成泥,香菇泡发去蒂剁碎,一起放入较大容器中,加入酱油、鸡精、盐,先拌匀,分次加入200g左右的高汤(如没有,也可加入等量冷水),朝着一个方向用手使劲搅拌,将肉馅搅至上劲。

(2)调制面坯。将糯米粉用沸水烫制成团,软硬适当。

(3)成型。将面团搓成长条,按15g重量摘成大小均匀的剂子,逐个揉圆捏出窝子,分别装上甜馅或咸馅,将口子慢慢收拢,为了区分不同口味,将甜馅搓成圆形点上红点(可用红色果酱),咸馅捏成圆锥形。

(4)熟制。生坯上笼用旺火足汽蒸10min取出装盘。

**4. 风味特点**

颜色洁白,晶莹透亮,造型美观,糍糯柔软,咸甜兼有。

## 三、艾蒿粑

**1. 原料配方**

皮料:糯米粉1500g,面粉200g。

馅料：艾蒿头（最好为三四月份的）500g，白糖 300g，色拉油 100g，盐 1g。

**2. 制作工具与设备**

案板，刮面板，炒锅，煎锅或蒸笼或炸锅。

**3. 制作方法**

（1）制馅。艾蒿去掉老叶、杂草、残物等后洗净，倒入加了少量碱的沸水锅焯水，待稍变色后立即捞出，浸入冷水中晾凉，捞出，沥干水分切碎。取炒锅，倒入艾蒿碎炒干，加入色拉油、盐炒香。

（2）调制面坯。将炒好的艾蒿碎、白糖放入糯米粉中拌匀，用沸水烫制成团，软硬适当。

（3）成型。将面团搓成长条，按 20g 重量摘成大小均匀的剂子，逐个揉圆，按成饼状（约 5cm 厚）。

（4）熟制。生坯入油锅炸制或入煎锅煎制或上笼蒸制皆可。

**4. 风味特点**

颜色墨绿，有艾蒿清香，口味甜糯。

## 四、糖油粑粑

**1. 原料配方**

皮料：水磨糯米粉 1000g。

辅料：白糖 175g，色拉油 1000g（约耗 100g）。

**2. 制作工具与设备**

长筷子，铲子，炸锅。

**3. 制作方法**

（1）调制面坯。将糯米粉用沸水烫制成团，软硬适当。

（2）成型。揉好米粉团按 75g 重一个搓成圆团，逐个将圆团轻按成扁圆形，放在撒有拂面的木板上待用。

（3）熟制。锅内倒入色拉油烧热改小火，加入白糖，用小铲不停地推动，使糖慢慢溶化。待油烧到 150℃时，逐个将木板上的生坯放入锅内，用小铁铲推动，并将锅内糖汁不断往粉团上泼浇，至浮起后，再炸 2min，取出即可。

**4. 风味特点**

色泽酱红，外裹一层糖汁，晶莹发亮，质地细腻软滑，口味甜糯。

## 五、秋叶盐菜包

**1. 原料配方**

皮料：特质一等面粉500g，酵母5g，白糖25g，泡打粉7g。

馅料：白糖500g，乌黑色梅干盐菜150g，肥膘丁50g，面粉125g，白酒10g，盐5g，白糖100g。

**2. 制作工具与设备**

案板，刮面板，擀面杖，干净湿抹布，馅挑，蒸笼。

**3. 制作方法**

（1）制馅。首先，盐菜去老茎叶清洗干净，拧干水，剁成茸末；铁锅洗净，烧热，把盐菜茸倒下，反复炒至干爽，出锅；锅内放入少量茶油烧热，再把盐菜茸重新倒下，反复炒透至乌黑油亮香味四溢即可出锅，盛在一个馅盘内。其次，把肥膘切成小丁，用盆盛好，加入白酒10g，拌匀，稍腌30min，再加盐5g、白糖100g拌匀，再腌2天即可使用。最后，将白糖倒入案板，洒清水并加入熟盐菜拌匀，再加入面粉反复擦至起茸芽状，最后加入冰糖丁及糖肥膘丁拌匀，即成盐菜馅。

（2）调制面坯。将面粉与泡打粉混合，放在案板上开窝，加入酵母、白糖、温水拌匀，调制成团，饧放15min左右，揉匀揉透。

（3）成型。搓条、下剂、回剂，用小擀面杖擀成直径为8cm的圆皮，放入馅心，向中间对折，左手抓住对折皮，右手拇指与食指交替捏出对称折，直至末端，再在左末端搓细如叶柄，捏好后，折朝上摆直，宛如一片树叶形状，逐个做好。

（4）熟制。在所有生坯上喷一层雾水，让其醒制30min左右，见其表面光洁胀发松筋，即可上笼，用大汽蒸10min即可。

**4. 风味特点**

色泽洁白，宛如一片饱满秋叶，甜香滑润，别具风味。

## 六、汨罗豆沙粽子

**1. 原料配方**

坯料：糯米1000g。

馅料：豆沙馅300g，箬叶400g。

**2. 制作工具与设备**

大盆，竹筐，剪刀，草绳，煮锅。

**3. 制作方法**

(1)制馅。糯米淘洗干净，用冷水浸泡1h，冲洗沥去水分放入竹筐内待用。豆沙分割成适度的圆球状，放在盘子里待用。

(2)调制面坯(清理箬叶)。箬叶放入水池内，清洗干净剪去粗蒂放入大锅内加满清水煮沸1h至箬叶变软，沥去水。将箬叶大小搭配好，叠成纵横"十"字形，用草绳扎好，放入清水缸中浸泡几个小时，漂去杂味，取出冲洗干净，沥干水分，再将每片抹干。

(3)成型。取已经浸软抹干的箬叶两张，相叠在一起，先折成上面开大口，下面成尖头的倒圆锥状，放入糯米一半，中间放入球形豆沙，再放入糯米一半压实至箬叶口，右手将箬叶向下折盖住糯米，再把箬叶尾尖弯曲包住斗角，用草绳将箬叶尾部扎捆扎实，成一个菱形的粽子，逐个做好。

(4)熟制。大锅内放入足够多的清水，放入粽子，旺火烧开，煮3h左右，熟透后捞出。

**4. 风味特点**

色泽玉白，多棱角形，软糯香甜。

## 七、浏阳茴饼

**1. 原料配方**

皮料：

水油面：面粉500g，麦芽糖200g，茶油250g，酵母5g，泡打粉7g，清水20g。

干油酥：低筋粉200g，熟猪油100g。

馅料:熟面粉300g,白砂糖250g,茶油150g,糖桂花25g,糖玫瑰25g,糖蜜橘25g,茴香粉5g,桂皮油2.5g,小苏打1.5g。

**2. 制作工具与设备**

案板,擀面杖,刮面板,烤盘,烤箱。

**3. 制作方法**

(1)制馅。熟面粉过筛与白砂糖、小苏打、茴香粉拌和均匀,加入糖桂花、糖玫瑰、糖蜜橘拌匀,再加入茶油和桂皮油擦匀待用。

(2)调制面坯。

水油面制作:取面粉、泡打粉过筛放在案板上,开窝后加入酵母、麦芽糖、温水,先在窝内将酵母、麦芽糖调化,加入茶油调和搅匀,再将面粉搓擦成光洁的水油面团醒发。

干油酥制作:面粉和猪油擦至均匀成团备用。

(3)成型。将酵面和干油酥面各揪相等数量的剂子,并逐个用水油面包入干油酥面。取一个包好酥的面剂按扁后擀成长条形,并自上向下卷拢,再压扁成长条,擀至较薄,自上向下折叠成小正方形,最后将两头有纹路的向内收拢,再按扁擀开,包入馅心,捏拢收口后再压成椭圆形。照此方法全部做完,封口朝下摆放在面板上,烤前刷上全蛋液。

(4)熟制。将刷上蛋液的饼坯放入烤盘,入烤炉烤制,炉温为190~200℃,烤至金黄即可。

**4. 风味特点**

色泽金黄,内质酥松,茴香味浓。

## 八、湖南结麻花

**1. 原料配方**

坯料:面粉500g,白糖200g,小茴香(烤香捣碎)0.5g,热水350g。

辅料:芝麻25g,色拉油1000g(实际需要80g)。

**2. 制作工具与设备**

案板,排刷,刮面板,擀面杖,刀,长筷子,油锅。

**3. 制作方法**

(1)调制面坯。白糖拌入小茴香粉倒入面盆内,加热水冲入搅匀,使白糖溶化并晾凉,加入面粉抄拌均匀揉光,饧制一刻钟。

(2)成形。饧好的面团搓成长条,再用擀面杖将其擀成片状,用刷子在面皮表面刷上水,撒上芝麻,再用擀面杖将芝麻擀制,使其均匀牢固的沾在面皮上,最后再用菜刀切成小条状,即成麻花生坯。

(3)熟制。油锅上火,待油温达到140℃左右时,锅离火,放入麻花生坯,待其浮起时,再将锅上火炸,并不断用长筷子拨动直至麻花周身呈金黄色,质地坚实即可捞出,沥干油装盘。

**4. 风味特点**

色泽金黄,茴香味纯,香甜硬脆。

## 九、八宝果饭

**1. 原料配方**

糯米1000g,红枣150g,湘莲100g,青豆50g,橘饼50g,红瓜50g,冬瓜糖50g,桂圆肉50g,葡萄干50g,白糖250g,熟猪油100g,湿淀粉50g。

**2. 制作工具与设备**

案板,瓦钵,煮锅。

**3. 制作方法**

(1)糯米淘洗干净,下沸水锅中氽一下,捞入瓦钵中,上笼蒸熟后取出,加白糖200g、熟猪油75g拌匀。将橘饼去核,与冬瓜糖、红瓜分别切成0.7cm见方的小丁,桂圆肉、葡萄干用温水泡3min,滗去水,备用。

(2)取大瓦钵1只,内壁抹熟猪油5g,将红枣粘在内壁上,再放入桂圆肉、橘饼、冬瓜糖、葡萄干、熟莲子,最后放入拌好的糯米饭,入笼蒸40min取出,翻扣在大瓷盘中。使各种配料在上面,糯米饭在下面。

(3)炒锅置旺火,放入熟猪油20g,加白糖50g、清水200g烧开,用湿淀粉 50g 勾成白色浓芡,再放入青豆、红瓜拌匀,浇在果饭上面即成。

**4. 风味特点**

色泽艳丽,光亮透明,花形美观,果味香甜,糯而不腻。

# 第二十四章　湖北糕点

## 一、黄石港饼

**1. 原料配方**

皮料：特制面粉1000g，饴糖580g，食碱20g。

酥料：特制面粉300g，植物油100g，猪油120g。

馅料：熟标准面粉280g，白砂糖，480g，绵白糖320g，植物油360g，芝麻屑360g，冰糖150g，橘饼120g，桂花80g。

贴面料：白芝麻300g。

**2. 制作工具与设备**

案板，刮面板，上麻机，烤盘，烤箱。

**3. 制作方法**

（1）和面。将特制面粉过筛，放在案板上摊成圆圈，倒入饴糖、水、食碱调成软硬适度的面团。分块静置回饧，使之缓劲，包酥前经搓条后再分成小剂。

（2）和酥。将特制面粉过筛，加猪油混合擦制。擦酥时间不宜太长，以免生筋、泻油，擦好后，分块切剂。

（3）制馅。熟标准面粉过筛，摊成圆圈，将果料、冰糖破成豌豆大的小粒，将各种小料置于其中，加油搅拌均匀，再与熟标准面粉擦均匀，软硬适宜即可。馅要头天擦好，让原料充分胀润，便于捏馅。

（4）成型。小包酥方法皮酥包好后，压扁，擀成长片，搓成卷再折三折，然后擀成圆形，包馅，捶成圆饼。以五六个饼坯为一叠，在周边滚上淀粉，防止上麻仁时饼边粘上芝麻。表面刷上水，放上麻机上两面上麻，要求麻不掉，不花。

（5）烘烤。入炉烤制，炉底温度100℃，面火150～200℃。麻饼在烤制中要翻两次面，使两面麻色一致。出炉冷却后包装。

#### 4. 风味特点

色呈深黄,厚薄均匀,上麻均匀,松酥甜润,具有浓郁芝麻香味。

## 二、碱酥饼

#### 1. 原料配方

皮料:面粉 1000g,米稀 320g,植物油 100g。

酥料:面粉 500g,猪油 200g,植物油 100g。

馅料:砂糖 200g,芝麻屑 20g,熟面粉 35g,糖陈皮 15g,糖桂圆 15g,小苏打 3g。

面料:白芝麻 400g。

#### 2. 制作工具与设备

案板,刮面板,七星炉。

#### 3. 制作方法

(1)制皮。首先将米稀捞浆。熬糖浆时,关键在碱的用量。碱量可由浆中的小泡来判断,以小泡互相靠扰不破为宜。最后将米稀与上等面粉和食油拌和均匀、分堆折叠均匀。

(2)起酥。面粉 500g 调入猪油 200g、植物油 100g 混合擦透、擦匀。

(3)制馅。砂糖、熟面粉、小苏打均需预先过筛,陈皮要剁碎,然后根据天气冷暖调入食用油和馅混匀。

(4)烘烤。这种碱酥饼必须用传统的七星炉反复烘烤,严格掌握火候,至表面起鼓,不露馅,饼边有鸡毛裂纹,吃起来皮酥有层次为宜。

#### 4. 风味特点

薄皮大馅,入口麻香酥脆。

## 三、九黄饼

#### 1. 原料配方

面粉 1600g,葡萄干 100g,白糖 600g,冰糖 200g,白糖 800g,芝麻仁 200g,熟面粉 75g,蜜瓜条 100g,蜜桂花 100g,碱 5g,蜜橘饼 100g,芝麻油 600g。

**2. 制作工具与设备**

案板,刮面板,烤盘,烤箱。

**3. 制作方法**

(1)取面粉1200g,加饴糖、芝麻油100g、碱和适量清水拌和均匀,揉成面团皮。另用面粉400g加芝麻油200g,拌匀后擦成油酥面团。

(2)蜜橘饼、瓜条分别切碎,放入熟面粉(炒熟的)、葡萄干、白糖、冰糖(砸成屑末)、蜜桂花、芝麻油300g,一起拌匀成馅。

(3)将面团皮擀成圆形皮,包入油酥面团捏拢,搓成长圆条,揪成80个面剂,逐个竖着摁成圆扁皮,包入馅料,捏拢,在钢制模具内(直径6.6cm、高2.6cm),揿成圆形饼,磕出待烤。

(4)将圆形饼一面沾上芝麻仁,放入刷过油的烤盘内,置烤炉内,烤至金黄色出炉即成。

**4. 风味特点**

色泽金黄,口感酥脆,口味甜香。

## 四、东坡饼

**1. 原料配方**

特制一等面粉2500g,盐12g,白糖500g,香油2500g。

**2. 制作工具与设备**

案板,刮面板,锅。

**3. 制作方法**

(1)将鸡蛋取蛋清,加清水500g及精盐、苏打溶化后,倒入面粉,反复搋揉,至面团不沾手,搓成条,揪成重150g的面剂10个,搓成圆坨,摆放到盛有芝麻油(100g)的瓷盘里,饧10min。

(2)案板上抹匀芝麻油,取出饧好的面坨,在案板上按成长方形薄面皮,从两端向中间卷成双筒状,拉成长条,再侧着从两端向中间卷成一个大、一个小的圆饼,将大圆饼放底层,小圆饼叠在上面,放在盛芝麻油的瓷盘里浸没,约饧5min成饼坯。

(3)锅置中火上,放入芝麻油烧到170℃时,将饼坯平放锅里,边炸边用筷子一夹一松地使饼坯松散，待饼坯炸至浮起时，翻面再炸，边炸边用筷子点动饼坯心，使饼炸至松泡但不能散开，呈金黄色时，捞出沥去油，装盘每饼撒上白糖(45g)即成。

**4. 风味特点**

色泽金黄，酥脆甜香，形状美观。

## 五、咸宁荞酥

**1. 原料配方**

苦荞麦粉600g，红豆沙350g，鸡蛋400g，红糖120g，小苏打10g，花生油50g。

**2. 制作工具与设备**

案板，刮面板，印模，烤盘，烤箱。

**3. 制作方法**

(1)将红糖放入锅中，倒入水，煮沸，熬成红糖水。

(2)将红糖水放入盆内，加入花生油、小苏打，搅匀，加入荞麦面，磕入鸡蛋，和成面团取出，饧8～12h。

(3)将面团分成大小均匀的剂子，擀成面皮，包入豆沙馅心，在印模内做成形，放入烤炉内烘烤，待皮酥黄时，即可食用。

**4. 风味特点**

色泽金黄，酥甜清香，老少皆宜。

## 六、喜饼

**1. 原料配方**

面粉500g，鸡蛋300g，花生油100g，白糖150g。

**2. 制作工具与设备**

案板，刮面板，平底锅。

**3. 制作方法**

(1)鸡蛋、花生油、白糖搅匀。

(2)加面粉和酵母用筷子搅拌均匀。

(3)揉成光滑的面团放置温暖处饧发。

(4)面团发至两倍大小取出,反复揉匀至没有气泡。

(5)分割成小剂揉成光滑面团。

(6)擀成一厘米厚的薄饼置于温暖处再次饧发。

(7)饼坯发至两倍厚,取出置于温热的平锅内小火烙制。

(8)双面金黄后,竖起把饼边滚成金黄色即可。

**4. 风味特点**

色泽金黄,外酥内软,口味淡雅。

## 七、桂花糕

**1. 原料配方**

糯米粉600g,豆沙400g,糖桂花35g,开水180～200g。

**2. 制作工具与设备**

案板,擀面杖,刮面板,蒸锅。

**3. 制作方法**

(1)糖桂花加开水和面,揉匀揉透。

(2)取一面团先搓成长条再压扁,然后用擀面杖擀成2mm厚,宽8cm左右的长方形薄面片。

(3)在面片中下方放上豆沙涂抹均匀。

(4)卷起面坯成圆柱形,接口处压实,用刀切去多余的面片。

(5)再切成8cm左右长圆条,放入笼屉,蒸锅里水烧开,放上笼屉,大火蒸3min左右即可。

**4. 风味特点**

色泽艳丽,层次清晰,口感软糯,口味香甜。

## 八、麻烘糕

**1. 原料配方**

绵白糖1100g,糕粉700g,熟黑芝麻200g,糖桂花40g,小麻香油40g。

**2. 制作工具与设备**

案板,刮面板,笼屉,面筛,糕盆,蒸锅。

**3. 制作方法**

(1)在压制糕坯时,将一定量的绵白糖过筛,除去糖籽及杂物,倒在案板上围成圈。再将配好的小麻油和适量的熟水或过滤水倒入圈中搅拌,并逐步拌入绵白糖搓擦均匀,然后放入木槽中静置待用。此工序一般在炖糕的前一天就绪。

(2)视糕盆数量的多少,取一定量胀好的糖置案板上,加入配比的糕粉一起拌和,务必使糖与糕粉充分擦搓均匀。其物料的干湿程度视天气情况而定。当手感绵软、柔和时即可过筛。

(3)将过筛后的糖糕粉分出少量作糕坯的底面料,其余糖糕粉中加入早已拌和好的芝麻和桂花混合均匀,作为糕坯的心料,这时应按程序将底部料、心料、面料放入糖盆中辅垫均匀,压紧分条后蒸制倒出,然后整齐地放入箱内。

(4)分层筛上熟面粉盖住糕坯,存放一天,让其逐渐吸收糕坯的水分,使糕坯组织紧密。

**4. 风味特点**

糕片粉白,香甜细腻,松酥脆爽。

## 九、秭归粽子

**1. 原料配方**

糯米500g,白糖100g,芦苇叶300g,芦草50g,红枣60个。

**2. 制作工具与设备**

案板,刮面板,煮锅。

**3. 制作方法**

(1)将糯米洗净沥干。芦苇叶剪去根蒂和尖梢,再剪成约33cm长的片,放入旺火沸水锅中煮,煮至呈黄色时捞出,放入清水中漂洗干净。三张叶一扎,十字交叉,一层层地码放整齐,芦草剪成约1.6m长的段,洗净挽结晒干,放沸水中烫软,晾干备用。

(2)取芦叶三张置左手掌中撑开,下面两片叶重叠约宽8cm,上面一片叶在两张叶交缝处压实,左右相折卷成三角圆锥形,每个放入糯米27.5g、红枣1个,按压结实,将余叶向上封口,左手虎口夹紧,顺势从右向左，卷包成菱形粽子，用芦草扎紧，依此法一一包完。

(3)锅置旺火上，将包好的粽子依次码入碗内，再加清水浸没，约煮1h，见水渐干时，再加入清水浸没，继续煮1h。熟后出锅，先放入清水中冲凉，再放冷水中浸漂，食时取出，解绳去叶，盛盘撒上白糖即成。

**4. 风味特点**

色泽晶莹洁白，质地柔糯，清甜爽口，具有芦苇叶的香味。

## 十、状元饼

**1. 原料配方**

特制面粉600g，猪油150g，白砂糖35g，饴糖10g，菜子油150g，小苏打2g，枣泥350g，核桃仁35g。

**2. 制作工具与设备**

和面机，案板，印模，烤盘，烤箱。

**3. 制作方法**

(1)和面。将制好的糖浆(凉糖浆)倒入和面机内，然后加入花生油和小苏打(起子)搅拌成乳白色悬浮状液体，再加入面粉搅拌均匀。搅拌好的面团应柔软适宜、细腻、起发好，不浸油。调制好的面团应在1h内生产，否则存放时间过长，面团筋力增加，影响产品的质量。

(2)制馅。将枣泥和核桃仁的碎粒放在一起擦匀。

(3)包馅。将已包好的饼坯封口向外，放入印模，用印模压制成形，纹印有“状元”二字。

(4)烘烤。先在烤盘内涂一层薄薄的花生油，按合适距离放入饼坯。用200～220℃的炉温烘烤15min左右。

**4. 风味特点**

色泽金黄，层次清晰，脆而不碎，油而不腻，香酥适口。

# 第二十五章　台湾糕点

## 一、经典凤梨酥

### 1. 原料配方

低筋面粉135g，高筋面粉15g，酥油20g，人造黄油125g，蛋黄1个，菠萝馅300g。

### 2. 制作工具与设备

保鲜袋，保鲜膜，餐刀，案板，刮面板，模具，烤盘，烤箱。

### 3. 制作方法

（1）将除黄油以外的材料倒入一个大容器，加入一点点水，和成柔软的光滑面团，然后包上保鲜膜松弛30min。

（2）把黄油装在一个保鲜袋或放在2层保鲜膜之间，用擀面杖把它压扁，或用刀切成片拼在一起再擀，擀成一个约5mm厚的四方形片。

（3）把松弛过的面团擀成一个和黄油一样宽，长3倍的面皮，把黄油放在面皮的中间，两边的面皮往中间叠，将黄油完全包起来后捏紧边缘。

（4）将包好黄油的面皮翻面并旋转90°，再用擀面杖擀得薄一点，开始第一次“叠被子”，即上下的边往中间对折，然后两头向中间对折，叠成被子后用保鲜膜包起来放入冰箱松弛20min。

（5）取出面团后再将其压扁擀成一个四方形面皮，按照步骤（4）的做法开始第二次叠被子，然后再包上保鲜膜进冰箱松弛20min。

（6）取出面团后再将其压扁擀成一个四方形面皮，按照步骤（4）的做法开始第三次叠被子，然后再包上保鲜膜进冰箱松弛20min。

（7）取出后将被子压扁，擀成一个四方形面皮，用模具将面皮刻切成一个个圆面片。

(8)将菠萝馅平均分成15个重20g的小球,将一个小球放在一个面片上,再盖上另一片面片。

(9)用餐刀沿着边切几道口,然后再用叉子在顶部叉几个小孔。

(10)将凤梨酥整齐地放入烤盘中,烤箱220℃预热10min,这时刷一层蛋黄液在凤梨酥顶部,将烤盘放在中层,220℃烤20min至上色即可。

**4. 风味特点**

色泽金黄,外皮酥脆,菠萝香浓郁。

## 二、时尚凤梨酥

**1. 原料配方**

皮料:低筋面粉300g,黄油80g,酥油80g,白糖50g,奶粉40g,鸡蛋1个,盐3g,咸蛋黄4~5个。

凤梨馅料:大菠萝两个(去皮去核后)1000g,冬瓜(去皮去子后)1000g,白糖300g,麦芽糖150g。

**2. 制作工具与设备**

案板,刮面板,煮锅,烤盘,烤箱,圈模。

**3. 制作方法**

(1)制馅。菠萝和冬瓜擦成丝,将擦成丝的菠萝和冬瓜连水一起放锅子里煮,煮到有点透明感后倒入白糖炒至汤汁收干,最后加入麦芽糖炒到捞起馅料看到有丝状纤维即可。

(2)和面。黄油、酥油、白糖打发,加入蛋汁搅打均匀,筛入面粉、奶粉、盐,轻轻搅拌均匀,不要太用力。

(3)包酥。用25g左右的面皮包入馅料和1/4的蛋黄。

(4)成形。放入凤梨酥特制的圈模内,用手掌按一下,也可以用其他模具代替,或者不用模具用手捏。

(5)成熟。烤箱预热,180℃烤15min,翻身再烤5~6min。

**4. 风味特点**

色泽金黄,外皮酥脆,菠萝香浓郁。

## 三、台式广东月饼

**1. 原料配方**

面粉750g,鸭蛋黄10个,红豆沙馅500g,白糖浆350g,碱水10g,食用油50g,鸡蛋100g。

**2. 制作工具与设备**

案板,刮面板,模具,烤盘,烤箱。

**3. 制作方法**

(1)将白糖浆、碱水、食用油、面粉一点点地融合,和成面团。

(2)把和好的面揪成大小相同的小面团,并擀成一个个面饼待用。

(3)把豆沙捏成小圆饼,包入鸭蛋黄,裹紧成馅团。

(4)将馅团包入擀好的面饼内,揉成面球。

(5)准备一个木制的月饼模具,放入少许干面粉,将包好馅的面团放入模具中,压紧、压平,然后再将其从模具中抠出。

(6)用鸡蛋调出蛋汁,比例为3个蛋黄1个全蛋,待用。

(7)把月饼放入烤盘内,用毛刷刷上一层调好的蛋汁再放入烤箱。

(8)烤箱的温度为180℃,烤20min左右,中间要取出一次,再刷一遍蛋汁。

**4. 风味特点**

色泽棕黄,口感细腻,口味甜润。

## 四、椰子塔

**1. 原料配方**

塔皮:低筋面粉130g,高筋面粉100g,黄油50g,细砂糖15g,麦淇淋500g。

塔馅:鲜牛奶100g,鸡蛋2个,细砂糖50g,黄油65g,椰浆粉60g,吉士粉10g。

**2. 制作工具与设备**

案板，刮面板，烤盘，烤箱，保鲜膜。

**3. 制作方法**

（1）制馅。鸡蛋加白糖打至糖溶化，然后加入椰浆粉、泡打粉、牛奶、吉士粉、融化的黄油，拌匀即可。

（2）将高筋面粉、低筋面粉、黄油、糖、水混合，揉成面团，包上保鲜膜，放冰箱冷藏20min。

（3）桌面铺上保鲜膜，将麦淇淋放上面，再盖一层保鲜膜，将麦淇淋用擀面杖擀成薄油片。

（4）桌面上多洒点干面粉，将冷藏好的面团擀成长度是麦淇淋的3倍，宽度与麦淇淋的一致的面片，然后将麦淇淋放中间，两头的面片折过来包住麦淇淋，上下两头捏紧，蒙保鲜膜，放冰箱冷藏20min。

（5）将冷藏好的面片沿着长的方向用擀面杖敲打，让它慢慢变长，另外一个方向也可以稍做敲打，中间可以稍微擀一下，擀长后，像叠被子一样四折，然后蒙保鲜膜冷藏20min。

（6）将（5）再重复做2～3次。

（7）将面片再次擀开，擀成0.5cm左右的面片。

（8）将面片沿着长的方向卷成一个筒状，蒙保鲜膜，放冰箱冷冻15min。

（9）将面筒取出，切成厚1cm左右的小块，切好的小块两面都沾上干面粉，放到塔模底部（塔模里也最好洒点干面粉），用两个大拇指将其捏成塔模形状。

（10）将拌匀的椰子馅填入塔皮中，压紧，8分满即可。

（11）烤箱预热，上下火全开，175℃烤25min左右即可出炉。

**4. 风味特点**

色泽棕黄，口感细嫩，香气淡雅。

## 五、花生巧克力酥饼

**1. 原料配方**

花生酱80g，色拉油60g，低筋面粉120g，糖粉48g，盐3g，泡打粉

5g,猪油 100g,巧克力 400g。

**2. 制作工具与设备**

案板,刮面板,烤盘,烤箱。

**3. 制作方法**

(1)将巧克力放入容器中,加猪油 80g,隔水融化。

(2)面盆中倒入少量猪油,加上融化的巧克力,加糖粉,加水揉成面团。

(3)剩余猪油加入低筋面粉,揉成油酥面团。

(4)面团盖上保鲜膜饧约 20min。

(5)水面团和油酥面团分成 20 个同等份剂子,然后在水面团中包入油面团,盖上保鲜膜。

(6)把花生米放入锅中炒熟,剥皮用擀面杖捻碎,加入白糖混合作为馅,如果喜欢馅料丰富点的,可以加点黑芝麻等。

(7)将面团擀成牛舌状,最后卷起,再反复操作一次,最后将馅料包入面团中,拍扁放入烤盘。

(8)烤箱预热,170℃烤约 40min,酥饼轻微上色时出炉。

**4. 风味特点**

色泽浅黄,酥脆甜香,具有巧克力香味。

## 六、太阳饼

**1. 原料配方**

皮料:高筋面粉 50g,低筋面粉 150g,猪油 35g,奶油 15g,色拉油 25g,糖粉 25g。

酥料:低筋面粉 125g,猪油 80g。

馅料:糖粉 75g,麦芽糖 25g,奶油 25g,水 15g,低筋面粉 30g。

**2. 制作工具与设备**

案板,刮面板,烤盘,烤箱。

**3. 制作方法**

(1)和面制皮。取高筋面粉和低筋面粉放入面盆混合均匀,加入温水 50mL、猪油、奶油、色拉油、糖粉等,拌和揉透成水油面团,分为

15 等份。

（2）制酥。面粉加猪油，搓擦均匀成干油酥面，分为 15 等份。

（3）制馅。先将麦芽糖与糖粉搓匀，再加水及奶油拌匀，最后和入面粉揉匀，并均分为 15 等份。

（4）包酥。每一份油皮揉圆后压平，包入一个油酥，收口捏紧，用擀面杖将包好的油酥皮擀成牛舌饼状，卷起放平，再擀一次，成长条状，卷起后放正（螺旋的两面，一面向前，一面朝向自己），最后再擀一次，即可擀压成一张圆皮。

（5）成形。将馅料搓成一个个小圆球后，包进上述已擀好的面皮中，包好后以手稍压扁，再擀成圆薄饼状。

（6）烤制。放入烤箱，以 190℃ 烤 12min。

**4. 风味特点**

色泽浅黄，外皮酥松，香甜可口，不腻不粘。

## 七、冰皮月饼

### （一）做法一

**1. 原料配方**

脱皮绿豆 100g，糖 50g，吉士粉 10g，糯米粉 50g，黏米粉 50g，面粉 25g，糖 55g，色拉油 15g，炼乳 50g，牛奶 210g。

**2. 制作工具与设备**

面盆，模具，案板，蒸锅。

**3. 制作方法**

（1）绿豆提前一晚泡好，脱皮，沥干水分，加入糖，然后隔水蒸烂，趁热压成蓉或用搅拌机搅打，打时加上吉士粉或奶粉，可增加香味，拌好放一边。

（2）加上糯米粉、黏米粉、面粉、糖、色拉油、炼乳、牛奶等一起拌匀，放锅中蒸 20min 后趁热拌匀。

（3）放凉后分成小块，包入绿豆馅，用月饼模刻出。

**4. 风味特点**

色泽浅白透明，口感软糯，具有独特的奶香味。

## (二)做法二

### 1. 原料配方

冰皮预拌粉500g,饮用冰水235g,细盐2.2g,乳化油70g,水果草莓馅2000g。

### 2. 制作工具与设备

搅拌机,保鲜袋,模具,案板。

### 3. 制作方法

(1)将预拌粉过筛,倒入搅拌缸内。

(2)盐溶于水后,分次加入拌匀,让预拌粉完全吸水膨润,使成为有弹性的面团。

(3)加入乳化油,先慢速拌匀,再改用中速充分搅拌均匀。

(4)拌好后面团表面盖保鲜袋松弛20~30min,再分割、整形。

(5)分割、整形印模等操作过程切勿使用生粉,应用熟粉或冰皮预拌粉来做手粉。

(6)冰皮与馅料比例为1∶4。

(7)印模成形,包装后的月饼放置冷冻或冷藏库保存。

### 4. 风味特点

色泽浅白透明,口感软糯,具有独特的草莓味。

# 第二十六章　其他糕点

## 一、家乡茴饼

**1. 原料配方**

皮料：面粉500g，菜油250g，饴糖200g，食碱5g，老面50g。

油酥：面粉200g，茶油100g。

馅料：白糖200g，熟面300g，桂花糖20g，冰糖50g，熟芝麻50g，桂枝油25g，小茴香5g，茶油150g。

**2. 制作工具与设备**

案板，刮面板，烤盘，烤炉，保温容器。

**3. 制作方法**

(1)制皮。先将面粉225g与老面加入温水100g调和，置容器内保温发酵。次日，用275g面粉摊成圆圈，将发酵的老面与饴糖倒入圈内搅匀，缓慢加入食碱，加油搅匀，再将面粉拌入和匀即成皮料。

(2)制酥心。将面粉与茶油拌匀擦匀，不要起筋。

(3)制馅。将糖、熟面粉与辅料拌匀擦散，再加油擦匀。

(4)包酥包馅。将酥面包入皮内，再包入馅心，用凸形锤打成直径8cm的饼坯，打好气孔以备烘烤。

(5)烘烤。采用隧道式远红外线烤炉，炉温170～180℃，烘烤时间13～15min。待饼面色泽金黄即成。

**4. 风味特点**

色泽金黄，松脆酥香，有茴香独特香味。

## 二、牛奶法饼

**1. 原料配方**

面粉200g，鲜牛奶250g，白糖100g，生油75g，果酱200g。

**2. 制作工具与设备**

案板,刮面板,烤盘,烤箱。

**3. 制作方法**

(1)盆内加面粉、白糖、牛奶调成面浆。

(2)锅烧热,在锅内抹一点油,然后倒入半勺面浆,摊成一张圆形薄饼,煎至金黄色时翻个身,使另一面也煎至金黄色即成。食时在饼上抹些果酱,卷起即可。

**4. 风味特点**

色泽金黄,奶香味浓郁。

## 三、柳城云片糕

**1. 原料配方**

糯米 200g,湿糖 250g,猪油 80g,蜂蜜桂花糖 50g。

**2. 制作工具与设备**

案板,刮面板,打浆机,粉碎机,切片机,蒸笼,筛子,粗砂,布,磨粉机。

**3. 制作方法**

(1)炒米。选纯白大糯米,用温水洗净,再用烫手的热水(60℃)捞一次,堆垛 1h,随即摊开,经 20h 晾干后过筛,选出大颗粒糯米。用四倍粗砂炒米,炒时需放少许花生油,炒到糯米呈圆形,不开花即可。

(2)陈化。将炒好的糯米过筛磨成粉,磨好的粉放在阴冷的仓库中储存 3 个月,使其自然散热避免干燥,久贮陈化,为了缩短陈化时间,现多用含水分高的绿豆芽、湿蚕豆洗净与糕粉拌和,存放 4 ~7 天,每天翻动一次,使糕粉均匀吸水,然后再过筛。

(3)制湿糖。将 500g 砂糖加 150g 水搅溶,加热至 100 ~110℃,糖浆用打浆机打成细白糖,放在缸内发酵,第二天倒出上层清液,沉淀即为湿糖。

(4)入模成型。将储存到期的糯米粉摊在布上,盖严,在一定湿度下再润粉 7 天。润好的粉用微火复炒一次,使粉松散,再用粉碎机粉碎过筛,最后按配方投料成形。成形前先用蜂蜜桂花糖拌少量糯米粉做好心料,再入模成形。

(5)切片包装。糕经过炖制定型,再出模复蒸约5min后,取出撒一层熟面粉,放入木箱进行保温,以使糕坯质地更加柔润。隔天取出切片,要求切的薄而匀,每30cm切25片,随切随包装。

**4. 风味特点**

色泽雪白,厚薄均匀,细腻柔软,香甜软润。

## 四、绿豆沙糕

**1. 原料配方**

绿豆1000g,糯米粉500g,白糖300g,熟猪油300g。

**2. 制作工具与设备**

案板,擀面杖,粉碎机,蒸笼,模子。

**3. 制作方法**

(1)准备绿豆沙。先取绿豆冷水洗净;温水浸泡1h,入锅水煮,然后去皮(绿豆久煮之后,外皮自然会浮上来,再用水冲掉即可。不然也可以直接购买去壳的绿豆仁来煮,就可省却这道手续)。去皮绿豆沥干水分后再入蒸笼蒸熟,再过滤成绿豆泥,用纱布挤干水分。最后将半干的绿豆粉入锅,炒干,即是绿豆沙。

(2)准备糯米粉。将上等糯米炒熟,然后用家用粉碎机将其打成粉末即可。

(3)熬糖浆。比例是500g糖加175g的水,熬至糖全部融化变成浓稠状,且在熬时要用擀面杖适时搅拌。

(4)将准备好的绿豆沙与白糖混合,比例是500g绿豆沙加250g白糖。

(5)将糯米粉、白糖、猪油充分混合,比例是500g糯米粉加350g白糖和100g猪油。

(6)最后只要按一层混合好的糯米粉,一层绿豆沙,一层糯米粉的顺序装入模子中压紧上笼蒸5min即可。

**4. 风味特点**

色泽浅白,口感细腻如沙,口味清香。

## 五、糖卷果

### 1. 原料配方

山药 1500g，大枣 500g，面粉 500g，桂花 50g，白糖 300g，白芝麻 200g。

### 2. 制作工具与设备

案板，刮面板，烤盘，烤箱，豆包布，刀。

### 3. 制作方法

（1）将山药 1500g 去皮剁碎，大枣 500g 去核，果料切碎，两料拌匀后稍加水和面粉，搅拌均匀，上笼蒸 5min。

（2）准备消毒过的干净豆包布一块，将蒸得的原料趁热置于布上，捏成三角状长条，凉后切成小手指厚般的块，入 170℃ 的油锅，炸成焦黄色时捞出。

（3）另用锅加油、水、桂花、白糖，小火熬成糖稀，将炸得的卷果倒入，裹上糖汁，撒上白芝麻和白糖即可。

### 4. 风味特点

软绵香甜，十分可口，具有大枣的甜香味。

## 六、灯芯糕

### 1. 原料配方

上等糯米 1000g，籼米 100g，白糖 550g，猪油 350g。

### 2. 制作工具与设备

案板，筛子，糕盆，铁锅，缸，木桶，绒布，烘箱，磨碎机。

### 3. 制作方法

（1）制糯米粉。取洁白、饱满的长粒糯米过筛去杂并用热水冲两次，晒干备用。铁锅用旺火烧热，油砂烧烫，放入糯米，米与砂的比例为 3∶7。炒时要勤翻动，直至米粒爆白，大小均匀，酥脆即可出锅，过粗筛两次。米花经粉碎过 80 目筛后，装入布袋陈放半年至一年以改善米质。

（2）炼糖。将纯度为 99% 的洁白砂糖，按 50kg 糖加 13% ~15% 水的比例混合，下锅用文火熬制，并不断搅拌。出锅前再加入 3.5 ~

4kg 经煮沸、过滤、去杂的小磨香油(或炼猪油),继续搅拌。用二指捏试能拉开 5 ~6 条糖丝时即可。熬好后将炼糖平摊在案板上,冷却后搓散,过 16 目筛,再放入缸内发酵,冬季一个星期,夏季 2 ~4 天即可。

(3)制籼米粉。将籼米洗净、晾干、磨碎,过 80 目筛,烘熟备用。

(4)制糕粉。将糯米粉在案板上摊成圆圈,放入炼糖,撒上湿润均匀、色泽一致的糕粉。炼糖的加入量,可视季节、气候条件适当增减,以使制品软硬适度。

(5)成型。先将一半糕粉装盆舂糕,从盆角舂向中心舂,要求用力均匀,舂迹相连。舂好后添加糕粉,到盆满为止,最后沿盆边用利刀削平,再平行切成四条,每刀均切到底,然后抽去盆底板,使整糕落在案板上。用白纸将切好的糕块包好,置于洁净的木桶中保温 12h,桶口用绒布覆盖(盖几层视气温而定)。若生产量大,则可排在木板上放进密封木仓中保温。

(6)将经过保温处理的糕块,切成 4mm 厚的片再切成 3mm 宽(长 86mm)的长丝。

(7)切片时撒少许熟籼米粉,以防粘连。

**4. 风味特点**

洁白晶润,糕条柔松,甜而不腻,香味纯正。

## 七、喇嘛庙提浆月饼

**1. 原料配方**

面粉 500g,香油 20g,绵白糖 25g,冰糖 30g,青丝 100g,玫瑰花 100g,核桃仁 100g,杏脯 100g,臭粉 5g。

**2. 制作工具与设备**

案板,和面机,刮面板,模具,烤盘,烤箱。

**3. 制作方法**

(1)提浆。用冰糖进行文火提浆,当糖块溶化时,要不停地用勺扬洒,以提高糖浆浓度。然后放入罐内封存备用。使用时加适量香油和匀。

(2)制皮。将糖浆倒入和面机,再加入臭粉、面粉搅成糊状,然后将其余面粉加入，调成软硬适度的面团。

(3)制馅。将熟面、糖、油搅拌均匀后，再加上全部小料(切碎的青丝、玫瑰花、核桃仁、杏脯等)拌匀即可。

(4)成型。将皮、馅以6∶4的比例包制，根据模具大小，制坯成形。

(5)烘烤。用200℃左右的温度烘烤，待表面呈麦黄色，底呈深麦黄色即成。

**4. 风味特点**

色泽麦黄，皮馅均匀，具有果仁香味。

## 八、刀切

**1. 原料配方**

皮料：面粉1000g，植物油90g，绵白糖250g。

酥料：面粉2500g，植物油160g，绵白糖1000g。

**2. 制作工具与设备**

案板，刮面板，烤盘，烤箱。

**3. 制作方法**

(1)和面。面粉摊成圆圈，将绵白糖、油倒入圈内，加适量温开水将糖、油搅拌成浆，再将四周的面粉掺入逐渐和匀。和好后要放在温暖处回饧、破筋。

(2)擦酥。将糖、面混合过筛，加油擦匀制成糖酥。

(3)成型。包酥要匀，包好后擀成长方型薄片，再从两端向中间卷起成长卷，然后切成4mm厚薄片。

(4)烘烤。将切好的片均匀地摆入烤盘，入炉烘烤，炉温160～170℃，待底面呈麦黄色时即可。

**4. 风味特点**

色泽麦黄，薄厚均匀，层次分明，酥脆甘甜。

## 九、哈达饼

**1. 原料配方**

面粉500g，葵花子5g，核桃仁5g，芝麻5g，青红丝5g，绵白糖

150g，奶油 200g，桂花香精 0.005g。

**2. 制作工具与设备**

案板，刮面板，饼铛。

**3. 制作方法**

（1）先用 200g 面粉与 100g 奶油和成干油酥。

（2）另用 200g 面粉与 75g 奶油、75g 水和成水油面。

（3）再用 100g 面粉蒸熟与 250g 奶油和葵花子、核桃仁、芝麻、青红丝、桂花、香精放在一起拌成甜馅。

（4）分别将酥面、水油面分为 10 个面剂采用小包酥法包酥。将小包酥擀成圆片，片上撒满拌好的甜馅心。然后从两端相对卷拢起来，再盘成饼状后，擀成直径约 20cm、厚约 3mm 的荷叶饼。

（5）上铛用小火烙熟，对切开，堆放式装盘即成。

**4. 风味特点**

黄白相间，层次清晰，薄如纸，味香甜，到口即化。

## 十、沙木波萨

**1. 原料配方**

面粉 250g，味精 2g，羊肉 120g，花椒粉 1g，精盐 3g，葱 120g，植物油 3000g（约耗 800g），大米饭 40g。

**2. 制作工具与设备**

案板，刮面板，锅。

**3. 制作方法**

（1）选肥瘦羊肉剁成蓉，拌入精盐、味精、花椒粉、葱末，入锅炒至半熟，再加入大米饭，拌匀成馅。

（2）把面粉用冷水和成硬面团，揉匀下剂，然后擀成薄皮，抹入馅，包成半月形坯，捏出花边，入油锅炸至金黄色即成。

**4. 风味特点**

色泽金黄，口感酥脆，馅心鲜美。

## 十一、双环薏米饼

**1. 原料配方**

熟糯米粉500g,白糖粉500g,奶油100g,炼乳50g,薏米25g,淮山药25g,冷开水100g。

**2. 制作工具与设备**

案板,刮面板,模具,烤盘,烤箱。

**3. 制作方法**

(1)薏米炒熟磨粉,淮山药经过烘烤后磨粉。

(2)把糯米粉、薏米粉、淮山药粉充分混和,摊成盆状,中间加入奶油、炼乳、白糖粉,用冷开水溶化,拌入粉成粉团。

(3)将粉团装入饼模,轻轻压平,脱模取出。

(4)放入烤盘,以150℃烘15min。

**4. 风味特点**

色泽洁白,组织松软,具有浓厚的奶油香味。

## 十二、麻酱火烧

**1. 原料配方**

面粉1000g,泡打粉5g,麻酱150g,芝麻200g,盐3g,胡椒粉2g。

**2. 制作工具与设备**

案板,平底锅,刮面板,模具,烤盘,烤箱。

**3. 制作方法**

(1)面粉加泡打粉用温水和成发面团,把发好的面团擀成一张大饼,擀得越薄越好,把预先调好的麻酱、盐、胡椒粉抹在面饼上,然后卷成卷,切成烧饼大小的面剂儿,两边封口,擀成饼。

(2)放20min使其发酵。

(3)在每个面饼上刷水,沾上芝麻。

(4)把做好的烧饼坯子码在平底锅内,烙至两面微黄(六成熟)。

(5)放入烤箱,上下火同时开,200℃烤10min,翻过来再烤5min即可。

**4. 风味特点**

色泽金黄,外酥内软,口味浓香。

## 十三、荷包桂花糯

**1. 原料配方**

面粉500g,糯米750g,鸡蛋200g,葱15g,青椒50g,盐,味精,胡椒粉适量。

**2. 制作工具与设备**

案板,刮面板,烤盘,烤箱,蒸锅。

**3. 制作方法**

(1)糯米洗净后泡4h,上锅蒸20min左右至熟。

(2)热水中放少许盐用来和面,软硬程度适中,面团饧1h左右后擀成薄饼。

(3)蒸锅中烧好水,水开后将薄面饼上锅蒸1min即熟(笼屉上涂少许油)。

(4)鸡蛋调匀后,锅中放入少许油,油热后将鸡蛋液倒入锅中,用筷子不停搅拌。直至鸡蛋形成桂花状的小粒。

(5)将鸡蛋粒盛出备用。锅中继续放入少许油,将葱末放入锅中煸炒出香味后放入切碎的青椒粒,继续翻炒熟。

(6)将蒸好的糯米饭和炒好的鸡蛋粒倒入锅中,加入盐、味精、胡椒粉等自己喜爱的调料翻炒,成桂花糯。

(7)将蒸好的薄面饼在手中卷成冰淇淋蛋筒状,将(6)中炒好的桂花糯盛入其中。

(8)将所有蒸好的薄面饼中都盛入桂花糯。将它们码放于烤盘中,接口处按牢,刷上薄薄一层鸡蛋液。

(9)烤箱预热10min,将放有荷包桂花糯的烤盘放入,烤至表皮金黄即可。

**4. 风味特点**

色泽金黄,口感香糯,香气浓郁。

## 十四、麻将豆沙糕

**1. 原料配方**

面粉 500g，干酵母 3g，黄瓜 1 根，紫甘蓝 200g，红豆沙 300g，海苔 25g。

**2. 制作工具与设备**

案板，榨汁机，刮面板，蒸笼。

**3. 制作方法**

(1)将黄瓜和紫甘蓝用榨汁机分别榨出汁水。

(2)在黄瓜汁中加入适量干酵母，加上面粉 150g，拌匀揉透。

(3)紫甘蓝汁也加入干酵母后，与面粉 150g 一起揉成面团。

(4)将两个面团分别擀开成长方片，注意厚薄要均匀。

(5)在擀开的紫甘蓝面片上铺上均匀的一层红豆沙。

(6)将同样大小的黄瓜面片扣于其上，轻轻压紧，放置于蒸屉中。

(7)发酵 1h 左右后，开大火蒸，15min 后关火。

(8)将蒸好的糕切成类似麻将牌大的长方块。将海苔剪成丝，蘸水后粘在豆沙糕上，拼出麻将花纹即可。

**4. 风味特点**

色泽艳丽，形状美观，美味可口。

## 十五、车轮饼

**1. 原料配方**

面粉 500g，豆油 200g，猪板油 100g，碎冰糖 150g，金橘饼 50g，青红丝 50g，糖桂花 35g，白糖 100g。

**2. 制作工具与设备**

案板，刮面板，模具，平底锅。

**3. 制作方法**

(1)制皮。做车轮饼的功夫，主要在和面和油煎。取面粉 300g，用油水(油 2/5、水 3/5)和成水油面，软硬程度与包饺子面相同。再取 200g 面粉，用油 100g 和成酥，软硬与水油面相同。将水油面揉成小条，揪成40g重的小剂，擀成直径为6.7cm的皮子。把酥揪成略小于油面剂的小剂，包在水油面皮子内，揉匀后，再擀成厚薄均匀的皮子。把皮子卷紧成筒状，切为两段，各自垂直立在桌上，压扁，再擀为皮子，刀口部分便呈现花纹。皮子制作直到面用完为止。

（2）制馅。生去皮猪板油切碎，加适量碎冰糖末。另取金橘饼、红绿丝、糖桂花及适量白糖一起拌匀，便成荤馅。（另外还有一种素豆沙馅：用豆沙、白糖、金橘饼、青红丝，加油炒制而成。）

（3）包制。取皮一张，花纹朝下，上置馅子适量，再取皮子一张，花纹朝下，覆盖在馅上面。两张皮子合起来，捏紧，捏出花边。馅子要足，使其捏拢后如月饼形状。

（4）油煎。锅里倒进少量素油（荤油也可），用文火烧热，放下车轮饼，煎至表面金黄，发出香味，馅松软后即可。一锅内可同时放数块饼同煎。

（5）将煎熟的车轮饼放到贴（案）板上，每块切作4瓣，放进盘子即可。

**4. 风味特点**

色泽金黄，口味多样，外酥内软。

## 十六、糖油煎饼

**1. 原料配方**

面粉500g，牛奶250g，鸡蛋250g，白糖125g，泡打粉15g，猪油150g，糖油250g，香草精0.005g。

**2. 制作工具与设备**

案板，筛子，刮面板，平底锅。

**3. 制作方法**

（1）面粉过筛，放入容器，加入泡打粉、白糖和打散的鸡蛋、牛奶、香草精，轻轻地拌和均匀，成为糊状，即为糖油煎饼生坯料（不可多拌，多拌则不松）。

（2）将猪油放入厚底煎锅烧热，油要宽些，用勺舀出糊状坯料放锅内，在煎的同时转动锅身，使其自动散开，成为直径约5cm的饼，当煎成两面金黄色时即为成熟,取出,反复以上做法,把全部的糊都煎成饼。检查一下饼的内部是否熟透,如未熟透,放入150℃的烤炉里稍烤一下即可。将熟透的饼盛盘内(每盘2只),趁热浇上糖油食用。

**4. 风味特点**

色泽金黄,松软甜香。

## 十七、糯米夹沙糕

**1. 原料配方**

糯米500g,豆沙150g,白糖150g,猪油50g,香油25g,青红丝15g。

**2. 制作工具与设备**

案板,淘箩,刮面板,蒸笼。

**3. 制作方法**

(1)将糯米淘去泥沙洗净,放入冷水中浸3h,捞入垫好布的笼内蒸1h左右。在蒸的过程中可揭盖浇水1~2次,使米饭蒸透蒸熟,软硬合适。然后取出倒入盆内,加入大油、白糖拌匀,搅拌出黏性。

(2)案板上抹香油,将江米饭的一半放在案上用手压成1cm厚的长方片。

(3)将豆沙均匀地抹在上面,再将余下的糯米饭用手压成1cm厚的长方片,整齐地压在豆沙馅上,再在表面撒上青红丝,待冷却后切成长方块即成。

**4. 风味特点**

颜色油润光亮,红绿相映,甜糯黏香。

## 十八、九层凉糕

**1. 原料配方**

白籼米500g,纯糯米400g,藕粉75g,白糖100g。

**2. 制作工具与设备**

案板,勺,刮面板,蒸笼。

**3. 制作方法**

(1)将籼米、糯米分别淘净后加适量清水浸4h,然后再分别将浸过的籼米和糯米连水上磨，即得籼米浆和糯米浆。

（2）把 50g 白糖和 50g 藕粉放入籼米浆中搅匀，再把剩下的白糖和藕粉放入糯米浆中搅匀。如果未备藕粉，可用甘薯粉代替，不过凉糕的口感和颜色略差一些。

（3）蒸笼内铺上湿布，倒入调好的籼米浆（约 0.2cm 厚），用旺火蒸 5min，揭开锅盖，倒入调好的糯米浆（约 0.2cm 厚）蒸 5min，如此共倒 9 次，即成 9 层凉糕，蒸熟后冷却，开条切块即可。

**4. 风味特点**

层次分明，清凉甜滑。

## 十九、红豆松糕

**1. 原料配方**

糯米粉 500g，大米粉 100g，红豆 150g，青红丝 50g，糖粉 50g。

**2. 制作工具与设备**

案板，煮锅，模具，蒸笼，刀。

**3. 制作方法**

（1）红豆洗净，放少许水蒸熟，不宜过烂，去除水分待用。

（2）将糯米粉、大米粉、糖粉加入水，拌和成松散的粉粒，用筛子过筛。加入红豆，拌均匀。

（3）笼中铺上干净的湿布，放上方形模具，把拌好的粉平铺在模中，表面撒上青红丝。

（4）上笼蒸熟后，取出模具，改刀造型，装盘食用。

**4. 风味特点**

色泽艳丽，口感松软，口味甜润。

## 二十、双色棉花糕

**1. 原料配方**

吊浆粉（大米水磨粉）500g，白糖 200g，酵种 5g，泡打粉 10g，玫瑰红色素 0.005g，碱水 10g。

**2. 制作工具与设备**

案板,煮锅,模具,蒸笼。

**3. 制作方法**

(1)将吊浆粉 50g 放入容器,加少量清水混和成稀度适宜的稀浆;锅架火上,放水 100g 烧开,将稀浆倒入,煮成熟糊,冷却后即为“熟芡”。

(2)将 450g 吊浆粉放入容器,加入熟芡、酵种和清水 100g 拌匀,放入瓦盆,发酵 12h 左右,加入白糖拌匀,待糖溶化,即加入泡打粉和碱水拌匀揉透,便成白色生糕浆。取出一半加入玫瑰红色素调匀,即成红色生糕浆。

(3)蒸笼上锅并架在火上,屉内放洁净白布,先倒入白色生糕浆,用旺火,沸水蒸 30min 左右,再把玫瑰红色糕浆倒在上面,继续蒸 30min 左右即成。

**4. 风味特点**

红白两色,绵软松泡,细甜爽口,富有弹性。

## 二十一、芝麻桂花凉糕

**1. 原料配方**

糯米 500g,白糖 150g,芝麻 100g,糖桂花 15g,香油或花生油 50g。

**2. 制作工具与设备**

案板,煮锅,刮面板,蒸笼,擀面杖,白瓷盘。

**3. 制作方法**

(1)将糯米淘洗干净,在水中浸泡 4h 捞出,放在铺好笼布的笼上蒸 1h,成软硬合适的糯米饭。

(2)将下笼的糯米饭倒入盆中加入花生油、糖桂花、白糖,用粗擀面杖反复地捣、搅、翻,使其产生黏性,互相能粘连在一起。

(3)将芝麻去掉泥沙,淘洗干净,放入锅中用小火焙干焙熟取出,用碗碾成细末。

(4)将熟芝麻粉的一半均匀地铺在案板上,糯米饭平铺在芝麻粉上压平整,再在糯米饭上均匀地撒上一层芝麻粉,用擀面杖擀一下,以免芝麻脱落。

(5)放在白瓷盘中,厚度约2cm为宜。入冰箱冰凉后,取出切成长方形或菱形块即成。

**4. 风味特点**

色泽浅黄,具有香、软、甜、黏、糯、凉等特点。

## 二十二、樱桃藕丝糕

**1. 原料配方**

鲜藕500g,糯米100g,面粉100g,樱桃50g,白糖300g,青梅末25g。

**2. 制作工具与设备**

案板,面盆,刮面板,刀,蒸笼。

**3. 制作方法**

(1)把藕洗净,切成细丝,用清水洗净控干水分,放入盆内待用。

(2)把面粉与糯米混在一起,上屉蒸熟取出,晾凉后用擀面杖擀碎,筛细,加入白糖、藕丝,搓揉成面团。然后用湿布按成厚薄大约1.6cm的大片。

(3)把大片放在蒸笼上,用旺火蒸约8min,出屉后晾凉,切成大小相同的方块,糕面放上鲜樱桃,撒上青梅末,即可食用。

**4. 风味特点**

色泽悦目,甜香可口。

## 二十三、无糖蛋糕

**1. 原料配方**

低筋面粉1000g,液体麦芽糖醇1000g,鸡蛋1000g,蛋白糖5g,南瓜粉100g,蛋糕油40g,碱水5g,熟油适量。

**2. 制作工具与设备**

案板,搅拌机,刮面板,模具,烤盘,烤箱。

**3. 制作方法**

(1)打蛋液。把鸡蛋、液体麦芽糖醇、蛋白糖、碱水放入搅拌机中,中速搅拌。完全搅匀后,放入蛋糕油。蛋糕油溶化,糊液稍起时加水。水应分几次徐徐加入。高速搅拌,使蛋液体积增加到原体积的 2 ~3 倍。

(2)调糊。蛋液打好后,将搅拌机转速调慢,倒入面粉和南瓜粉和匀。切忌时间过长,以免蛋糊起筋。

(3)装模。将蛋糊入模,入模量占模体积的 2/3 即可。

(4)烘烤。将烤盘放入烤炉,先开底火,220℃烘烤;当蛋糕体积胀起后,再给顶火,关闭底火,210℃烘烤,待表面呈金黄色即取出。

(5)刷油。蛋糕表面刷一薄层熟油。

(6)脱模。脱模后冷却包装,即为成品。

**4. 风味特点**

色泽金黄,口感膨松,绵柔细腻,口味香甜。

## 二十四、三丝荷叶饼

**1. 原料配方**

面粉 250g,生油 100g,肉丝 100g,香菇丝 50g,白菜丝 50g,盐 3g,味精 1g,湿淀粉 15g。

**2. 制作工具与设备**

案板,炒锅,刮面板,平底锅。

**3. 制作方法**

(1)制馅。将三丝烹调制成馅心,加上盐、味精调味并勾芡,备用。

(2)面粉用沸水烫熟揉透,搓成长条,摘成 20 个坯子。

(3)再将 20 个坯子揿扁后,先在 10 个坯子上面涂一层生油,再将另外 10 个坯子盖在上面,再用手揿扁。

(4)接着将每个合一起的坯子擀成薄饼。

(5)成熟。将薄饼放入烧热的平底锅内烙,并不断移动。待烙得一面起荷叶折时,翻身再烙,烙至两面起泡即可。包入三丝馅心(馅心夹在二片中间)即可食用。

**4. 风味特点**

色彩金黄,有咬劲,吃口干香,包入菜肴则口味更佳。

## 二十五、豆沙锅饼

**1. 原料配方**

面粉 500g,鸡蛋 3 只,生油 100g,豆沙 400g。

**2. 制作工具与设备**

案板,刮面板,砧板,锅。

**3. 制作方法**

(1)制皮。鸡蛋打散,调匀,加面粉拌和,再渐渐加入清水,并边加水边用筷子使劲搅动。搅至面浆起黏性时,即成鸡蛋面浆。

(2)烧热锅,用油滑锅后,放入适量面浆并立即将锅端起旋转,制得厚薄均匀的蛋粉皮子。取出后,再摊第二张、第三张至全部摊完。

(3)成型。将蛋粉皮子放案板上,皮子中间放豆沙适量,包成长方形饼。沿边处用少许面浆粘住,以防入油锅炸时散开。

(4)成熟。油锅烧热,放入生油,烧至油 170℃时将饼入锅炸至呈金黄色后,捞出沥去油,放在砧板上用刀轻拍一下,使馅心均匀铺四角。接着顺长从中间切开,再横切成十二块(可按大小自选切块),整齐地放在盘中上桌即可。

**4. 风味特点**

色彩金黄,外香脆、里甜软,别具一格。

## 二十六、三色珍珠卷

**1. 原料配方**

面粉 200g,白糖 15g,活性干酵母 2g,泡打粉 2g,糯米饭 150g,香肠粒 15g,香菜 10g,熟咸蛋黄丁 15g,盐 3g,味精 1g,猪油 50g,香油 15g,胡椒 1g。

**2. 制作工具与设备**

案板,刮面板,蒸笼。

**3. 制作方法**

(1)制酵面。将面粉放入盆中,加上白糖、活性干酵母、泡打粉和适量水等搅拌均匀,揉搓成面团,饧制 1h 左右。

(2)制馅。将糯米饭放入碗中,加上香肠粒、香菜末、蛋黄丁、盐、味精、猪油、香油、胡椒等调味料拌匀,做馅心待用。

(3)将酵面擀成长方形面皮。

(4)将馅心铺在面皮上,卷成筒形,封口朝下。

(5)成熟。旺火、沸水、足汽蒸约 10min 取出,切块装盘即可。

**4. 风味特点**

色彩艳丽,层次清晰,外松软,内香糯。

## 二十七、椰丝糯米糍

**1. 原料配方**

糯米粉 500g,豆沙 400g,椰蓉(丝)200g。

**2. 制作工具与设备**

案板,刮面板,煮锅。

**3. 制作方法**

(1)取 1/3 糯米粉加水和成团,再放入沸水锅内煮至上浮。

(2)将 2/3 糯米粉与煮过的糯米团一同揉成团,揉匀揉透并擦进少许猪油,成坯皮料。

(3)将豆沙分成同皮坯料一样的份数,逐只包入馅心,同包元宵一样做成球状圆子。

(4)将圆子下开水锅中煮熟后取出。

(5)沥干水趁热放入椰丝中滚沾均匀,摆放在盘中或装入纸托中。

**4. 风味特点**

雪白诱人,软糯香甜,具有特殊的椰香味。

## 二十八、菜肉粢毛团

**1. 原料配方**

糯米粉 500g,粳米粉 250g,糯米 200g,夹心肉浆 500g,荠菜 250g,

盐 3g,味精 1g。

**2. 制作工具与设备**

案板,刮面板,蒸笼。

**3. 制作方法**

(1)糯米要事先浸泡好(24h),然后沥干,磨成粉。

(2)制馅。荠菜洗干净,焯水挤干水剁碎;肉浆调制后加入荠菜拌匀,调成咸鲜味。

(3)和粉团。将二种粉混和均匀,拌和成团,揉到粉团光滑不粘手,再搓成条,摘剂(大小自定)。

(4)成型。剂子捏成窝形状,装入馅心捏拢收紧口,搓成球状;外侧滚沾上糯米(浸泡过的),即成生坯。

(5)成熟。上笼屉,蒸约 20min 即可(掌握蒸制时间,太短不熟,过头成品易塌)。

**4. 风味特点**

色泽晶莹,鲜香润口,口感糯韧,肥而不腻。

## 二十九、猪油夹沙八宝饭

**1. 原料配方**

糯米 500g,豆沙 300g,蜜枣 2 只,冬瓜糖条、核桃仁各 25g,葵花子 15g,青红丝 15g,白糖 25g,糖桂花 15g,熟猪油 50g。

**2. 制作工具与设备**

案板,刮面板,蒸笼,碗。

**3. 制作方法**

(1)糯米洗干净浸泡(事先准备,冬天时间长些)。

(2)将糯米蒸熟,趁热拌入熟猪油和糖。

(3)取碗(或其他盛器),碗底涂一层猪油。

(4)将蜜枣、冬瓜糖条、核桃仁、葵花子、青红丝等间隔排列于碗底(可设计不一样图案)。

(5)铺上一层糯米饭→再铺上豆沙→上面再铺上一层糯米饭并压平。

(6)食用时加盖上笼蒸30min左右,取出复扣在大盘中,同时面上可勾玻璃芡浇在八宝饭上即可。

**4. 风味特点**

形态美观,口感糯香,甜而不腻。

## 三十、双色蜜糕

**1. 原料配方**

糯米粉500g,白糖250g,生油100g,可可粉35g。

**2. 制作工具与设备**

案板,刮面板,蒸笼,盘。

**3. 制作方法**

(1)调制面团。将250g糯米粉加上一半白糖和适量生油、清水,调制成糊状。

(2)倒入刷上油的方盘内,铺平(一层)用旺火蒸10min左右,取出做坯底(白色)。

(3)再将剩余的料掺加可可粉调至起色,调匀后倒入笼屉中白色坯底上抹平,再上笼用旺火蒸15min左右即熟。

(4)熟后取出,冷却后把糕从盘内复扣出,切成自需的块状,装盘食用。

**4. 风味特点**

双色分明,香软糯滑。

## 三十一、百果酥饼

**1. 原料配方**

面粉500g,猪油750g(实耗200g左右),芝麻100g,百果馅心600g(板油丁、五仁、糖、蜜饯类制),鸡蛋1个。

**2. 制作工具与设备**

案板,刮面板,油锅。

**3. 制作方法**

(1)制馅。将各种馅料加工成小料,同糖、板油丁拌和均匀,备用。

(2)制坯。将面粉加上水和油,调制成水油面,同时用油与面粉擦匀成酥心。

(3)起酥、制皮。可用大包酥法起酥,卷起下剂。

(4)成型。将皮子上馅,包捏成形,收紧口成酥饼圆形生坯,表面涂蛋液沾上芝麻。

(5)成熟。油锅达120℃时将生坯放入(芝麻面朝上),小火炸制。炸至呈金黄色时捞出沥干油就可装盘。也可在平底锅内油煎或油烙至两面金黄色。

**4. 风味特点**

色彩金黄,外酥脆,里香甜,具有特殊的果料香味。

## 三十二、萝卜丝酥饼

**1. 原料配方**

面粉500g,白萝卜1250g,板油200g,白糖50g,盐50g,葱50g,味精1g,香油15g,猪油1200g,鸡蛋1个,芝麻100g。

**2. 制作工具与设备**

案板,刮面板,锅,刨丝器。

**3. 制作方法**

(1)制馅。将板油(剥去皮)切小丁,葱白洗干净切细粒。白萝卜去皮刨成丝,加盐拌匀腌渍30min后,挤干水,加上板油、葱白、味精、糖、麻油等拌匀。

(2)制坯。将面粉加上水和油,调制成水油面;同时用油与面粉擦匀成酥心。

(3)包酥、成型。明酥法包酥,然后包入馅心收口,收口处涂鸡蛋液沾上芝麻,揿成圆形即成生坯。

(4)成熟。锅中放入1000g猪油(用精制油也可),烧至150℃,放入酥饼生坯(芝麻面朝下),小火炸制。待酥饼上浮呈浅黄色时,捞起沥干油即可。

**4. 风味特点**

外酥松,内嫩香,味道鲜美,别具一格。

## 三十三、三丝眉毛酥

**1. 原料配方**

面粉500g,猪油750g,肉丝250g,香菇丝25g,冬笋丝50g,盐3g,黄酒15g,胡椒1g,味精1g,水淀粉15g。

**2. 制作工具与设备**

案板,刮面板,油锅。

**3. 制作方法**

(1)制馅。先将三丝下锅煸炒;然后加入酒、盐、胡椒等调味煮透;起锅前加味精,并勾芡,淋油,装盘待用。

(2)制坯。将面粉加上水和油,调制成水油面;同时用油与面粉擦匀成酥心。

(3)起酥、制皮。可用小包酥法包酥制皮。

(4)成型。坯皮中放入馅心,对折比齐,两边分别塞进一部分,将边捏紧,再捏出绞丝形花边即成。

(5)成熟。油锅烧至90℃,将生坯入锅,炸至浅黄色时即可捞出,沥干油装盘趁热食用。

**4. 风味特点**

形态美观,层次清晰,外酥里嫩。

## 三十四、蟹壳黄

**1. 原料配方**

面粉500g,熟猪油150g,生板油250g,活性干酵母、泡打粉各3g,葱末200g,精盐3g,白糖10g,味精1g,饴糖50g,白芝麻100g。

**2. 制作工具与设备**

案板,刮面板,烤盘,烤箱。

**3. 制作方法**

(1)制馅。先将生板油加工成小指甲片状。然后加入盐、味精拌匀，最后放入葱末拌匀做馅。

（2）制皮坯。先制干油酥，取200g面粉加上100g猪油擦成。再制酵面，将300g面粉掺加酵母、泡打粉，加水调制成酵面（嫩酵面）。

（3）包酥成型。干油酥做心，酵面做皮，包住干油酥，包好酥后起酥，卷筒下剂，制皮上馅，包捏成形（如蟹壳形，或椭圆形），收紧口，表面涂饴糖水，沾上白芝麻即成蟹壳黄生坯，放入烤盘。

（4）成熟。进烤箱200℃左右烘烤15～20min，呈金黄即可。

**4. 风味特点**

色泽金黄，形如蟹壳，外酥脆，里绵软，葱香口味，咸甜适口。

## 三十五、酥皮蛋挞

**1. 原料配方**

面粉500g，起酥油400g，鸡蛋500g，砂糖200g，吉士粉50g，牛奶100g。

**2. 制作工具与设备**

案板，刮面板，烤盘，烤箱。

**3. 制作方法**

（1）制蛋水。取2份全蛋液，6个蛋黄加入砂糖、吉士粉、牛奶、水搅拌成蛋水，备用。

（2）制皮坯。首先，面粉加水和少许盐调制成面团，稍醒。然后，将面团擀成长方形，把起酥油放入中间包起，用对折包法，沿边捏紧防止起酥时油外露。用二次三折法折叠起酥，再擀开成长方形（或正方形）用合适模子刻出底坯入蛋挞模中。最后，模中蛋挞底坯内装入蛋水八成满，放到烤盘里排列整齐，让其受热均匀。

（3）成熟。放进220℃烤箱烤制10min成熟即可。

**4. 风味特点**

层次清晰，形态美观，外酥里甜，嫩滑爽口。

## 三十六、咖喱酥角

### 1. 原料配方

面粉500g,起酥油400g,鸡蛋1个,嫩牛肉400g,洋葱100g,咖喱粉15g,盐3g,糖10g,料酒15g,味精1g,生油50g,湿淀粉15g。

### 2. 制作工具与设备

案板,刮面板,烤盘,烤箱。

### 3. 制作方法

(1)制馅。将嫩牛肉切碎,炒锅放入生油烧热,放入洋葱碎炒黄炒香;再放入牛肉碎炒散,放入咖喱粉、盐、糖、料酒、味精;最后放入湿淀粉勾芡,成咖喱牛肉馅。

(2)制坯皮。先将面粉放入面盆中,加入适量水,调制均匀,揉搓成面团。然后将起酥油包入水面内起酥。最后,用一次三折法,一次四折法两次折叠起酥。

(3)成型。坯皮擀成长方形或正方形,用刀切成所需大小的正方形(或用模子刻也可),中间放馅心,对角对折成三角形,沿边压紧。馅心居中勿伤边,面上涂蛋液即成生坯。

(4)成熟。放入烤盘排列整齐,以220℃烘烤15min左右,呈金黄色,起酥层,成熟后出炉。

### 4. 风味特点

色彩金黄,酥层清晰,外酥里嫩,咖喱味浓。

## 三十七、葱油排条

### 1. 原料配方

面粉500g,起酥油400g,鸡蛋2个,盐3g,葱80g,食用油100g。

### 2. 制作工具与设备

案板,刮面板,烤盘,烤箱,刀。

### 3. 制作方法

(1)将食用油烧热,葱末稍爆香取出待用。

(2)将面粉过筛放在案板上,中间留凹塘,内打入1个鸡蛋,掺入清水,少许盐,揉匀,再拌入面粉拌和成团,使劲揉搓、摔打至面团有劲,不粘手,稍饧。

(3)将起酥油用擀面杖砸软,擀拍成所需大小方块待用。

(4)将(2)中的面团擀开,放入起酥油,包起。

(5)可利用二次三折法折叠起酥,擀成长条形,取一半做底面,一半做面料。底面的四周涂蛋液中间撒上葱末。面料擀开后用花刀划条(条长与底相符),将条斜放在底面上成网形即可。放入烤盘,刷上蛋液。

(6)成熟。以180℃烤制8~10min即可。

**4. 风味特点**

色泽金黄,排条酥松,葱香味美。

## 三十八、奶香肉松麻饼

**1. 原料配方**

面粉500g,牛奶200g,黄油30g,活性干酵母8g,泡打粉10g,白糖50g,白芝麻100g,鸡蛋2个,肉松200g,生油1000g。

**2. 制作工具与设备**

案板,刮面板,油锅,刀。蒸笼。

**3. 制作方法**

(1)面粉倒案板上,中间留有凹塘,内放入牛奶、白糖、黄油(先溶化开),1个鸡蛋、酵母、泡打粉(可先拌入面粉)拌匀,将面粉拌入揉成面团。

(2)取出面团,擀开,表面刷油,油面上分撒肉松,卷起成团,揿成饼形。

(3)成形。饼形状表面将另一个鸡蛋涂上,并将白芝麻粘上,即成奶香肉松麻饼生坯。

(4)成熟。先将麻饼放在笼内蒸约15min,取出待用。等食用前,油锅烧热油,炸至两面呈金黄色,取出沥干油,即可。用刀切块上桌。

**4. 风味特点**

色彩金黄,外脆里嫩,饱满味美。

## 三十九、银丝卷

**1. 原料配方**

面粉500g,白糖100g,熟猪油50g,活性干酵母8g,泡打粉3g。

**2. 制作工具与设备**

案板,刮面板,蒸笼。

**3. 制作方法**

(1)面粉在案板上分两份。60%面粉按比例发皮坯面团,40%面粉按比例发心子面团(稍硬)。

(2)做心子的面团可采取两种办法做成丝条(即银丝)一种是用抻面法拉成细条(长6~9cm);另一种是擀薄叠起切成细条。将丝条切成段在案板上摊开,均匀刷油待用。

(3)做皮坯的面团,揉匀,搓成长条,下剂,擀成长圆形的坯皮(边薄,中间稍厚)。皮子中间放条(将条捋顺理齐),先把两头包好,压住丝条,再提起里边的皮边,从里向外一压,双手手指压住皮边,向前(向外)一推一卷,把心子包住包严,稍饧15~20min。

(4)成熟。用旺火、沸水、足汽蒸熟即可。

风味优点:洁白松软,香甜饱满,丝条不乱,细而均匀。

## 四十、金丝卷

**1. 原料配方**

面粉500g,白糖少许,香油50g,鸡蛋2个,活性干酵母8g,泡打粉2g。

**2. 制作工具与设备**

案板,刮面板,蒸笼。

**3. 制作方法**

(1)心子制作。面粉加鸡蛋黄(全蛋也可)加水调和,擀成薄片,叠起,快刀切成细条,摊开,捋齐,刷上香油,待用。

(2)皮子制作同银丝卷法。

(3)包法与银丝卷相同,稍饧。

(4)旺火、沸水、足汽蒸熟即可。

**4. 风味特点**

白里透黄,松软味香,风味独特。

## 四十一、红肠卷

**1. 原料配方**

面粉 500g,活性干酵母 6g,泡打粉 2g,白糖 10g,小红肠 400g,鸡蛋 1 个。

**2. 制作工具与设备**

案板,刮面板,蒸笼。

**3. 制作方法**

(1)将面粉放案板上,中间留一凹塘。

(2)凹塘内放入酵母、白糖、鸡蛋、清水(30℃左右),拌匀,稍饧。

(3)揉面、搓条、下剂,剂子再搓成条形。

(4)将条缠在小红肠上成红肠卷生坯。

(5)蒸笼内放入垫子刷油,放入红肠卷,蒸 12min 左右至熟即可。

**4. 风味特点**

白里透红,松软可口。

## 四十二、玉兰花糕

**1. 原料配方**

面粉 250g,鸡蛋 10 个,白糖 150g,玉兰花 5 片,小苏打 2g。

**2. 制作工具与设备**

案板,刮面板,蒸笼。

**3. 制作方法**

(1)将鸡蛋打匀,加入面粉、白糖及小苏打混拌在一起,搅匀。

(2)上笼蒸,蒸时先倒一半在屉布上,摊平,上面撒满切好的玉兰花丝,然后再将另一半继续倒在上面。

(3)开锅蒸 20min 后,扣在案板上,上面再撒些玉兰花丝,切成块即可食用。

**4. 风味特点**

色泽浅黄，滋补清火，具有玉兰花的香味。

## 四十三、白丰糕

**1. 原料配方**

大米500g，鸡蛋清250g，芝麻50g，白糖25g，白蜂蜜15g，核桃仁15g，花生仁15g。

**2. 制作工具与设备**

案板，刮面板，模具，蒸笼。

**3. 制作方法**

（1）蒸大米淘洗干净，加水磨成米浆，加入鸡蛋清、白糖，用筷子顺一个方向用力搅，搅至白糖溶化时再加蜂蜜调匀。

（2）白纸用油浸透垫在蒸笼底，放上木方格子把搅好的米浆分别倒入木方格内，并在表面撒上炒熟的芝麻、桃仁、花生仁。

（3）用旺火蒸18min至熟后取出，用刀切成菱形块状装盘。

**4. 风味特点**

洁白如霜，松泡甜香，富有弹性。

## 四十四、锦山煎堆

**1. 原料配方**

糯米粉500g，白糖100g，红糖700g，饴糖100g，爆谷花50g，花生仁30g，芝麻35g，植物油1000g。

**2. 制作工具与设备**

擀面杖，案板，油炸炉，煮锅。

**3. 制作方法**

（1）将糯米粉150g用清水和成粉团，放入沸水中煮熟，然后加入350g生糯米粉、100g白糖揉成面团为皮料。

（2）红糖、饴糖加适量清水煮熬成糖汁液，加入爆谷花、花生仁、芝麻拌匀成馅，并趁热按成小团。

（3）取皮面55g，包入馅料75g，搓成圆形，洒上一层水后，沾上一层芝麻，即成煎堆生坯。

(4)锅内加植物油烧至170℃，放入生坯，炸至膨起呈圆形至熟即可。

**4. 风味特点**

色泽金黄，皮脆馅香，口味香甜。

## 四十五、十景糕

**1. 原料配方**

糯米1000g，籼米1000g，金橘饼25g，熟猪油25g，白糖1500g，橘子香精0.005g。

**2. 制作工具与设备**

案板，炒锅，印糕箱，蒸笼。

**3. 制作方法**

(1)将糯米、籼米混合入锅，置中火上，炒熟，冷却后磨成粉，筛细；将橘子香精、750g白糖用750g清水溶化，倒入炒米粉中搅匀。把粉块搓细，放4h，再筛成糕粉。

(2)将白糖750g、熟猪油、金橘饼拌匀，捏成馅心50个。

(3)取木制印糕箱，将糕粉先筛入容积1/3，在糕箱的每块糕格中央放上一块馅心。然后再将粉筛满，用木板轻轻压平，取衬上屉布的笼屉覆在糕箱上，翻过来，将糕覆在笼屉里，置沸水锅上用旺火蒸10min即成。

**4. 风味特点**

色泽玉白，橘香浓郁。

## 四十六、叉烧角

**1. 原料配方**

低筋面粉270g，高筋面粉30g，酥油45g，片状裹入油150g，水150g，糖10g，叉烧肉200g，鸡蛋1个，蚝油15g，叉烧酱10g，生粉35g。

**2. 制作工具与设备**

案板，刮面板，烤盘，烤箱，擀面杖。

**3. 制作方法**

(1)把叉烧肉切小块放入锅中,加蚝油,叉烧酱,和少许的水,小火烧开,加入水淀粉搅匀成糊状。

(2)把低筋面粉、高筋面粉、酥油、水、糖一起和成面团,饧 20min,擀成长方片(裹入油的 3 倍)。

(3)裹入油包上保鲜袋压成片,放在面皮上,用面皮将油包上,拿擀面杖轻压着把面皮擀开,再把面皮 3 折再擀开,重复 3 ~4 次。

(4)擀开的面皮饧 10min,用蛋挞模扣出一圆型,包上叉烧馅,轻轻合上面皮,刷上蛋黄液。

(5)放入预热至 220℃的烤箱烤 15min。

**4. 风味特点**

色泽金黄,外酥内嫩,口味咸甜。

## 四十七、菱湖雪饺

**1. 原料配方**

特制一等面粉 500g,熟猪油 150g,白砂糖 120g,熟米粉 100g,豆沙 200g,食用油 1000g,玫瑰酱 35g,桂花 25g,糖粉 150g。

**2. 制作工具与设备**

案板,刮面板,锅。

**3. 制作方法**

(1)面粉 260g、熟猪油 50g,加水 75g 和成水油面团,做皮面用,称外皮。

(2)将剩余的精粉加熟猪油 100g 和成油酥面,将油酥面包入皮面中,称内皮。压平后卷成长条,切成块。

(3)熟米粉和白砂糖、豆沙、食用油 75g、玫瑰酱等混合成团,制成饺馅。

(4)将分成块的油酥面团逐个压平,包入饺馅,然后包成饺子形。

(5)锅中倒入食用油,烧至 175℃时,将包好的饺子入锅油炸,呈金黄色时捞起。

(6)将捞起的饺子放入盛有糖粉和桂花的容器内搅匀,滚上糖粉和桂花,就制成了雪饺。

**4. 风味特点**

糖霜雪白,口感酥松,口味甜香。

## 四十八、百果糕

**1. 原料配方**

糯米600g,稻米250g,核桃35g,芝麻10g,蜜冬瓜8g,蜜樱桃16g,蜜柑橘12g,蜜萝卜8g,白砂糖200g,香油10g,花生油100g。

**2. 制作工具与设备**

案板,刮面板,锅,蒸笼。

**3. 制作方法**

(1)将核桃仁用开水涨去皮,放入油锅炸酥,捞起切碎;各种蜜饯切成细粒;熟芝麻研细。

(2)将碎核桃仁、熟芝麻、蜜冬瓜、蜜樱桃、蜜橘、蜜萝卜放入盆内,加入糖,拌匀成蜜饯糖。

(3)糯米、稻米放在案板上拌匀,倒入适量水揉匀,分成小块,放入笼内,用旺火蒸熟。

(4)将蒸熟的混合粉取出,倒在案板上,稍冷后撒上糖,抹上香油,反复折叠粘取糖,至糖粘完为止,揉匀,抹上香油,擀开,卷成长条切块,一层米糕撒一层蜜饯糖,即可食用。

**4. 风味特点**

色泽艳丽,糕黏软油润,馅料多样。

## 四十九、五味香糕

**1. 原料配方**

糯米2500g,粳米1000g,黄桂花300g,糖粉400g。

**2. 制作工具与设备**

筛子,案板,烘箱,蒸锅,滚筒,糕盘,长薄刀,刮面刀,铁皮盘。

**3. 制作方法**

(1)糯米淘净晾干,磨成米粉。

(2)将糖粉与米粉拌匀(如做椒盐香糕可用精盐0.5kg代替黄桂花),拌时如米粉过分干燥,可稍加温开水促使糖粉自溶。

(3)在糖粉拌匀后隔3h后过筛,再用烘糕箱进行干燥。火力要小,中途要将粉翻一次,在取出干粉时,用滚筒将黏结的粉块压碎再行过筛。这时可将干燥细粉放一半在糕盘(木制,约26cm长的正方形,底透空,衬以蔑丝帘和纸板)里摊平,再将其余的粉填满糕盘(约1.7cm厚),刮平按实后,用长薄刀将糕盘内的干粉划成4条,每条划5cm左右宽的糕片坯。

(4)将划好的糕坯连同糕盘放入沸水锅内,隔水蒸制约40min,蒸熟即可取出,待糕冷却后,用刮面刀,按原划好的糕片痕线将其分开。

(5)将糕片依次摊平,放在粗眼铁皮盘内进烘箱烘焙至第二天,再进炉烘制呈焦黄色,翻个面也烘成焦黄色即成。火力不宜太大防止烘焦。

**4.风味特点**

色泽焦黄,口感酥脆,口味清甜。

## 五十、云片糕

**1.原料配方**

糯米500g,糖粉120g,绵白糖75g,饴糖35g,香油50g,桂花精0.005g,熟面粉100g。

**2.制作工具与设备**

案板,筛子,刮面板,蒸笼,磨粉机,压糕机,刀,铝模,铜奈,锅,木箱,布或棉被。

**3.制作方法**

(1)加工糯米粉。把糯米洗净,炒制成熟糯米,不能有生硬米心和变色的糊米粒。然后过筛,进行磨粉。磨好的糯米粉一般要贮藏半年左右(叫做陈化),以使糯米粉吸潮,去其燥性,以达到制品松软爽口的要求。

(2)润糖。把糖粉、绵白糖、饴糖、香油、桂花精放在缸内加水搅拌。搅拌均匀叫做润糖。经 12h 待糖粉充分溶化后，即可使用。

(3)调粉。取适量经过陈化的糯米粉与润好的糖混合搅拌，使其发绒柔软，叫做调粉。

(4)装模。称取一定量的调粉放在铝模内铺平，用压糕机压平，用刀将模内粉坯切成 4 条，再用“铜奈”在表面压平，连同糕模放入热水锅内炖制。炖时要注意气温与火候，一般气温在 20℃ 以下时，火力要小，如在 20℃ 以上，则火力要旺些，避免米粉发胀，同时还要注意锅内水温，锅里的水要始终保持微开状态，防止糕含水过多。经 1.5 ~ 2min，糕粉遇热气而黏性增强，糕坯成形即可出锅。

(5)冷却、分条。取出铝模，把炖好的糕坯扣在案板上，糕坯条子紧贴铝模的那一面是面，因吸水充分而光滑滋润；另一面是底，虽平整但不如面部滋润，稍加冷却后即把糕坯条面对面的摆好继续冷却。

(6)装笼回锅：把糕坯条面对面、底对底地立放在专用蒸笼里，然后入锅急火蒸约 5min 即可。注意往笼内放置糕坯条时，应使面与面的间隔空隙小些，底与底的间隔空隙大些，以使底部在回锅时充分吸水，增加其光润和滋润程度。

(7)整齐放置。回锅下笼后，撒少许熟面粉，趁热用铜奈把糕条上下及四边平整美化，装入不透风的木箱内，用布或棉被盖严实，放置 24h。其目的是为了使糕坯将水分充分吸收，以便保持质地软润和防止霉变。

**4. 风味特点**

色泽雪白，组织细腻，口感柔软，口味香甜。

## 五十一、白象公记香糕

**1. 原料配方**

糯米粉 500g，白糖 350g，橘饼 280g，黑芝麻 150g，饴糖 50g，食盐 3g。

**2. 制作工具与设备**

案板，锅，刮面板，蒸笼。

**3. 制作方法**

(1)先将纯糯米、黑芝麻洗净、晾干。

(2)分别将糯米、黑芝麻在锅里各自爆炒,注意要掌握好火候和时间;然后将炒过的糯米和芝麻磨成粉。

(3)将糯米粉加绵白糖混合,搅拌均匀。

(4)然后开始制作内馅,内馅是将糯米粉、黑芝麻粉、绵白糖与其他配料混合,搅搓均匀,颜色呈黑褐色。

(5)将糯米粉放在框底及周围,中间放入内馅,抹平,上面加标记印,用刀片切成小块,上蒸笼蒸数分钟即可。

**4. 风味特点**

色泽洁白,口感软糯,口味香甜。

## 五十二、双炊糕

**1. 原料配方**

糯米粉500g,白糖或红糖300g,桂花100g。

**2. 制作工具与设备**

案板,刮面板,蒸笼。

**3. 制作方法**

(1)糯米粉加白糖或红糖拌匀过筛,撒上桂花。

(2)装入模具,成型切块。

(3)经两番蒸制而成。

**4. 风味特点**

细软韧香,口味甜香,老少皆宜。

## 五十三、八珍糕

**1. 原料配方**

糯米粉750g,山药50g,砂仁10g,莲子50g,芡实50g,茯苓50g,扁豆50g,薏米仁50g,绵白糖700g。

**2. 制作工具与设备**

筛子,粉碎机,擦糕机,案板,锡盘,炒锅,标尺,模具,蒸笼,切糕机。

**3. 制作方法**

(1)备料。山药用无边炒锅以文火炒至淡黄色;莲子用开水浸透,切开去心,晒干,用文火炒至深红色;芡实除去杂质,用文火炒至淡黄色;扁豆除去霉烂、嫩、瘪粒及杂质,用文火炒至有爆裂声,表面呈焦黄色;砂仁、茯苓,除去杂质;薏米仁淘净,除去杂质,晒干。

(2)湿糖。提前一天将绵白糖和适量的水搅溶,成糖浆状,再加入油,制成湿糖。

(3)擦粉。先将糕粉同辅料经粉碎机碾成细粉,然后按量和湿糖拌和后倒入擦糕机擦匀,过筛(糕粉需是陈粉,如是现磨粉则需用含水量高的食物拌和,存放数天,使粉粒均匀吸水后方可用)。

(4)成型。坯料拌成,随即入模。将坯料填平,均匀有序地压实,用标尺在锡盘内切成五条。

(5)炖糕。将锡盘放入蒸汽灶内蒸制,经 3 ~ 5min 即可取出。将糕模取出倒置于案板上分清底面,竖起堆码,然后进行复蒸。

(6)切糕。隔天,将糕坯入切糕机按规格要求切片。

**4. 风味特点**

口感松脆,风味卓绝。

## 五十四、姑嫂饼

**1. 原料配方**

面粉 500g,白糖 300g,芝麻 150g,猪油 50g,食盐 3g。

**2. 制作工具与设备**

案板,铁锅,印模,蒸笼。

**3. 制作方法**

(1)先用面粉用文火炒成嫩黄色,再将炒熟脱壳的黑芝麻磨成碎屑,加糖粉。

(2)然后放上熬好的猪板油、食盐,放进适量的冷开水,拌和成酥性面团,用印模压制即成。

**4. 风味特点**

呈浅灰色,粉质细腻,酥松爽口,入口即溶。

## 五十五、桂花香糕

**1. 原料配方**

白粳米1000g,白砂糖320g,糖桂花50g,香料50g。

**2. 制作工具与设备**

筛子,竹箩,粉碎机,筛粉机,切糕机,筛子,烘粉匾,木箱,竹帘,箱板纸,布,刮面刀,切糕刀,糕屉,烤箱,蒸糕架,棕帚。

**3. 制作方法**

(1)淘米。把米放入米斗,放入八成满为宜,转动1~1.5min,倒入竹箩内。

(2)摊米吸水。米经淘洗沥干,倒入箩内加适量水摊开,摊晾10~16h。要求含水分达到26%左右。含水达到要求后,需及时制粉。

(3)粉碎。晾好的米用粉碎机制成细粉。

(4)和糖。和糖是将适量的糖筛于粉上。边筛边擦拌,直至将糖粉拌匀为止。和糖的量要视米性和气候而定,新米水分含量高,糖宜少放,以100kg粳米放28~32kg为宜。陈米水分降低,糖宜多放,以每100kg粳米放30~32kg为宜。要使香糕松度得当,必须掌握好糖的配比。夏季气温高,糕易烘松,糖需适当多放,冬季气温低,糕不易烘松,糖宜少放。

(5)溶糖。糖粉搅拌完毕后,需揿实放置2~5h,使糖粉溶解。

(6)机械搓粉。将糕粉再用粉碎机搓匀盛入烘粉匾,匾底需薄薄地铺一层回粉。

(7)烘粉。将盛好糕粉的匾放入烘房,温度以60℃为宜。

(8)加香料擦拌。将部分烘好的粉加入糖桂花粉和香料,用粉碎机搓匀,成为桂花粉。

(9)过筛。将搓匀的桂花粉,入筛粉机过筛除去杂质。

(10)落箱划坯。用30cm×30cm×6cm木箱,底铺上竹帘、箱板纸和白细布，掀平，将糕粉倒入半箱，铺上一层薄桂花粉，再将糕粉放上，平箱为止，两边用手轻轻端一下，用刮面刀弄平。最后将箱边余粉用棕帚掸净，再用切糕刀分成四段，入切糕机切成块。

(11)蒸糕。将糕箱模放入蒸糕架上，蒸40min。

(12)分糕。待蒸糕冷却后，用切糕刀轻轻将糕坯按原划刀痕分切。

(13)摊糕。将分好的糕整齐平摊于钢丝网板屉上，一屉为一箱，糕摊好后，掸去糕屑。

(14)烘糕。将摊好的糕屉放入烤箱烘烤，炉温200℃左右，进炉口宜略低，出炉口宜略高，底面满度要一致，烘12min左右出炉。

**4. 风味特点**

色泽浅黄，香甜可口，清香爽口。

## 五十六、松糕

**1. 原料配方**

糯米粉300g，粳米粉200g，白糖50～100g。

**2. 制作工具与设备**

案板，模具，筛子，蒸笼。

**3. 制作方法**

(1)将白糖和少许水搅拌至白糖完全化开待用。

(2)将糯米粉和粳米粉抄拌均匀后，放到案板上，中间扒一个窝，将糖水倒入，抄拌，揉搓均匀。此外，如果感觉粉料还太干，可以再适量地加一些水进去揉搓，然后，继续揉搓均匀。

(3)静置一段时间，让粉粒充分吸收水分后过筛，倒入糕的木头模型中按实。

(4)上笼蒸5min。

**4. 风味特点**

色泽玉白，口味微甜，口感松软。

## 五十七、地栗糕

**1. 原料配方**

冻粉 70g，糖水荸荠 150g，白糖 150g，干玫瑰花 3 朵，薄荷油 1g。

**2. 制作工具与设备**

砂锅，不锈钢方盘，案板，刀。

**3. 制作方法**

(1)冻粉洗净，放入干净砂锅内，加入凉水 500g，锅置旺火上煮约 1h。至冻粉完全融化为液体后，加入糖，再煮 15min 左右。

(2)取长约 60cm、宽 40cm 的干净不锈钢方盘一只，将冻粉液倒入，晾至开始结冻时，将荸荠切成 3mm 粗细的丝，均匀地撒在冻粉液上。再将玫瑰花捏碎，撒在上面，放入冰箱冻结。冷凝后即成地栗糕。

**4. 风味特点**

色泽艳丽，晶莹透明，缀以荸荠丝，甜味爽口。

## 五十八、扁豆仁糕

**1. 原料配方**

白扁豆 1500g，精制细豆沙 500g，白糖 260g，糖桂花 10g，青红丝 50g，冬瓜糖 50g，蜜枣 50g，葡萄干 50g。

**2. 制作工具与设备**

锅，蒸锅，纱布。

**3. 制作方法**

(1)将白扁豆洗净去杂质，倒入锅中，加水 3000g，置旺火上煮沸后，再煮 15min，将锅端离火口，焖 15min。然后将白扁豆去壳，用清水洗净、倒入锅中，加水 2000g，至旺火上煮至七成熟捞出。用纱布包好，入笼用旺火蒸 15min 取出。趁热揉搓成扁豆泥，盛入盆中。

(2)案板上铺上纱布，将扁豆泥摊在上面，用擀面杖擀成两长 50cm、宽 26cm 的长方条。再取精制细豆沙平铺在一条扁豆泥上，将另一条连同纱布折叠在精制细豆沙上，再擀成厚 2cm 的片。揭去纱布，撒上白糖、糖桂花及各种果脯。切成边长 3cm、厚 2cm 的菱形块。

**4. 风味特点**

色彩艳丽，松软绵糯，香甜可口。

# 参考文献


[1]上海市糖烟酒公司.糕点制作原理与工艺[M].上海:上海科学技术出版社,1984.

[2]朱鹤云.糕点生产工艺[M].北京:中国商业出版社,1988.

[3]唐俊明.糕点工艺美术[M].北京:中国商业出版社,1988.

[4]广州市糖业烟酒公司.广式糕点[M].北京:轻工业出版社,1984.

[5]上海市锦江(集团)联营公司服务食品技术研究中心.中国风味菜点集锦[M].南京:江苏科学技术出版社,1990.

[6]杜福祥,谢帼明,刘景源,等.中国名食百科[M].太原:山西教育出版社,1991.

[7]全国工商联烘焙业公会组织.中华烘焙食品大辞典——产品及工艺分册[M].北京:中国轻工业出版社,2009.